岩石锚杆加固原理与应用

Rockbolting: Principles and Applications

〔瑞典〕李春林（Charlie Chunlin Li） 著

赵同彬 李玉蓉 译

科 学 出 版 社

北 京

图字: 01-2021-0954 号

内 容 简 介

本书介绍了目前地下开挖中应用最广泛的加固构件——锚杆的岩体加固理论和实践应用。本书首先介绍岩体加固的基本概念和原理、锚杆类型和锚杆加固的力学特性，分别介绍了机械锚杆、注浆锚杆、自钻式锚杆、锚索、摩擦锚杆和吸能屈服锚杆。然后介绍锚杆安装方法、锚杆加固方式、锚杆对位移和能量吸收能力的评估。在锚杆加固设计和锚杆加固质量控制章节介绍锚杆的失效机理、锚杆的选择依据，以及锚杆与其他支护构件的连接方式。最后介绍不同岩体条件下使用锚杆进行岩体加固的案例。

本书可以作为采矿工程师和岩土工程师的工作参考书，也可以作为岩石力学研究工作者的学术参考书。

图书在版编目(CIP)数据

岩石锚杆加固原理与应用/(瑞典)李春林(Charlie Chunlin Li)著；赵同彬，李玉蓉译. —北京：科学出版社，2021.11

书名原文：Rockbolting: Principles and Applications

ISBN 978-7-03-067985-7

Ⅰ. ①岩… Ⅱ. ①李… ②赵… ③李… Ⅲ. ①岩石-锚杆支护 Ⅳ. ①TD353

中国版本图书馆CIP数据核字(2021)第024807号

责任编辑：李 雪 李亚佩 / 责任校对：杜子昂
责任印制：吴兆东 / 封面设计：无极书装

科学出版社 出版
北京东黄城根北街 16 号
邮政编码: 100717
http://www.sciencep.com

北京中科印刷有限公司 印刷
科学出版社发行 各地新华书店经销

*

2021 年 11 月第 一 版 开本：720 × 1000 1/16
2021 年 11 月第一次印刷 印张：14
字数：272 000

定价：118.00 元

Rockbolting: Principles and Applications
Charlie Chunlin Li
ISBN: 9780128044018

Authorized Chinese translation published by China Science Publishing & Media Ltd.(Science Press).

《岩石锚杆加固原理与应用》(赵同彬　李玉蓉 译)
ISBN: 9787030679857(译著 ISBN)

[illegible]

ISBN [illegible]

[illegible] published by China Science Publishing & Media Ltd. (Science Press)

ISBN 978-7-03-067985-7

[illegible]

[illegible]

作 者 简 介

李春林(Charlie Chunlin Li)：毕业于中南矿冶学院(现中南大学)地质系探矿工程专业，获工学学士、硕士学位，获瑞典吕勒奥理工大学岩石力学副博士、博士学位。毕业后，在吕勒奥理工大学工作 7 年，担任采矿岩石力学研究工程师、副教授；在瑞典克里斯汀堡矿工作 4 年多，担任矿山岩石力学工程师；担任挪威科技大学泰米克创新公司技术总监 4 年。2004 年受聘为挪威科技大学的岩石力学教授。

2015～2019 年担任国际岩石力学与岩石工程学会欧洲区副主席。

在采矿和土木工程岩石力学和岩石控制方面有 30 多年的研究和实践经验。主要研究方向是岩石和岩体的稳定性、岩体加固和地下空间设计。发表了 80 多篇科技论文，对岩石和岩体破坏的力学特性有着深刻的认识。近 20 年来，李教授在岩体加固方面的研究，特别是在高地应力条件下的岩体加固理论和实践，引起了行业的广泛关注。对锚杆和其他类型岩体加固构件及其性能有着深刻的了解。在 2006 年发明了吸能 D 锚杆，该锚杆广泛应用于深部矿山和隧道的岩体加固，用来应对深地工程中遇到的岩爆和岩体挤压大变形。在岩体加固、地下空间稳定性及现场测量和数据解释方面具有丰富的实践经验，曾多次担任矿山、隧道和地下水电工程的科学技术顾问。

序

《岩石锚杆加固原理与应用》一书是作者根据自己 20 多年的岩体加固实践经验与研究成果编著的，它对岩石锚杆和岩体锚杆加固从理论到实践做出系统阐述。作者希望该书中文译本能对中国的采矿工程师和岩土工程师及相关领域的研究工作者有所助益。欢迎大家对书中内容批评指正。

该书的中文翻译由山东科技大学能源与矿业工程学院的赵同彬教授和李玉蓉博士完成，由作者校对。作者非常感谢赵教授和李博士的高水平翻译，专业和准确地表达出了原著内容。中文译本中改正了原著中的笔误，因此中文译本比原著更准确。

山东科技大学能源与矿业工程学院和矿山灾害预防控制实验室对该书中文译本的出版给予鼎力相助，特此致谢。

Charlie Chunlin Li

2021 年 4 月于挪威特隆赫姆(Trondheim)

前　　言

锚杆加固是地下岩体开挖工程中应用最广泛的岩体加固方式。全球众多厂家为矿山、隧道和其他岩土工程提供各种类型的锚杆，锚杆年消耗达数十亿根。锚杆在岩体加固中的应用已有很长时间，但是关于其加固机理及如何根据具体岩体条件选择合适的锚杆类型等方面，许多人仍然甚感困惑。本书介绍地下岩体锚杆加固技术的现状和锚杆加固岩体的力学机理。第 1 章是引言。第 2 章介绍岩体工程中常用的传统锚杆、新型吸能锚杆及锚杆辅助件的结构和技术参数。第 3 章介绍锚杆强度、静载性能和吸能锚杆性能。第 4 章详细介绍锚杆和锚杆加固的力学原理，包括锚杆承载模型、锚杆与岩石的耦合以及锚杆与其他支护构件的连接。第 5 章介绍锚杆加固设计原则和锚杆加固类型等。第 6 章介绍典型锚杆的安装方法。第 7 章介绍锚杆加固的质量检验，包括拉拔试验、质量控制试验、设计验证试验和安装验证试验。第 8 章简要总结岩土工程数值模拟中使用的锚杆模型。鉴于目前锚杆加固仍以经验设计为主，第 9 章介绍了 14 个岩土工程锚杆加固案例，这些案例大多数是成功的锚杆加固实践，但也有不成功的例子。这些案例对锚杆加固设计有很好的参考价值。

第 4 章是本书中篇幅最长的一章，它介绍了每种锚杆的加固理论，以及它们与岩体作用的机理。从事锚杆加固的工程技术人员可以跳过这一章，但是要了解锚杆选型依据、设计参数和最佳安装角的确定等，阅读本章是有益的。

本书面向所有在岩体加固领域的工作人员。阅读本书，现场工程师可以了解当前可用的锚杆类型和锚杆的使用原则，对锚杆加固实践很有帮助。岩土工程咨询师可以借助本书的理论和原理对锚杆加固个案进行分析，书中介绍的锚杆加固案例可以为他们提供参考。科研人员阅读本书，首先可以快速熟悉锚杆类型和锚杆加固技术现状，其次通过阅读第 4 章了解锚杆理论和锚固技术的最新进展，并在此基础上进行锚杆岩体加固的进一步研究。学生可以把本书作为锚杆方面的教科书，学习从基础到高等的岩石锚杆加固知识。

编写本书过程中，作者得到了来自世界各地的朋友和同事的极大帮助，他们慷慨地为本书提供了岩体加固方面的现场资料和照片。实际上，第 9 章中的大多数案例都是由世界各地经验丰富的岩土工程师提供的，他们的贡献值得高度赞赏。案例 1 和案例 2 由加拿大首席岩土工程师 Brad Simser 提供；案例 4 由瑞典岩土专家 Christer Olofsson 提供；案例 5 和案例 6 由加拿大首席岩土工程师 Mike Yao 提供；案例 7 由瑞典岩土专家 Per-Ivar Marklund 和 Anders Nyström 提供；案例 10～12 由澳大利亚岩土专家 Peter Mikula 提供。

最后，感谢妻子湘纯、女儿楠楠和小薇在本书编纂期间对我生活和工作的关心和支持。

Charlie Chunlin Li

2017 年 1 月 31 日于挪威特隆赫姆

目录

第1章　引　言

使用锚杆对岩体进行加固的最早记录是在 19 世纪末(US Bureau of Mines，1987)。20 世纪初，锚杆作为一种岩层控制手段被引入煤矿中。锚杆是当今地下矿山和交通隧道岩体加固系统中应用最广泛、作用最显著的加固构件。民用隧道中的锚杆安装间距一般是 1.5～2.5m，但是地下矿山使用的锚杆安装间距可能只有 1m 或者小于 1m。图 1.1 为某深部金属矿山中的锚杆布置形式，该矿井的锚杆安装间距为 1m×1m 或者 0.75m×0.75m。据估计，锚杆在土木和采矿工程中的年消耗量可达数十亿根。

图 1.1　某矿井平巷中安装的锚杆

因为锚杆安装在岩体内部，所以肉眼很难观察到它们在岩体中是如何起作用的。因此，有人对锚杆的加固作用存在担忧和质疑。锚杆在岩体加固系统中的必要性可以通过图 1.2 的例子来说明。图 1.2 是一个埋深 1000m 的充填回采巷道上盘和顶板坍塌的情况。该巷道的岩体加固系统由 60mm 厚的钢纤维喷射混凝土和 2.7m 长的全长注浆钢筋锚杆组成，锚杆安装间距为 1m×1m。在垮落前一年左右，上盘开始破裂，顶板位移加速。为了改善巷道的稳定性，在巷道的该区段构筑了几个锚杆并加喷射混凝土拱梁。拱梁建成后顶板位移和上盘的裂缝开裂速度均明显减缓。该巷道回采完成大约一年后上盘和顶板岩石才坍塌下来。裸露在岩石坍塌堆上的锚杆有的拉伸断裂，有的则被整体拔出。显然，如果没有第二次锚杆和喷射混凝土拱梁的加固，拱顶碎裂的岩石不会维持那么久才垮落。

图 1.2　埋深 1000m 的充填回采巷道上盘和顶板坍塌

锚杆或锚索的加固作用可由托盘的承载状态反映出来。图 1.3(a)为承载锚索托盘的变形情况。根据托盘的变形程度，估计托盘上的载荷大约为 200kN。托盘的挠曲变形和托盘下混凝土层的压裂表明锚索通过托盘对洞壁提供了良好变形约束。锚杆杆体的受力状态非常复杂，受力模式取决于岩体质量、岩石节理形态、地应力及锚杆的锚固方式。同一地点的锚杆可能会以不同的模式失效，尤其是当它们受到譬如岩爆之类的动态载荷时，情况更是如此。图 1.4 是某矿井巷道发生岩爆后暴露出来的锚杆，其中一些锚杆螺杆处脆断(*A*)，一些锚杆的杆体被拉断(*B* 和 *D*)，还有一些由于周围的岩石崩解而失去加固功能(*C*)。理解锚杆与岩体的相互作用有助于进行锚杆加固设计。

本书阐述了锚杆岩体加固技术的现状，对锚杆加固理论、试验方法和现场应用进行了全面的介绍。第 2 章介绍工程中使用的典型锚杆，包括传统锚杆(机械锚杆、全长注浆锚杆、自钻式锚杆、摩擦锚杆、组合式锚杆和锚索)以及近年来出现的吸能屈服锚杆，还详细介绍了各种锚杆的结构、锚固方式和技术参数，同时也对锚杆辅助件——托盘、螺母和球形座进行了介绍。锚杆理论在第 3 章和第 4 章中介绍。第 3 章介绍室内拉、剪载荷下锚杆的载荷-位移试验曲线，对岩体中锚杆的观察，以及典型室内锚杆试验方法。第 4 章介绍各类锚杆承载力学模型、锚杆与岩体之间的相互作用，以及锚杆与其他支护构件(如托盘、网带和喷射混凝土

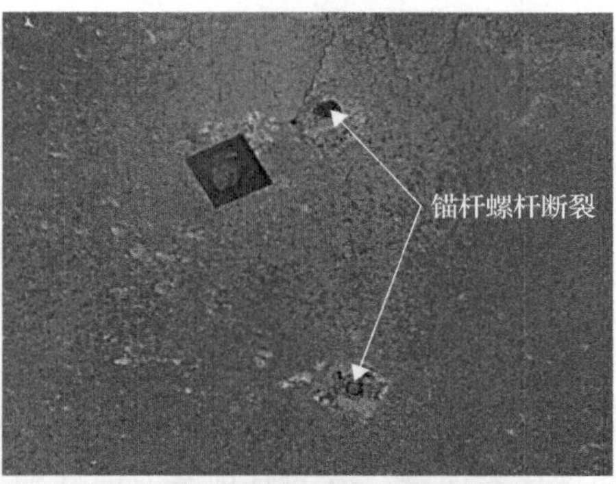

(a) 承载的锚索托盘 (b) 巷道中失效的锚杆

图 1.3 承载的锚索托盘(P. Mikula 授权)和巷道中失效的锚杆

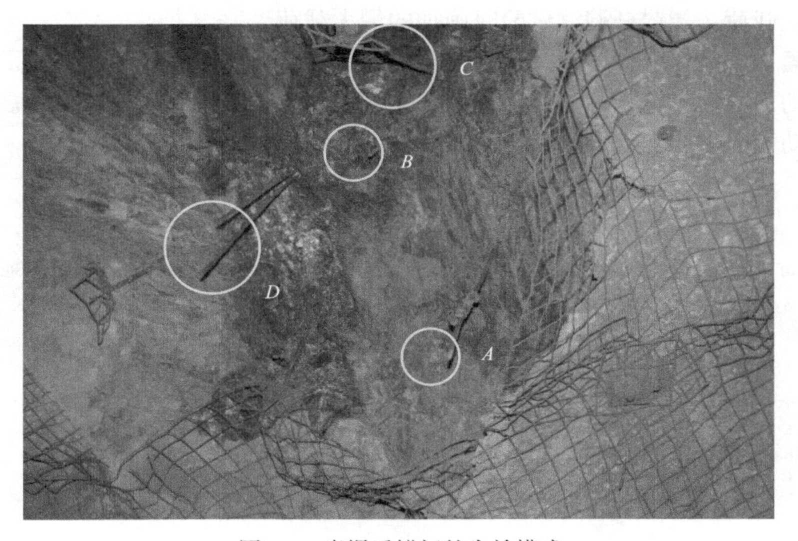

图 1.4 岩爆后锚杆的失效模式

A-螺杆断裂；*B*-锚杆杆体断裂；*C*-锚杆周围岩石崩解；
D-双股锚索的锚固楔块失效，其中一股锚索拉断(B. Simser 供图)

等)之间的相互作用，还介绍了基于围岩响应曲线的岩体加固原理。第 5 章讨论锚杆加固设计。首先介绍岩体的破坏模式和锚杆加固设计重要依据的岩体来压情况，然后介绍设计原则，包括承压拱概念、基于承压拱概念的加固原则、锚杆尺寸确定、安全系数和加固构件之间的匹配。另外还介绍几种类型的锚杆加固。第 6 章介绍锚杆安装。第 7 章介绍锚杆质量控制试验，包括锚杆材料质量、性能和承载力的检验。第 8 章是锚杆加固数值模拟简介，简单介绍锚杆局部和整体加固数值模拟模型。第 9 章收集了锚杆加固的一些应用案例。大多数案例来自矿山，其中两个案例是关于锚杆在大型民用地下硐室中的应用，一个是水电站厂房的锚杆加固，另一个是地下体育馆的加固。

本书中使用的专业术语如下。

锚杆：一根长形实心杆，或者空心杆，一般由钢制成，通过机械或注浆的方式固定在岩体中，分为有预紧力锚杆和无预紧力锚杆。

锚索：由单股或多股钢绞线制成的钢束，一般通过注浆固定在岩体中。

锚杆头：指从钻口处伸出，与托盘、螺母和球形座相连接的锚杆端部。锚杆杆体上的载荷在这里经由托盘传递给边墙。

锚杆根部：指埋设在岩体内的锚杆远端。

杆体：指将拉伸载荷从锚点传递到锚杆头的锚杆主体。

脱黏：指界面处的黏结强度消失。

耦合脱离：指锚杆与注浆体分离，界面无摩擦。

验证载荷：指锚杆检测试验时施加的最大载荷。

托盘：一钢板，在锚杆头处与锚杆连接，将载荷从锚杆传递给边墙。

主动加固件：在安装时施加设计工作载荷，有预紧力锚杆属于此类。

被动加固件：在安装时不施加预紧力，无预紧力锚杆属于此类。

参 考 文 献

US Bureau of Mines, 1987. State-of-the-art and physical properties of rock support system. Comparative Study of Rock Support Systems for a High Level Nuclear Waste Geologic Repository in Salt. Report, Appendix 3, 187 p.

第2章 典型锚杆

2.1 引　　言

锚杆通常由钢材制成，钢材的力学性能由其应力-应变关系来表示。典型的应力-应变曲线分为弹性和塑性两个特征区域(图 2.1)。在弹性区应变与应力呈线性关系，卸除应力，弹性应变恢复。应力超过屈服强度就进入塑性区，变形与载荷不再呈线性关系。载荷小幅增加就会带来较大的塑性变形，这部分变形在应力卸载后不会恢复。随着载荷的增加，塑性变形越来越大，直至载荷达到材料试件的抗拉强度，这就是所谓的钢材硬化。最大载荷之后试件横截面积减小，载荷也随之减小，最终发生颈缩断裂。

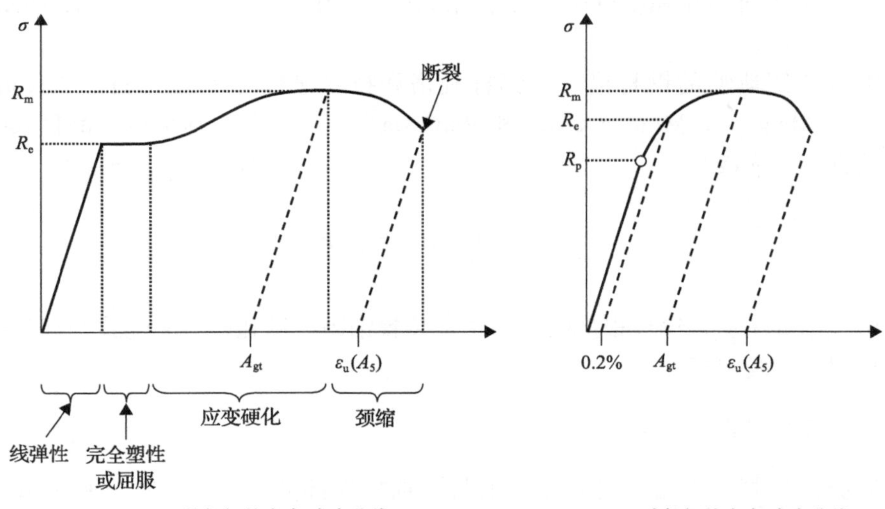

(a) 热轧钢的应力-应变曲线　　　　(b) 冷轧钢的应力-应变曲线

图 2.1　热轧钢的应力-应变曲线和冷轧钢的应力-应变曲线

R_m-抗拉强度；R_e-屈服强度；R_p-比例极限(即线弹性阶段末端的应力)

钢的力学特性由三个参数表示：弹性极限或者称为屈服强度 R_e(屈服强度通常用于钢材分级)、抗拉强度 R_m 和延展性。

热轧钢的屈服强度很容易辨识，它就是应力-应变曲线弹性区末端平台处的应力，屈服强度标志着从弹性到塑性变形的转变[图 2.1(a)]。但是冷轧钢的应力-应变曲线不会出现平台屈服点[图 2.1(b)]，因此冷轧钢的屈服强度通常定义为 0.2%

塑性应变处的应力值，也称为 0.2%屈服点。在应变为 0.2%处划一条平行于应力-应变曲线弹性部分的直线，该直线与应力-应变曲线的交点即为冷轧钢屈服点。

钢的延展性一般通过应力-应变曲线上的两个参数来定义：抗拉强度与屈服强度的比例(R_m/R_e)和伸长率。钢的延展性(或变形能力)通常用试件断裂后的永久伸长率(A_5)来表示。试件被拉断后，将断裂的两半试件对接在一起，测量试件上长度为 5 倍直径杆段的长度增加量，该增加量除以 5 倍直径杆段初始长度即为伸长率 A_5：

$$A_5 = \frac{5\text{倍直径杆段长度增加量}}{5\text{倍直径杆段初始长度}} \times 100\% \tag{2.1}$$

有时，钢的变形能力也用伸长率 A_{10} 来表示，这个伸长率是在拉伸试件的 10 倍直径杆段上得到的。对于相同类型的钢材，A_{10} 略小于 A_5。

另一个参数 A_{gt} 被称为均匀伸长率或最大作用力下总伸长率，在一些规范和标准(如欧洲规范 2 和 BS 4449:2005)中 A_{gt} 也用于表示钢的延展性。应力-应变曲线上的极限应力(即抗拉强度)对应的试件永久应变被定义为均匀伸长率 A_{gt}，如图 2.1 所示。

本章介绍典型的钢材锚杆，锚杆规格和技术参数是根据 DSI、Galvano、Jennmar、Mansour、Minova Orica 和 VikØrsta 等主要锚杆供应商的产品目录中提供的数据汇集而成。

2.2 机 械 锚 杆

机械锚杆是通过锚杆根部的机械锁定装置锚固在钻孔内。胀壳式锚杆和槽楔式锚杆属于这类锚杆。

2.2.1 胀壳式锚杆

胀壳式锚杆由两端带螺杆的实心杆、锚杆根部的膨胀壳、托盘和螺母组成(图 2.2)。图 2.2 中的膨胀壳仅仅是目前使用的几种类型中的一种。膨胀壳是由楔块和 2～4 片壳叶组成的锚固装置。楔体拧到锚杆根部的螺杆上，旋转螺杆，楔形件被拉向钻孔方向，壳体叶片张开压到钻孔壁上，在壳体和孔壁间建立起接触力。壳体-岩石界面上的锚固力与接触力成正比。只要在锚杆上施加足够高的扭矩，锚杆在硬岩中就能很容易地被牢固锚住。然而，在软岩中，当扭矩过高时，孔壁岩石有被膨胀壳压碎的风险。如果发生岩石被压碎的情况，锚杆的锚固力会大幅降低。因此，在软岩中安装胀壳式锚杆时扭矩要适当。在膨胀壳安装完成后，拧紧螺母，对锚杆施加预紧力。预紧力 P 与施加的扭矩 T 成正比(Peng and Tang，1984)：

$$P=CT \tag{2.2}$$

式中，P 和 T 的单位是牛顿(N)；C 是一个与锚杆直径和安装参数有关的常数。根据经验，直径16mm的锚杆，C=164；直径19mm的锚杆，C=131。锚杆预紧力通常为50～60kN，预紧力不应超过锚杆屈服载荷的60%。

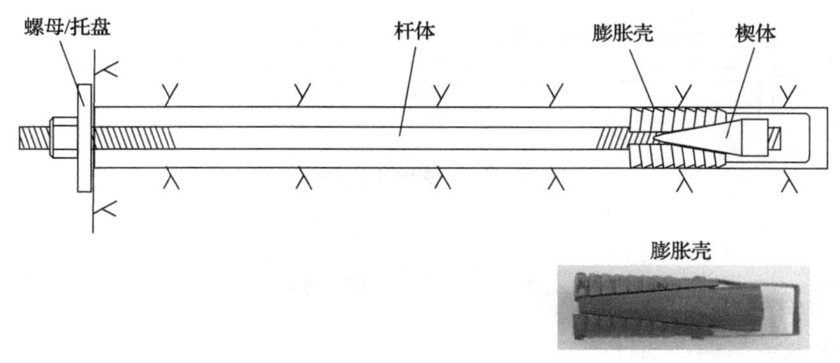

图2.2 胀壳式锚杆

胀壳式锚杆的失效很少是因为杆体断裂，通常是因为螺杆和托盘失效，或者是由于膨胀壳处锚固不紧滑移。

机械锚杆的技术参数包括屈服载荷、最大载荷和最大伸长量。几种典型机械锚杆的直径和技术参数见表2.1。

表2.1 典型机械锚杆的直径和技术参数

机械锚杆公称直径		国际单位制：16mm、19mm、20mm、22mm
		英制：5/8″、3/4″、7/8″
钢材参数	屈服强度(R_e)/MPa	300～690
	抗拉强度(R_m)/MPa	500～895
	均匀伸长率(A_{gt})/%	10～2①
直径20mm锚杆技术参数	屈服载荷/kN	94～217
	最大载荷/kN	157～281

①10%对应强度下限；2%对应强度上限。

2.2.2 槽楔式锚杆

槽楔式锚杆在根部有一个纵向切槽，槽内插有一个楔块(图2.3)。安装时，将锚杆推入钻孔内，楔块接触到孔底后撞击锚杆杆头，楔块被挤入槽中撑开锚杆根部的分叉，杆体分叉被挤压到孔壁上。之后，安装托盘，拧紧螺母，安装完毕。槽楔式锚杆通过杆体根部与岩石间的摩擦力被固定在钻孔内。这种锚杆的预紧力不大，直径 20mm 的钢筋锚杆的最大预紧力为 30～50kN。为了使楔体能够接触到钻孔底部，钻孔长度必须小于锚杆长度。由于该锚杆的预紧力低且不可靠，槽楔式锚杆使用不广泛。

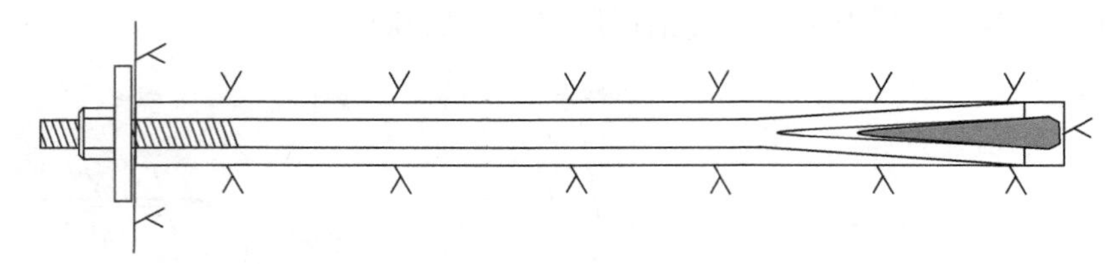

图 2.3　槽楔式锚杆

2.3　注 浆 锚 杆

2.3.1　全长注浆钢筋锚杆

全长注浆钢筋锚杆是指用水泥浆或者树脂注满钻孔，使锚杆全长包裹在注浆体内的锚杆。锚杆杆体表面的肋条与固化后的注浆体咬合，使锚杆固定在岩体内，如图 2.4 所示。水泥注浆锚杆安装后不能立即施加预紧力。如果需要预紧，可在水泥浆硬化后(如注浆一周后)再施加预紧力。过早施加预紧力会造成锚杆和注浆体之间的黏合被破坏。树脂注浆锚杆安装后可以立即进行预紧，因为树脂混合后的固化时间很短，为 10～20s。

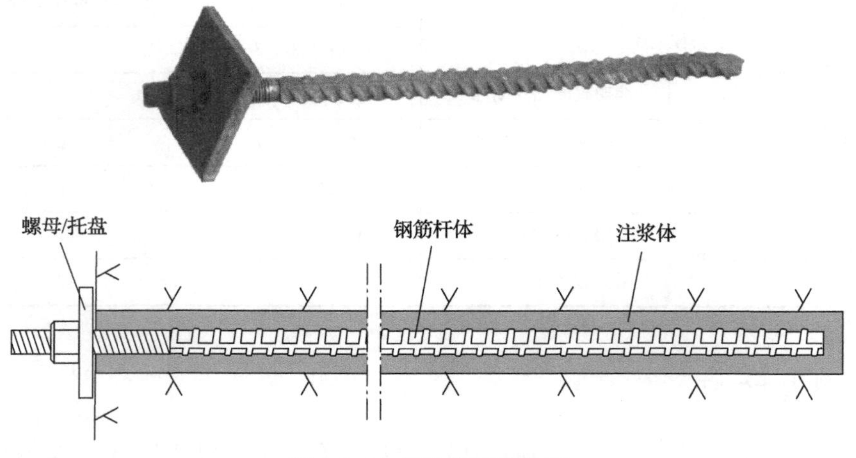

图 2.4　全长注浆钢筋锚杆

各地的钢筋锚杆由不同等级的钢材制成，强度和变形能力存在很大差异。表 2.2 列出了各地使用的几种典型钢筋锚杆的直径和技术参数范围。

表 2.2 典型钢筋锚杆的直径和技术参数

钢筋锚杆 公称直径		国际单位制：16mm、20mm、22mm、24mm、25mm、32mm
		英制：5/8″，3/4″，7/8″，1″
钢材参数	屈服强度(R_e)/MPa	380～500
	抗拉强度(R_m)/MPa	540～620
	均匀伸长率(A_{gt})/%	9～13
直径 20mm 锚杆技术参数	屈服载荷/kN	119～157
	最大拉伸载荷/kN	170～195

在北欧，钢筋锚杆通常由 B500C 型号热轧钢材制成。轧制过程中钢筋离开最后一对轧辊时，其温度大约为 1000℃。之后钢筋被送入冷却箱中用高压水冲刷，经过这样的淬火，钢筋表面形成马氏体硬化结构，而内部仍然保持奥氏体结构。当冷却箱中的温度下降到大约 300℃时，钢筋心内的热量穿透表层对钢筋表面进行回火。通过这样一个工艺，制成了具有珠光体和铁素体坚韧的内心、过渡层和回火马氏体外层的钢筋。

B500C 钢筋锚杆的柱体表面有两排肋条，分列每侧，一侧平行排列，另一侧呈“人”字形排列。两排肋条被纵向肋条分开，如图 2.5 所示。其他地方使用的钢筋锚杆柱体表面的肋条排列可能与北欧 B500C 钢筋锚杆略有不同。

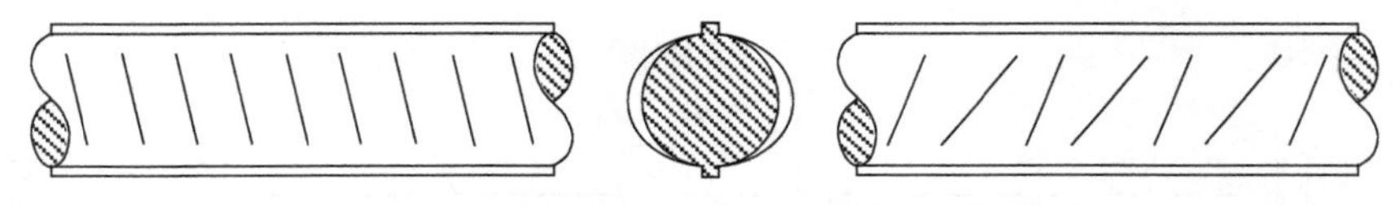

图 2.5 B500C 钢筋锚杆柱体表面的肋条排列形式

锚杆杆头处的螺杆螺纹外径通常与锚杆杆体的公称直径相同，螺杆的屈服载荷大约是钢筋杆体屈服载荷的 80%。

2.3.2 全长注浆螺纹钢锚杆

螺纹钢锚杆与钢筋锚杆类似，不同之处在于其表面为粗螺距螺纹，如图 2.6 所示。螺纹钢锚杆通过热轧沿其长度形成粗螺纹(螺距 10mm)。螺纹钢锚杆杆头处不需要另外加工螺纹，螺母直接拧到杆体的粗螺纹上。螺纹钢锚杆的强度沿整个长度相同。锚杆的安装既可以使用树脂，也可以使用水泥浆。

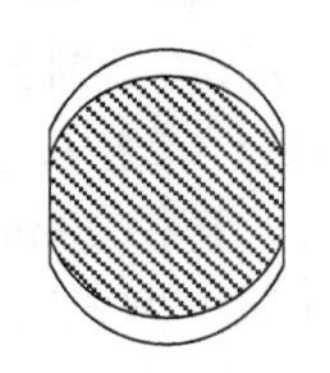
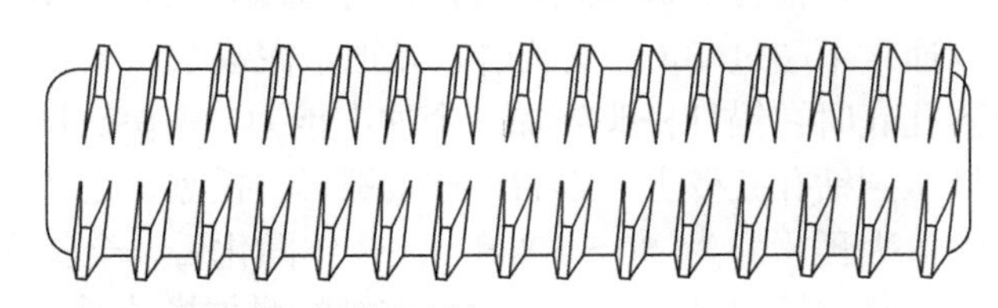

图 2.6 螺纹钢锚杆

表 2.3 列出了加固岩体使用的典型螺纹钢锚杆的直径和技术参数。

表 2.3　典型螺纹钢锚杆的直径和技术参数

螺纹钢锚杆 公称直径		国际单位制：20mm、22mm、25mm
		英制：3/4″、7/8″、1″
螺纹钢钢材参数	屈服强度(R_e)/MPa	500～550
	抗拉强度(R_m)/MPa	600～660
	均匀伸长率(A_{gt})/%	12
	最大伸长率(ε_u)/%	16～19
直径 20mm 锚杆技术参数	屈服载荷/kN	157～173
	最大拉伸载荷/kN	188～207

2.3.3　端部注浆锚杆

端部注浆锚杆是用树脂将锚杆根部的一段黏结在钻孔内，如图 2.7 所示。锚杆杆体可以是钢筋或者螺纹钢，端部注浆锚杆安装后可立即施加预紧力。在抑制岩体位移方面，端部注浆锚杆的作用与胀壳式锚杆相似。由于端部注浆锚杆采用树脂注浆黏结，它的锚固比胀壳式锚杆更可靠。端部注浆锚杆的技术参数与钢筋锚杆和螺纹钢锚杆相同。

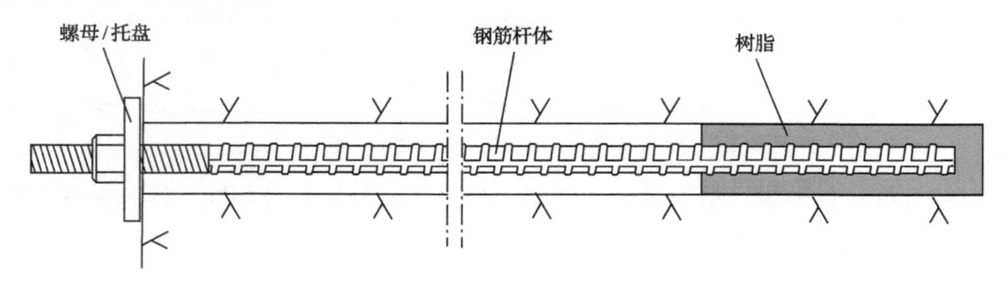

图 2.7　端部注浆锚杆

2.3.4　全长水泥注浆槽楔式锚杆

全长水泥注浆槽楔式锚杆在北欧国家也被称为基律纳(Kiruna)锚杆，这样称呼它的原因可能是 20 世纪 70 年代它首先在瑞典的基律纳铁矿使用，过去几十年该矿山一直使用这种锚杆。基律纳锚杆由锚杆远端带楔块的钢筋制成，如图 2.8 所示。锚杆长度通常不超过 3m。安装时，先把水泥浆泵入钻孔内，然后插入锚杆，当锚杆接触到孔底时在锚杆杆头施加一个冲击推力，楔块被挤压进入杆端槽内，劈裂的杆端被挤压到钻孔孔壁上。之后，拧紧螺母、托盘，施加预紧力。直径 20mm 的钢筋锚杆的最大预紧力为 30～50kN。注浆体固化后，全长水泥注浆槽楔式锚杆与传统的全长注浆钢筋锚杆的作用相同。在杆端增加楔块是为了能给锚杆施加预紧力。

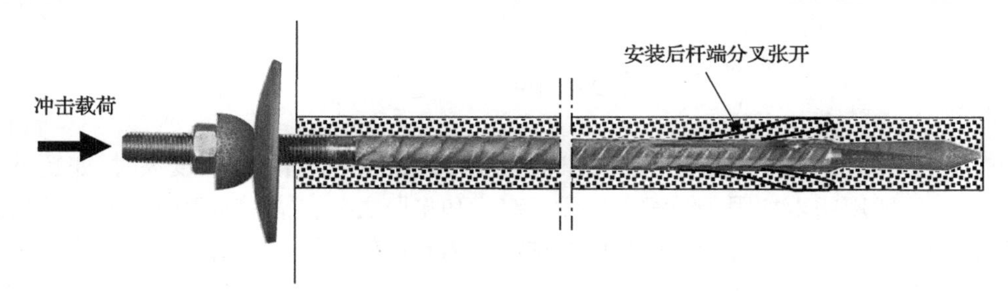

图 2.8　基律纳锚杆

2.4　自钻式锚杆

水泥注浆锚杆的一般安装工艺是先钻孔，然后将水泥浆泵入孔内，最后推入锚杆。在岩体极度破碎的情况下，钻孔过程中或钻孔完成后可能会发生孔壁坍塌，使得很难或者完全无法将浆液注入孔内，或者无法将锚杆插入孔中。这种情况下可以使用自钻式锚杆(Peng and Tang，1984)。自钻式锚杆由空心杆体和锚杆远端的钻头组成，如图 2.9 所示。锚杆的柱面滚压成粗螺纹，不仅用于连接螺母的螺栓，还用于增强杆体与水泥浆的黏结。安装时，杆体随钻头钻入地层，钻孔结束时杆体留在孔中，然后通过杆体中心孔向孔内注水泥浆，当水泥浆从锚杆和钻孔之间的环空流出时，注浆停止。钻孔时锚杆就是钻杆，锚杆强度必须足以承受钻进扭矩。几根锚杆可以通过接头连接在一起成为加长锚杆。典型自钻式锚杆的技术参数见表 2.4。

图 2.9　自钻式锚杆

表 2.4　典型自钻式锚杆的技术参数(Minova Orica，2015；DSI，2015b)

类型	外径/mm	内径/mm	屈服载荷/kN	最大拉伸载荷/kN
R25N	25	14	150	200
R32L	32	21.5	160	210
R32N	32	18.5	230	280
R32S	32	15	280	360
R38N	38	19	400	500
R51L	51	36	450	550
R51N	51	33	630	800
T76N	76	51	1200	1600
T76S	76	45	1500	1900

2.5　锚　　索

在土木和采矿工程的地下空间和岩土边坡的加固中，当加固深度大时(如超过10m)，一般用锚索加固。锚索有单股、双股和多股之分，锚索通常由水泥浆黏结在钻孔中，如图 2.10 所示。某些长度较短的锚索可使用树脂黏结剂安装。锚索较长时搅拌树脂黏结剂会很困难。

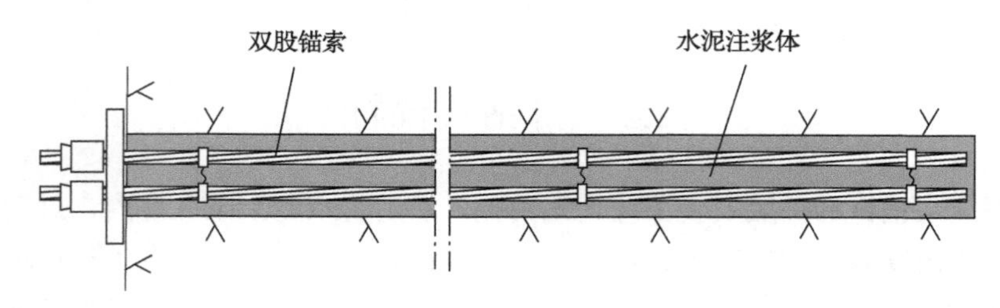

图 2.10　锚索

一根锚索可由多股钢绞线构成，每一股钢绞线是由多根钢丝围绕一根中心钢丝缠绕而成。钢丝断面一般是圆形，通过模具冷拔而成。一股钢绞线通常有 7 根、19 根或 37 根钢丝。几股钢绞线拧在一起就构成锚索。图 2.11 为 1×7 型锚索和 3×7 型锚索的横截面。锚索标注的第一个数字是锚索中钢绞线的股数，第二个数字是每股钢绞线中的钢丝线数。例如，1×7 型锚索的意思是单股钢绞线锚索，每股钢绞线有 7 根钢丝。每股钢绞线或锚索中的钢丝线数量越多柔度越大。1×7 型锚索比 3×7 型锚索的硬度高、柔度小。

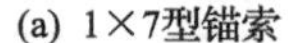
(a) 1×7型锚索

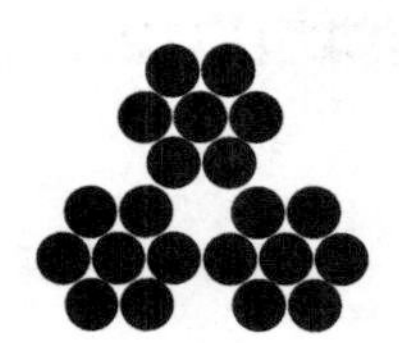

(b) 3×7型锚索

图 2.11　单股 7 线锚索和三股 7 线锚索的横截面

钢绞线和锚索由不同等级的不锈钢或碳素钢制成。不锈钢锚索具有良好的耐腐蚀性，但是成本较高。普通锚索通常是由较便宜的碳素钢制成。由镀锌碳素钢制成的锚索具有一定的耐腐蚀性，防腐蚀效果比较好。必要时，可在锚索表面涂耐腐蚀材料，增加抗腐蚀性。

由未经特殊处理的钢绞线制成的锚索称为普通锚索。为提高锚索在砂浆中的锚固力，可每隔一定长度把钢绞线直径撑大或者在钢绞线上加装固定件。岩体工程用的锚索通常由一股或多股7线钢绞线组成。使用多股钢绞线锚索时，为了改善各股钢绞线之间的载荷分布，经常用间隔块把钢绞线分开。锚索结构示意图如图2.12所示。地下工程最常用的锚索是单股7线锚索，直径分别为12.8mm、15.2mm、17.8mm和22.9mm，其技术参数见表2.5。

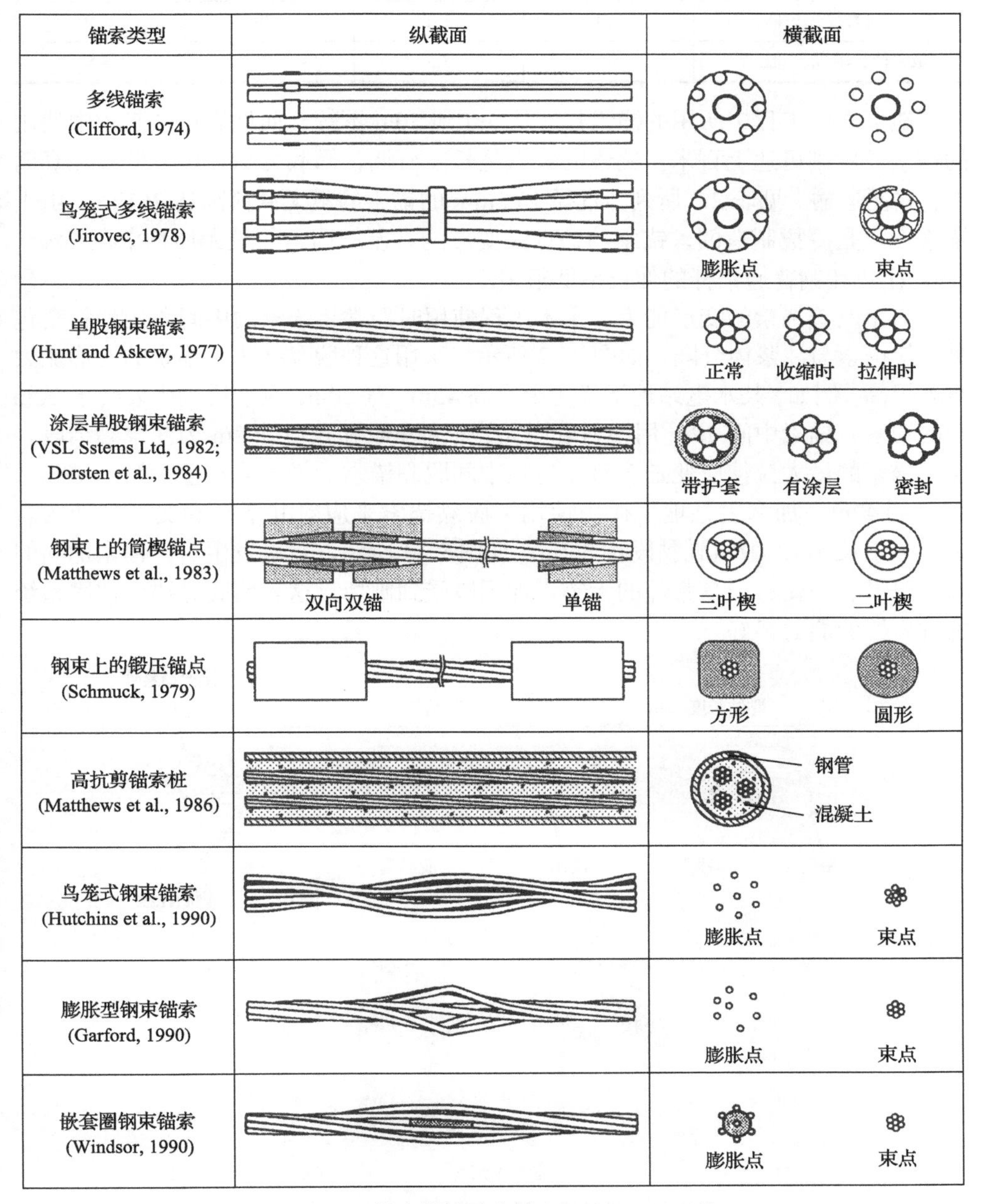

图2.12 锚索结构示意图(Windsor，1992)

表 2.5 地下岩体加固用的锚索技术参数

技术参数	锚索直径			
	12.7mm (0.5″)	15.2mm (0.6″)	17.8mm (0.7″)	22.9mm (0.9″)
钢材抗拉强度/MPa	1860	1860	1860	1860
最大载荷/kN	184	261	339	560
最大伸长率 (最小值) /%	3.5	3.5	3.5	3.5

地下岩体工程中所用的锚索长度从 5m 到 30m 不等，而地表边坡工程中使用的锚索长度则可达上百米。锚索的优点是长度可调，承载力高，可以缠绕在卷筒上，方便运输。见表 2.5 所列，直径 15.2mm 的锚索的最大载荷高达 261kN。由于锚索钢丝是冷拔制造的，锚索的缺点是变形能力差。锚索的最大伸长率在 3%～5%，比热轧钢普通锚杆的伸长率低很多。

为了改善锚索的变形能力，土木工程使用时经常将锚索的中间段用塑料套包裹，使锚索与注浆体分隔，如图 2.13 所示。采用这种脱黏技术，锚索的变形能力显著提高。例如，某水电站地下机房硐室高 45m、宽 20m，硐室边墙中安装了 20m 长的锚索，锚索中间 12m 用塑料套脱黏，根部 6m 和孔口处 2m 为注浆黏结段。假设锚索的最大拉伸应变是 3.5%，这根中间脱黏锚索的最大伸长量大约是 12m×3.5%=0.42m。加拿大某地下矿山使用了脱黏锚索来应对井下平巷交叉口处的岩爆，锚索长 7m，中间脱黏段长 3.7m，如图 2.14 所示。岩爆发生后，锚索加固的巷道段没有损伤，但是紧邻的无锚索加固段受到破坏，这表明脱黏锚索加固系统抵抗岩爆的能力很好。

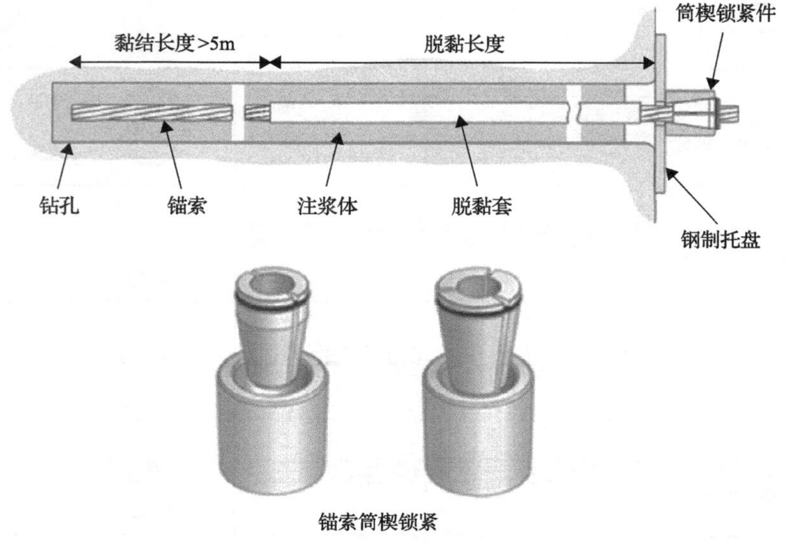

图 2.13 脱黏锚索设计图 (Thompson，2004)

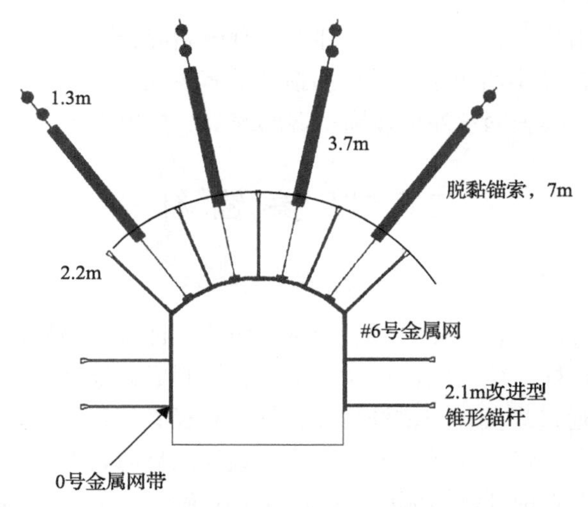

图 2.14　某地下矿山加固平巷大交叉口使用的 7m 长脱黏锚索加固系统
（Falmange and Simser，2004）

托盘通过筒楔锁紧件连接到锚索上，如图 2.13 所示。安装托盘时，先将筒楔锁紧件的筒体和楔块松套在锚索头部，拉紧锚索，把楔块压入筒体内，放松锚索，锚索收缩把楔块锁紧在筒体内。

当使用水泥浆在拱顶垂直孔内安装锚索时，锚索的远端必须有悬挂装置，以防锚索在重力作用下滑落。常用的端部悬挂装置是图 2.15 中的“鱼刺倒钩”。“鱼刺倒钩”用钢丝固定在锚索端头。锚索插到孔底后倒钩把锚索挂在孔壁上，然后将水泥浆泵入孔内。

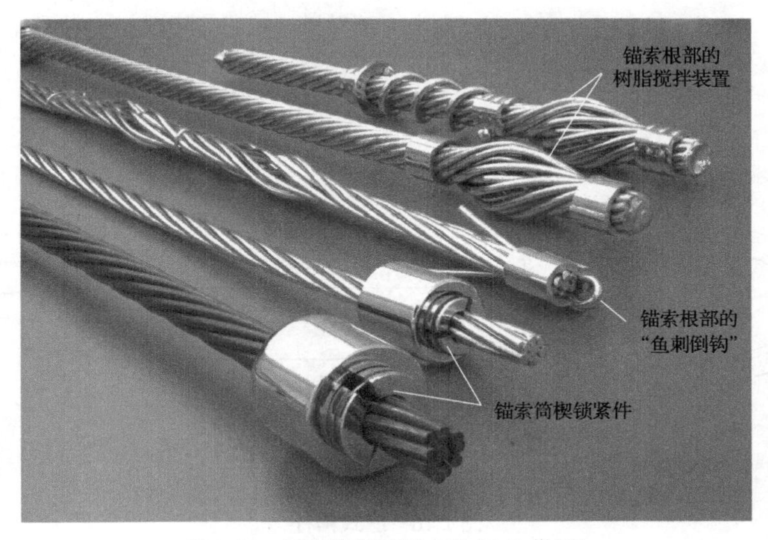

图 2.15　树脂搅拌装置方法（DSI 供图）

如果使用树脂药卷黏结，锚索端部需要有树脂混合装置，以便搅拌树脂药卷中的黏结剂。图 2.15 中给出了两种树脂搅拌装置方法，一种是把锚索远端的钢丝鼓胀，另一种是除鼓胀钢丝外再在锚索端部缠绕一根粗钢丝。

2.6　摩擦锚杆

2.6.1　缝式锚杆

缝式锚杆是目前岩石工程中用于岩体支护的两种摩擦锚杆之一，另一种是下节介绍的水胀式锚杆。缝式锚杆杆体由钢板卷折制成，锚杆杆头处有一个焊接环（图 2.16），托盘通过焊接环与锚杆相连，钻孔直径必须比锚杆直径小 1～5mm。安装时，锚杆缝向下将锚杆强力推入钻孔，直到托盘与岩石表面接触。孔中聚集或凝结的水可以沿着锚杆缝槽流出。典型的缝式锚杆类型有 FS33、FS39 和 FS46。这些锚杆的尺寸和技术参数见表 2.6。

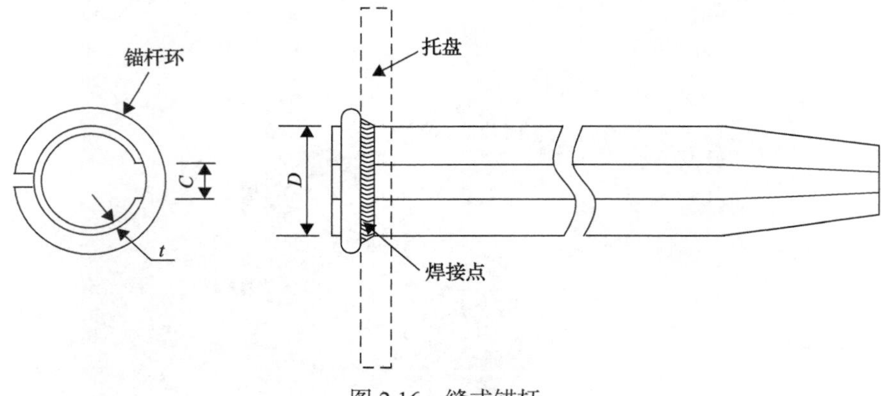

图 2.16　缝式锚杆

表 2.6 典型缝式锚杆的尺寸技术参数(DSI，2015a)

类型		FS33	FS39	FS46
锚杆尺寸	锚杆直径(D)/mm	33	39	46
	管片厚度(t)/mm	2.5	2.5	3
	槽宽(C)/mm	13	16	22
技术参数	推荐钻头直径/mm	31～33	35～38	43～45
	典型最大载荷/kN	107	124	178
	最大伸长率/%	16	16	16

2.6.2 水胀式锚杆

水胀式锚杆也称为膨胀型锚杆。水胀式锚杆由折叠的焊接钢管制成，横截面成“Ω”形，端部由两个衬套密封(图 2.17)。安装时，将锚杆放入钻孔中，通过锚杆杆头端衬套的小孔向折叠管中注入高压水，折叠管被高压水撑开后紧紧压到钻孔孔壁上。安装后水压消失，钻孔壁径变形回弹把锚杆卡在孔内。锚杆与岩体的连接是通过孔壁处的接触力和与孔壁粗糙凸点间的机械咬合实现的。安装一根锚杆只需要几分钟。安装泵有气动、液压和电动三类，工作时压力高达 320bar[①]。

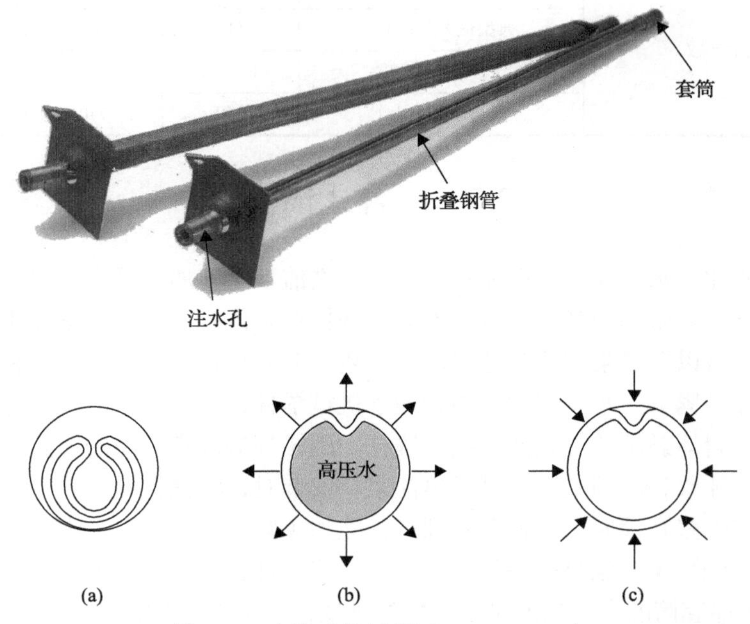

图 2.17 水胀式锚杆(取自 Atlas Copco)

① 1bar=10^5Pa。

第一种水胀式锚杆 Swellex 是在 20 世纪 80 年代发明的(Wijk and Skogberg，1982)。近年来，市场上出现了其他类型的水胀式锚杆，如 Omega(Player et al.，2009；DSI，2015a)、Ex300(Bjurholt，2007；Sandvik，2015)、Expanbol(Mansour，2015)、Python(Jennmar，2015)。

安装前的水胀式锚杆直径称为剖面直径。完全张开后的直径称为钢管原径。锚杆的最大拉伸载荷由钢管原径和管壁厚度决定。只有当岩石-锚杆界面的摩擦力大于锚杆的最大载荷时，锚杆中的力才有可能达到最大载荷。理想的情况是锚杆在小于最大载荷的加载条件下在孔内滑动。锚杆的摩擦力与界面接触力和界面的机械咬合强度有关，因此锚杆必须与孔壁紧密接触。孔径过大会造成无接触，无摩擦力。因此，钻孔孔径一定不得大于推荐的孔径上限。目前市场上各种水胀式锚杆的尺寸和技术参数大同小异。表 2.7 给出了三种典型水胀式锚杆的尺寸和技术参数。

表 2.7　三种典型水胀式锚杆的尺寸和技术参数

类型		锚杆 1	锚杆 2	锚杆 3
锚杆尺寸	管壁厚度/mm	2	2	3
	锚杆剖面直径/mm	28	38	38
	钢管原径/mm	41	54	54
技术参数	推荐钻头直径/mm	32～39	43～52	43～52
	典型最大载荷/kN	110	160	240
	最大伸长率/%	10～20	10～20	10～20
	高压水压力/bar	300	240	300

2.7　组合式锚杆

如前所述，水泥注浆锚杆在水泥浆固结之前不能施加预紧力。但有些工程要求砂浆锚杆必须施加预紧力，以便安装后锚杆对岩体有一定的锁紧作用。要解决这个问题，可以在注浆钢筋锚杆的远端加装一个膨胀壳(图 2.18)。这种组合式锚杆允许施加预紧力，水泥浆固化前相当于机械锚杆，但是等水泥浆固化后就是沿整个长度与岩体黏结的全长注浆钢筋锚杆。因锚杆端部膨胀壳的缘故，这种锚杆必须进行后注浆，即锁紧膨胀壳后再注浆。安装时，将锚杆插入孔中，转动锚杆杆体使膨胀壳张开锁紧；装托盘和螺母，施加预紧力；然后向孔内注入水泥浆，如图 2.19 所示。CT 锚杆是一种典型的组合式锚杆，它由钢筋和环空聚丙烯套筒组成。聚丙烯套筒的主要功能是防止锚杆被腐蚀，安装过程中它还充当注浆通道。水泥浆通过锚杆杆头上的孔洞泵入套筒，水泥浆在套筒中向上流动，并通过套筒和孔壁间的环形空间返回到孔口。当浆液出现在孔口时，停止注浆，安装完毕。

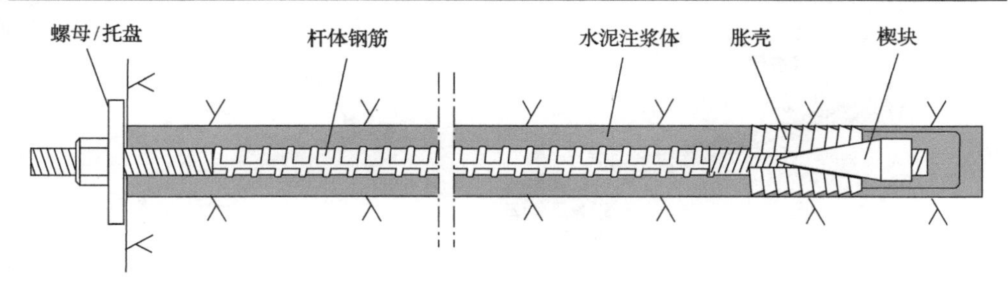

图 2.18 钢筋-膨胀壳组合锚杆

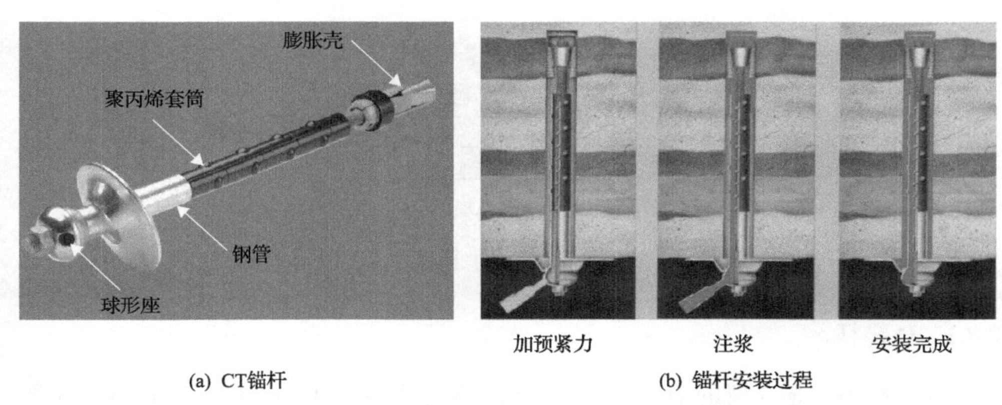

(a) CT锚杆　　(b) 锚杆安装过程

图 2.19 CT 锚杆和锚杆安装(Vik Ørsta，2015)

2.8 吸能屈服锚杆

2.8.1 锥形锚杆

锥形锚杆于20世纪90年代在南非发明,用于治理深部矿山的岩爆灾害(Jager，1992；Ortlepp，1992)。锥形锚杆由一根光滑钢杆和杆远端锻造的锥体构成。锚杆最初的设计为水泥注浆[图 2.20(a)]，后来出现了用树脂黏结的改进型锥形锚杆[图 2.20(b)]，改进型锥形锚杆的端部有一薄板，用来搅拌混合树脂。锥形锚杆需要全长黏结。岩体变形会加载托盘，托盘上的载荷经由杆体传到锚杆远端的锥体，锥体压碎固化注浆体然后在压碎的注浆体内犁削滑动，锥体上的载荷可表示为

$$P=\frac{\pi}{4}\left(D^2-d^2\right)k\sigma_{\mathrm{c}} \tag{2.3}$$

式中，P 为最大犁削载荷；D 为锥体的最大直径；d 为锚杆的直径；k 为强度系数；σ_{c} 为固化注浆体的单轴抗压强度。

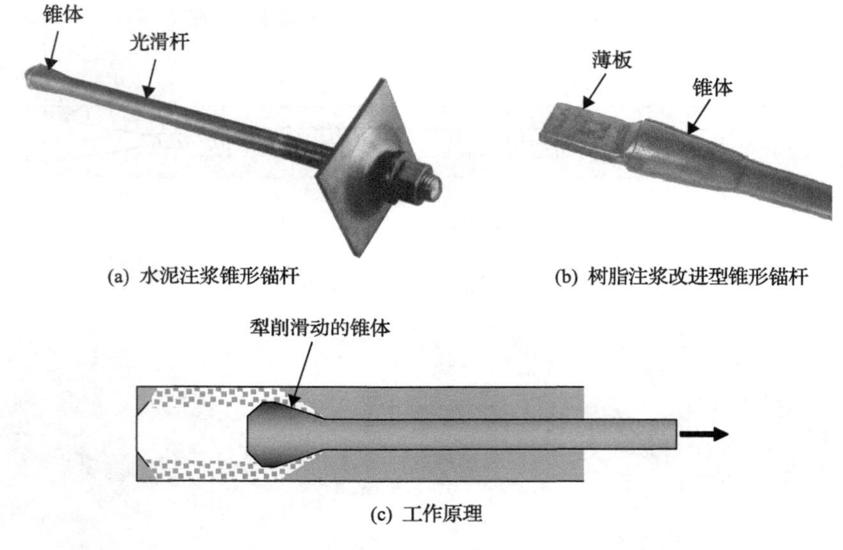

(a) 水泥注浆锥形锚杆　(b) 树脂注浆改进型锥形锚杆

(c) 工作原理

图 2.20　锥形锚杆

2.8.2　D 锚杆

D 锚杆由一根光滑的钢杆和沿着杆长方向布置的多个锚点构成，如图 2.21 所示(Li，2010)。锚杆通过水泥浆或树脂全长黏结在钻孔内，与杆体连接的锚点牢牢固定在注浆体中，而锚点之间的光滑杆段随着岩体的膨胀变形而伸长。锚杆通过启动杆体材料的强度和变形来吸收能量。D 锚杆的最大载荷与杆体材料的抗拉强度呈简单的线性关系

$$P = \frac{\pi}{4} d^2 k \sigma_t \tag{2.4}$$

式中，σ_t 为锚杆钢材抗拉强度；k 为钢硬化系数，取值 0.9。

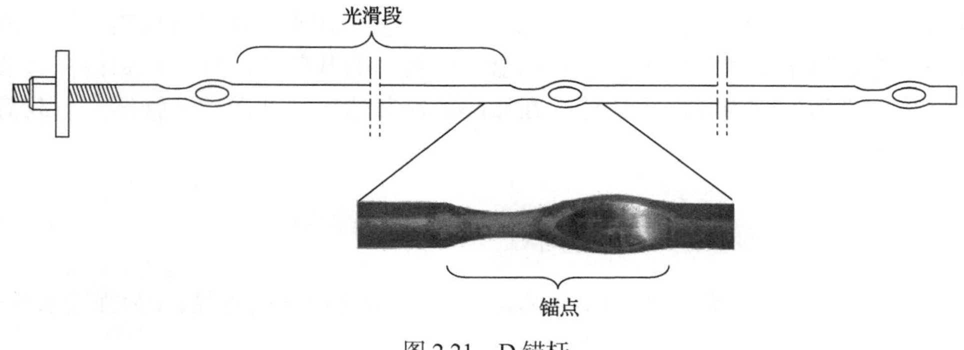

图 2.21　D 锚杆

2.8.3 Garford 锚杆

Garford 锚杆在澳大利亚发明，它由光滑的实心杆体、一个孔内锚固件和远端的粗纹套筒构成(图 2.22)。该锚杆的锚固件套在杆体上，其内径略小于杆体直径。锚杆安装时先把树脂药卷投入孔底，锚杆一边转动一边推入孔内，旋转的杆端粗纹套筒搅拌树脂。安装完成后，锚固件包裹在固化的树脂中。当托盘与锚固件之间的岩石膨胀变形时，杆体受拉，尾部杆体被挤压进锚固件的小孔内滑动，从而实现屈服伸长。屈服载荷的大小由杆体直径与锚固件孔径差决定。锚杆的最大位移量由粗纹套筒内的杆尾长度决定。Garford 锚杆的最大载荷可表达如下

$$P=\frac{\pi}{2}d\Delta dk\sigma_{\mathrm{s}} \tag{2.5}$$

式中，d 为锚杆的直径；Δd 为杆体直径与锚固件孔径之差；σ_{s} 为锚杆钢材屈服强度；k 为挤压系数。

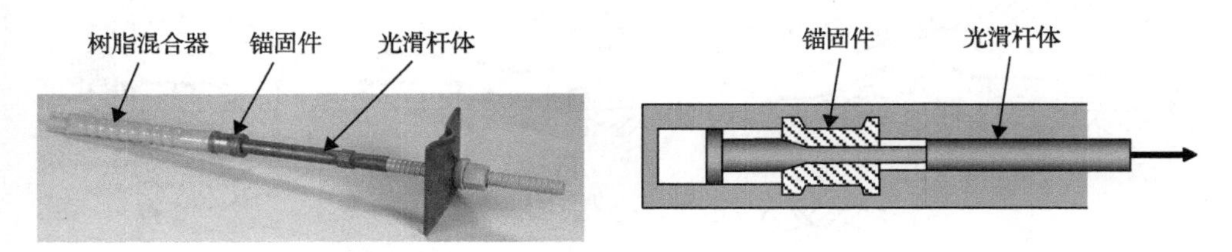

图 2.22 Garford 锚杆(取自 Garford Pty Ltd)

2.8.4 Yield-Lok 锚杆

Yield-Lok 锚杆由 17.2mm 直径圆钢制成(图 2.23)。锚杆端部的锚头包裹在工程聚合物中，锚杆用树脂黏结在钻孔中。当杆体中拉伸载荷超过锚头的最大载荷时，锚头就在聚合物中滑动实现屈服伸长。Yield-Lok 锚杆的力学特性与锥形锚杆相似，如式(2.3)表述，这时的 d 是锚头直径。

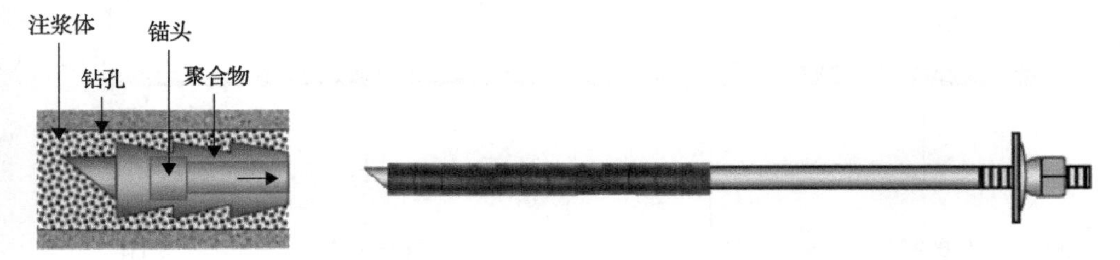

图 2.23 Yield-Lok 锚杆(Wu and Oldsen，2010)

2.8.5　Durabar 锚杆

Durabar 锚杆是南非发明的一种屈服锚杆(Ortlepp et al., 2001)。锚杆由一段光滑杆和一段波形杆，以及托盘和螺母组成(图 2.24)，其尾端的光滑段决定锚杆的最大屈服伸长量。锚杆安装需要全孔注浆，波形杆段要精细成型，同时杆段其他部分要与注浆体脱黏，这样锚杆才能如预期的那样在注浆体内发生滑动。Durabar 锚杆通过在固化的水泥注浆体内滑动实现屈服变形。当 Durabar 锚杆上的载荷达到设计屈服极限时，它开始在注浆体中沿波形杆段的波形路径滑动。波形杆段与注浆体之间的摩擦是主要的能量耗散方式，Durabar 锚杆的最大载荷与波形杆段的倾角和锚杆与水泥浆之间的摩擦系数有关。当锚杆杆体受拉时，波形杆段上诱发出一个法向载荷，法向载荷的大小与波倾角 i 有关，倾角 i 可以由波幅与半波长之比表示。

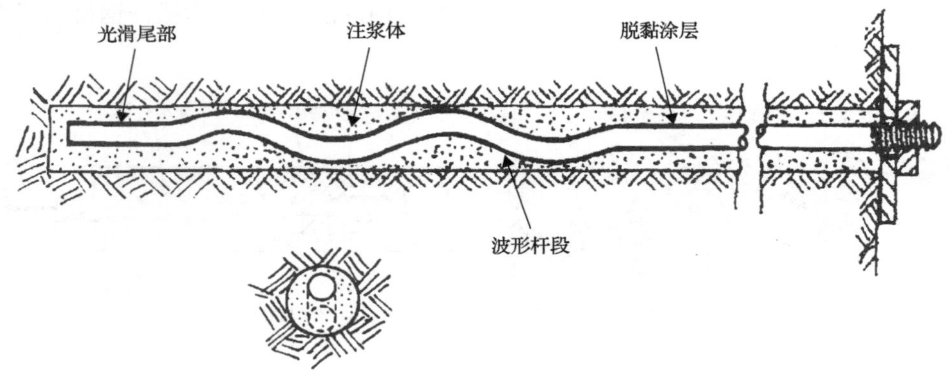

图 2.24　Durabar 锚杆(Ortlepp et al., 2001)

2.8.6　Roofex 锚杆

Roofex 锚杆由一个锚固件和光滑的实心杆体(图 2.25)组成(Charette and Plouffe, 2007; Galler et al., 2011)。其工作原理与 Garford 锚杆类似，即在设计

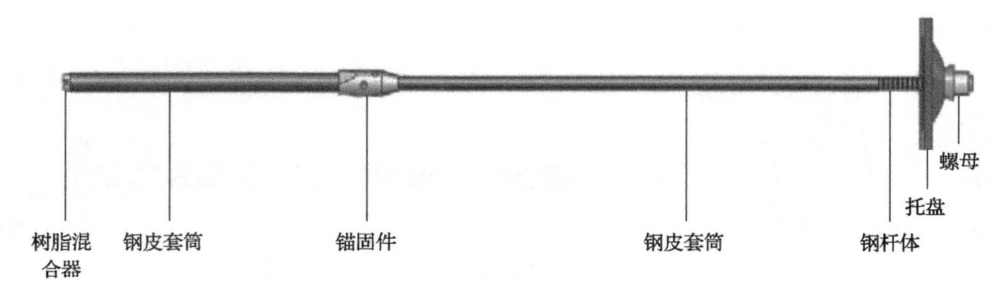

图 2.25　Roofex 锚杆

的屈服载荷水平上，光滑杆体被挤压强行通过锚固件的小孔实现屈服变形。安装时，转动的锚杆被推入已经放置树脂药卷的钻孔中，锚杆端部的混合器将树脂混合。Roofex锚杆的力学原理与Garford锚杆相似，最大载荷也由式(2.5)所表达，但由于锚固件形状不同，系数k的值也不同。

2.8.7 何氏锚杆

中国发明的何氏锚杆由实心杆体、锥形活塞、套筒等组成(图2.26)。杆端的粗螺纹是锚杆的孔内锚固点，锥形活塞的直径略大于套筒的内径，使其紧密地装配在与托盘和螺母相连的套筒中。根据作者所述(He et al., 2014)，锚杆在钻孔中注浆锚固。岩体膨胀变形牵拉锥形活塞在套筒内滑动，如图2.26(a)所示。根据图2.26(b)，当锥形活塞滑动时，套筒径向塑性膨胀。因此，锚杆的抗拉载荷不仅是锥体与套筒壁之间的摩擦，还与套筒的塑性变形有关。锚杆的最大载荷为(He et al., 2014)

$$P = 2\pi f I_s I_c \tag{2.6}$$

式中，f为锥套界面处的摩擦系数；I_s为套筒常数；I_c为锥形活塞常数。

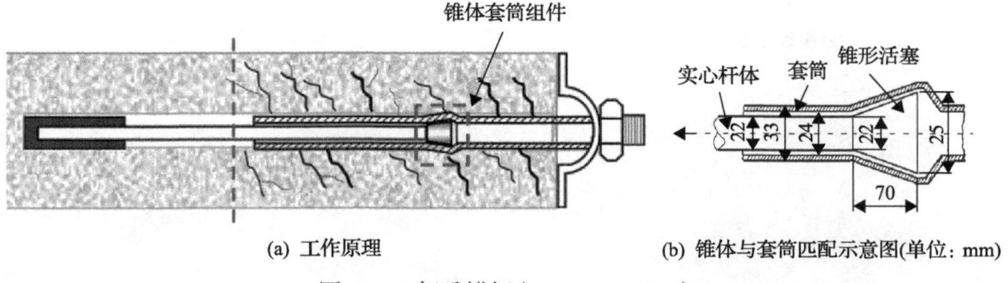

图2.26 何氏锚杆(He et al., 2014)

2.9 锚杆辅助件

托盘、螺母和球形座是锚杆的主要辅助件。它们一方面帮助锚杆与岩体建立联系，另一方面帮助锚杆与岩体外的表面支护构件(如金属网、网带和喷射混凝土层)建立连接。为了最大限度地利用锚杆的承载能力，辅助件的强度必须大于锚杆强度。

2.9.1 托盘

托盘通常由中心打孔的钢板制成。托盘有的是简单的平板，有的是中间凸起的拱形板，如图2.27所示。平板托盘的一个缺点是，当托盘发生严重变形时，面向岩石一侧的孔径会变大，岩石变形大时托盘很容易失去承载能力，如图 2.28 所示。在这种情况下，螺母和球形座会穿过托盘孔。现场观察到拱形托盘很少发生螺母贯穿托盘孔的现象。当螺母和球形座压迫拱形托盘变形时，拱形托盘的孔径倾向于收缩而不是扩大，这样螺母和球形座就不容易贯穿托盘孔。拱形托盘的另一个优点是，在拱顶被压平之前，它们能够承受较大的位移(20～30mm)，因此，拱形托盘比平板托盘具有更大的变形能力。对托盘的基本要求是它的承载能力要等于或者高于锚杆强度。否则，锚杆会因为托盘失效而过早失效。

(a) 平板托盘

(b) 拱形托盘

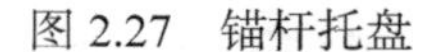

图 2.27　锚杆托盘

(a) 正面

(b) 反面

图 2.28　现场失效的平板托盘正、反面

2.9.2　螺母

当前，标准螺母和加长螺母都用于紧固锚杆，如图 2.29 所示。在现场经常会

遇到标准螺母出现脱扣的现象，如图 2.30 所示。从这一点来看，使用加长螺母比标准螺母好。选择螺母的原则是螺母的抗拉强度必须高于锚杆的抗拉强度。

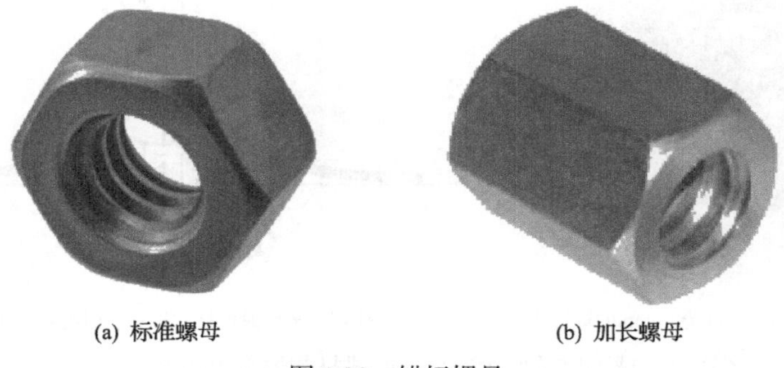

(a) 标准螺母 (b) 加长螺母

图 2.29 锚杆螺母

图 2.30 M24 型标准螺母螺纹滑丝失效

2.9.3 球形座

使用球形座可显著改善螺母和托盘之间的载荷传递。锚杆应垂直于岩石表面安装，以便托盘和锚杆均匀承受载荷。然而，大多数情况下锚杆钻孔会稍微偏离岩石表面的法线。安装在倾斜孔中的锚杆托盘上的载荷将集中于一侧，从而导致锚杆杆头发生塑性弯曲。另外，由于托盘上的载荷不对称，托盘有可能会过早失效。如果使用图 2.31(a)的球形座，只要钻孔与岩石表面法线的偏差不超过设计极限[图 2.31(b)]，球形座的球面就与托盘孔的圆周保持紧密接触。钻孔与岩石表面法线的偏差角最大不应超过 20°。

图 2.32 为一个由薄壁管制成的可压缩球形座。该球形座在 120kN 时发生屈服，且随位移的增加而变短。通过观察球形座的变形就可以估计锚杆载荷。

(a) 直径为50 mm、高度为23 mm的球形座

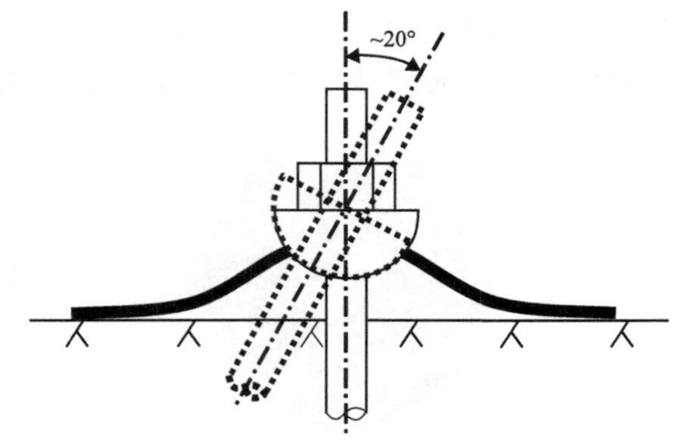

(b) 使用球形座时锚杆与岩石表面夹角变化示意图

图 2.31 球形座及使用球形座时锚杆与岩石表面夹角变化图

图 2.32 由薄壁管制成的可压缩型球形座

直径 50mm，高度 35mm，承载力 120kN（Vik Ørsta，2015）

参考文献

Bjurholt, J., 2007. Pull and shear tests of rockbolts. Master's thesis 2007:208 CIV, Luleå University of Technology, Lulea, Sweden 72p.（in Swedish）.

Charette, F. and Plouffe, M., 2007. Roofex – results of laboratory testing of a new concept of yieldable tendon. In: Potvin Y,（Ed.）. Deep Mining 07 Proceeding of the 4th International Seminar on Deep and High Stress Mining. Australian Centre for Geomechanics, Perth, Australia, pp. 395-404.

Clifford, R.L., 1974. Long rockbolt support at New Broken Hill Consolidated Limited. In: Proc. AusIMM Conf., No. 251, pp. 21-26.

Dorsten, V., Frederick, F.H., Preston, H.K., 1984. Epoxy coated seven-wire strand for prestressed concrete. Prestressed Concrete Inst. J. 29（4）, 1-11.

DSI, 2015a. Mining and Tunneling Products Catalogue. http://www.dsiunderground.com/home.html.

DSI, 2015b. DYWI Drill Self-Drilling Bolt. http://www.dsiunderground.com/products/mining/speciality-bolts/dywireg-drill-self-drilling-bolt.html.

Falmagne, V., Simser, B.P., 2004. Performance of rockburst support systems in Canadian mines. In: Villaescusa, E., Potvin, Y. (Eds), In: Ground Support in Mining & Underground Construction . Balkema, London, pp. 313-331.

Galler, R., Gschwandtner, G.G., Doucet, C., 2011. Roofex bolt and its application in tunnelling by dealing with high stress ground conditions. In: ITA-AITES World Tunnel Congress, Helsinki, Finland.11p.

Garford Pty Ltd, 1990. An Improved, Economical Method for Rock Stabilization. 4 pp.

He, M., Gong, W., Wang, J., Qi, P., Tao, Z., Du, S., Peng, Y., 2014. Development of a novel energy-absorbing bolt with extraordinarily large elongation and constant resistance. International Journal of Rock Mechanics & Mining Sciences 67, 29-42.

Hunt R.E.B., Askew J.E., 1997. Installation and design guidelines for cable dowel ground support at C/NBHC. The AusIMM (Broken Hill Branch) Underground Operator's Conference, 113-122.

Hutchins W.R., Bywater S., Thompson A.G., Windsor, C.R., 1990. A versatile grouted cable dowel reinforcing system for rock. In: The AusIMM Proceedings 1, 25-29.

Jager, A.J., 1992. Two new support units for the control of rockburst damage. In: Kaiser, P. K., McCreath, D. R. (Eds.), Proc Int Symp on Rock Support. Balkema, Rotterdam, pp. 621-631.

Jennmar, 2015. Ground Control Products – product catalogue. http://www.jennmar.com/products_mining_coal.php.

Jirovec, P., 1978. Wechselwirkung zwischen anker und gebirge. Rock Mechanics, Suppl. 7, 139-155.

Li, C.C., 2010. A new energy-absorbing bolt for rock support in high stress rock masses. International Journal of Rock Mechanics & Mining Sciences, 47(3), 396-404.

Mansour, 2015. Ground Support – product catalogue. http://www.mansourmining.com/.

Matthews S.M., Thompson, A.G. Windsor C.R., O'Bryan P.R., 1986. A novel reinforcing system for large rock caverns in blocky rock masses. In: Proc. Int. Symp. on Large Rock Caverns, Pergamon Oxford, pp. 1541-1552.

Matthews S.M., Tillmann, V.H., Worotnicki, G., 1983. A modified cable bolt system for the support of underground openings. In: Proc. AusIMM Annual Conf., 1983, Broken Hill, pp. 243-255.

Minova Orica, 2015. MAI self-drilling Bolts SDA. http://www.minovaint.com.

Ortlepp, W.D., 1992. The design of support for the containment of rockburst damage in tunnels – an engineering approach. Rock Support in Mining and Underground Construction. Balkema, Rotterdam, pp. 593-609.

Ortlepp, W.D., Bornman, J.J, Erasmus, N., 2001. The Durabar – a yieldable support tendon – design rationale and laboratory results. Rockbursts and Seismicity in Mines—RaSiM5, South African Institute of Mining and Metallurgy, Johannesburg, pp. 263-264.

Peng, S.S., Tang, D.H.Y., 1984. Roof bolting in underground mining: a state-of-the-art review. International Journal of Mining Engineering, 2, 1-42.

Player, J.R., Villaescusa, E., Thompson, A.G., 2009. Dynamic testing of friction rock stabilisers. In: Diederichs, M., Grasselli, G. (Eds.), ROCKENG09: Proc. 3rd CANUS Rock Mechanics Symp., Toronto, 15p.

Sandvik, 2015. Sandvik rock reinforcement. Product catalogue.

Schmuck C.H., 1979. Cable bolting at the Homestake gold mine. Mining Engineering, December, 1677-1681.

Thompson, A., 2004. Performance of cable bolt anchors – an update. Symposium, 8p.

Vik Ørsta, 2015. Rock support product catalogue. http://www.vikorsta.no/Produkter/Bergsikring/.

VSL Systems Ltd, 1982. Slab post tensioning, Switzerland, 12p.

Wijk, G., Skogberg, B., 1982. The inflatable rockbolting system. In: 14th Canadian Rock Mechanics Symp, Canadian Institute of Mining and Metallurgy, pp. 106-115.

Windsor, C.R., 1992. Cable bolting for underground and surface excavations. In: Kaiser, P. K., McCreath, D. R.（Eds.）, Rock Support in Mining and Underground Construction. Balkema, Rotterdam, 349-376.

Wu, Y.K., Oldsen, J., 2010. Development of a new yielding rockbolt – Yield-Lok bolt. In: Proc. of the 44th US Rock Mechanics Symposium, Salt Lake City, USA. Paper ARMA 10-197, 6p.

第3章 锚 杆 性 能

3.1 室内试验方法

3.1.1 静载试验

岩体中锚杆所受的载荷与岩体变形有关。岩体变形是指岩石材料变形、岩体中不连续面位移或者两者的结合。图 3.1 描述了当岩体不连续面发生轴向和横向位移时，位于不连续面处的全长注浆锚杆的受载情况。不连续面裂缝张开后在锚杆中诱发出拉应力，横向位移诱发出剪切力。一些情况下，锚杆只受拉或者受剪，而在另一些情况下，两种力同时存在。当只受轴向拉伸时，锚杆先弹性伸长，然后塑性变形，最后被拉断失效。普通碳素钢锚杆的拉伸破坏特征是产生颈缩，也就是在断裂位置的锚杆直径明显小于锚杆其余杆段的直径，如图 3.2(a)所示。在只受横向剪切的情况下，锚杆下的硬化水泥可能被压碎，锚杆杆体发生弯曲，如图 3.2(b)所示。由于注浆体被压碎，在剪切载荷作用下锚杆杆体的最终破坏本质上仍然是拉伸破坏。在后面的章节中，全长注浆锚杆的剪切强度与抗拉强度相差不大。

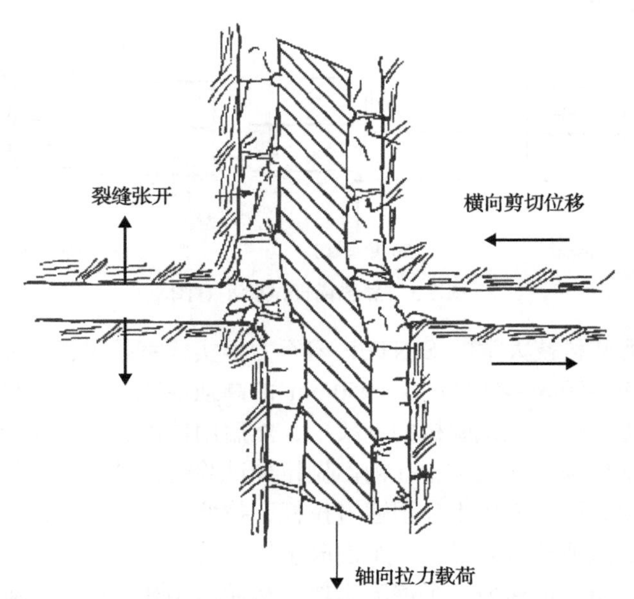

图 3.1 全长注浆锚杆在岩体不连续面处受拉伸和剪切的示意图(Snyder，1984)

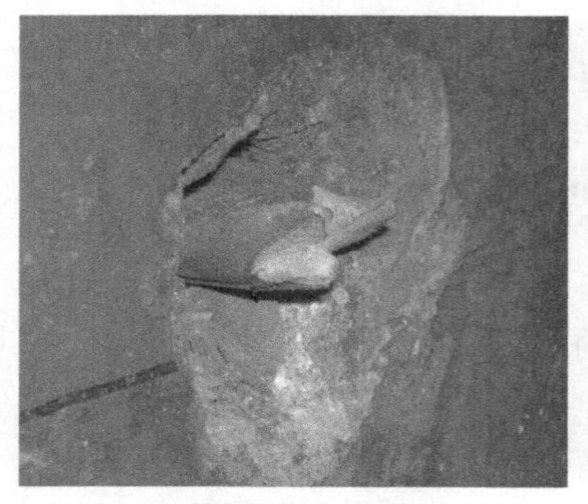

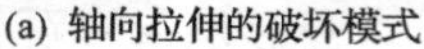

(a) 轴向拉伸的破坏模式

(b) 横向剪切的破坏模式

图 3.2 锚杆在轴向拉伸和横向剪切作用下的破坏模式(Mahony et al.，2005)

最大载荷(也就是强度)的最大位移是两个最常用来描述锚杆性能的参数。一般通过室内拉伸和剪切试验分别检测锚杆的拉、剪性能。不同的实验室进行锚杆试验的设备有所不同，但每套试验设备试验时都必须有以下组成部分：锚杆、钻孔、加载装置和测量仪器。轴向拉伸试验时，加载方向与锚杆长度平行，如图 3.3(a)所示。剪切试验有两种方法，分别是单剪试验[图 3.3(b)]和双剪试验[图 3.3(c)]。单剪试验时，将锚杆固定在两块模拟岩块的试块中，在两个试块的接缝面上施加剪切载荷；双剪试验时，将锚杆固定在三个试块中，横向载荷施加到中间试块上，中间试块发生相对于两侧试块的横向位移，从而在试块之间的两个接缝处对锚杆施加剪切载荷(Naj，2012)。

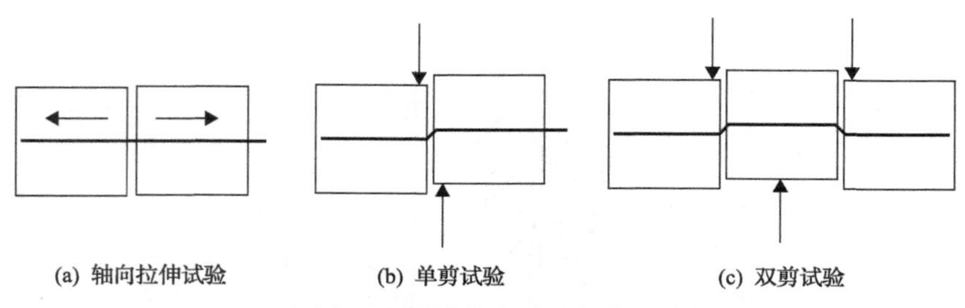

(a) 轴向拉伸试验　(b) 单剪试验　(c) 双剪试验

图 3.3 静载锚杆试验示意图

图 3.4 为挪威科技大学的 SINTEF 岩石力学实验室的锚杆试验机。该试验机使用两块尺寸为 950mm×950mm×950mm 的高强混凝土块代替硬岩岩体。试验前，先把混凝土块放置在试验机的钢架中，然后用冲击钻在混凝土块中钻出安装锚杆的钻孔，最后锚杆安装在钻孔内。做拉伸试验时，其中一个钢架内的混凝土块保持固定不动，两个液压千斤顶通过拉杆，拉伸另一个钢架内的混凝土块，直至锚杆被拉断。做剪切试验时，一个混凝土块保持不动，用一个液压千斤顶在两混凝土块接缝处横向推移另一个混凝土块，从而给钻孔中的锚杆施加剪切载荷。该锚杆试验机的最大拉伸载荷是 600kN，最大剪切载荷是 500kN。常规锚杆试验

是平行于锚杆长度方向加载的轴向拉伸试验和垂直于锚杆的横向剪切试验。典型锚杆的拉伸和剪切试验的载荷-位移曲线在 3.2.1 节中介绍。

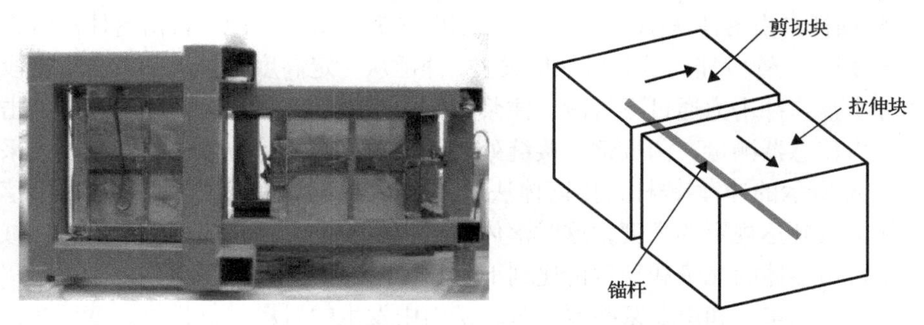

图 3.4 静载拉伸和剪切试验中的锚杆试验机及混凝土块

通过特殊加载设计，也可以在图 3.4 所示的试验机上对锚杆同时施加轴向和横向剪切载荷，也就是锚杆上的合力方向与锚杆的长度方向夹角为 0°～90°。该夹角的大小由锚杆轴向和横向载荷之比决定。这种加载条件下的锚杆载荷-位移曲线在 3.2.2 节中介绍。

3.1.2 动载试验

发生岩爆时，岩体中的锚杆会承受动载荷，锚杆和支护系统中的其他构件必须能够吸收掉岩爆释放的多余能量，才能避免岩块被弹射。能量吸收能力是描述锚杆动载性能的基本参数。锚杆的抗爆能力可以通过图 3.5 所示的锚杆动载试验

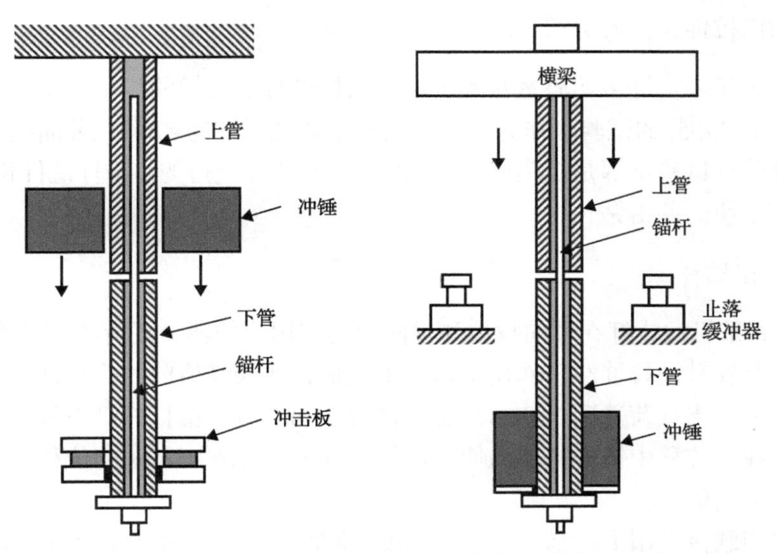

(a) 冲锤自由落体法(Plouffe et al., 2008) (b) 冲锤-锚杆自由落体法(Villaescusa et al., 2013)

图 3.5 锚杆动载试验的两种方法

测量。在这种锚杆动载试验中，锚杆安装在两段分离的钢管中，这两段钢管模拟两个岩块。动载荷可以通过两种方法施加到锚杆上：冲锤自由落体法[图 3.5(a)]和冲锤-锚杆自由落体法[图 3.5(b)]。采用图 3.5(a)所示的冲锤自由落体法时，将钢管-锚杆的上管段挂到试验机的横梁上，冲锤从一定高度自由落下冲击下管段连接的冲击盘，冲击力通过下管段、注浆体传给锚杆。施加给锚杆的力通过冲击盘底下的力传感器测量，两段钢管接缝处的张开位移用差动位移传感器记录。采用图 3.5(b)所示的冲锤-锚杆自由落体法时，冲锤与钢管-锚杆试件一起自由下落直到落体横梁到达规定的高度，这时落体横梁被缓冲器急剧减速停止下落，在减速过程中自由落体的能量和动量传递到下管和管内的锚杆上。

通过对加拿大和南非某些深部金属矿山中发生的岩爆进行弹射速度反演，人们发现岩爆发生时爆堆的最大平均弹射速度一般在 5～6m/s(Camiro，1995)。因此，动载锚杆试验中的冲击速度通常设定在 5～6m/s。在动载试验中，冲击速度(v)与落锤高度的关系是

$$v = \sqrt{2gh} \tag{3.1}$$

式中，g 为重力加速度；h 为落锤高度。锚杆吸收的能量等于锚杆载荷-位移曲线下的面积。

3.2 常规锚杆静载性能

3.2.1 轴向拉伸和横向剪切性能

近几十年来，许多实验室对各种常规锚杆进行了大量的拉、剪试验。本节主要以 Stjern(1995)的试验工作为基础介绍典型常规锚杆的载荷-位移曲线。本节所述的锚杆静载试验全部是在图 3.4 所示的试验装置上进行的。锚杆试件长 2m，安装在混凝土块的冲击钻孔中。

1. 机械锚杆

图 3.6 是机械锚杆在轴向拉伸和横向剪切作用下的典型载荷-位移曲线。锚杆杆部和托盘在轴向拉伸载荷作用下均发生变形，曲线峰值前的非线性主要是由于托盘的变形。当载荷达到 160kN，总位移为 55mm 时，锚杆托盘失效，锚杆也同时失效。在总位移中锚杆杆体的伸长量仅 14mm，其余 41mm 的位移是由托盘和螺杆伸长引起的。

在剪切载荷作用下，锚杆的剪切刚度(即曲线的斜率)在大约 50kN 时突然变小，这时锚杆沿剪切面发生扭曲变形，随着剪切力缓慢增加到 75kN，剪切位移急

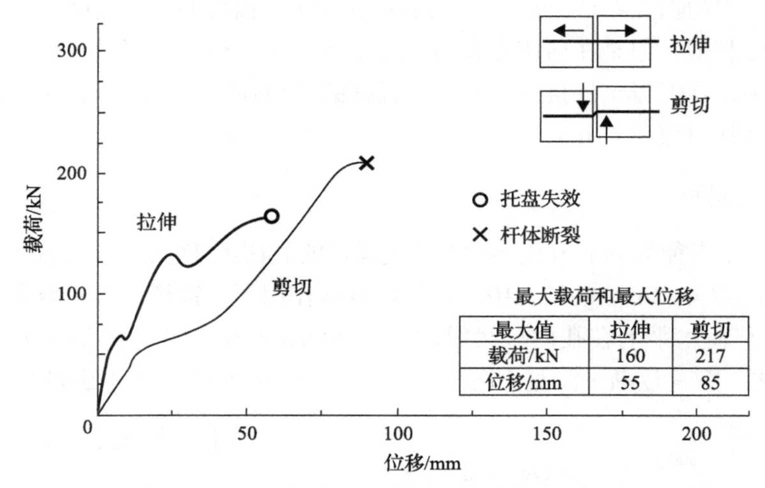

图 3.6　直径 20mm 胀壳式锚杆的载荷-位移曲线(Li et al., 2014)

剧增加约 20mm(即一倍锚杆直径)，之后剪切力增速稳定，直至锚杆杆体最终在 217kN 水平上断裂失效。注意，机械锚杆的剪切强度通常大于其抗拉强度。锚杆的最大剪切位移为 85mm，略大于最大拉伸位移。

2. 全长注浆钢筋锚杆

图 3.7 是 20mm 直径全长注浆钢筋锚杆的载荷-位移曲线。锚杆孔由 32mm 直径钻头钻出，水泥浆水灰比为 0.32，全孔注浆。拉伸试验时，随着位移的增加载荷迅速增大，锚杆杆体最终在混凝土块接缝处发生断裂。锚杆的抗拉强度是

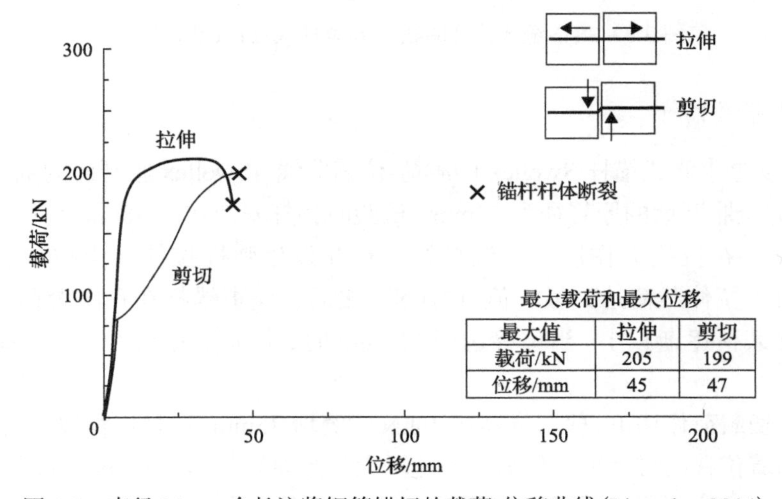

图 3.7　直径 20mm 全长注浆钢筋锚杆的载荷-位移曲线(Li et al., 2014)

205kN，最大拉伸位移 45mm。在剪切载荷作用下，锚杆的剪切刚度与拉伸试验开始拉伸刚度相似，但是在剪切力大约 75kN 水平下突然减小(剪切位移加速)。最终锚杆杆体也在混凝土块接缝处断裂。锚杆的剪切强度是 199kN，比抗拉强度稍小，最大剪切位移为 47mm。

3. 缝式锚杆

图 3.8 是直径为 46mm 的 SS46 缝式锚杆的载荷-位移曲线。试验前，先将锚杆推入直径为 42.3mm 的钻孔中。在拉伸载荷作用下，锚杆没有断裂失效，而是在 51kN 载荷水平上在孔内持续滑动。在剪切试验中，锚杆的最大剪切载荷为 160kN，之后载荷逐渐下降直至剪切位移达到 68mm 时锚杆杆体断裂失效。

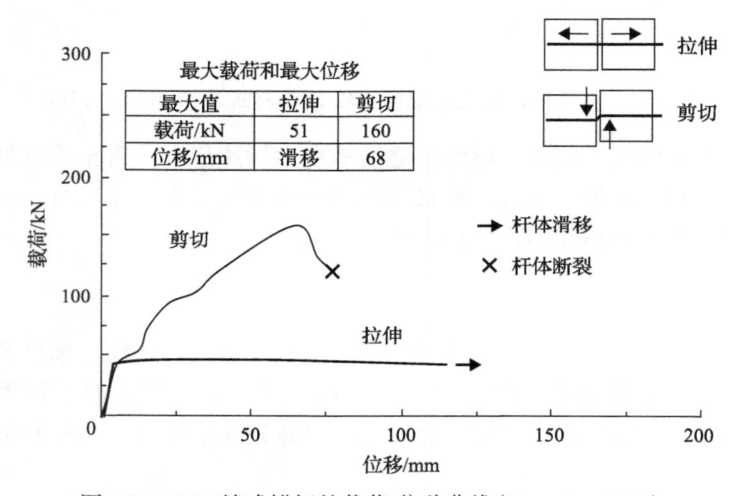

图 3.8　SS46 缝式锚杆的载荷-位移曲线(Li et al.，2014)

4. 水胀式锚杆

图 3.9 是水胀式锚杆 Swellex 的载荷-位移曲线。Swellex 胀开前的剖面直径是 38mm，完全胀开后的原管径为 54mm。试验时锚杆安装在用 48mm 直径钻头钻出的钻孔中。在拉拔力作用下，锚杆杆体首先发生弹性拉伸。当拉伸位移达到 26mm 时，拉伸载荷达到最大值 121kN。之后，整根锚杆在孔内滑移，随着位移的增加载荷逐渐减小。当位移达到 160mm 时，载荷下降到了最大载荷的 50%左右。

在剪切载荷作用下，剪切位移在 40kN 时突增 35mm，这是杆管被压扁造成的。之后，随着位移的增大剪切载荷又迅速增大。当剪切位移达到 59mm 时，锚杆杆管最终在 179kN 的剪切载荷下断裂。

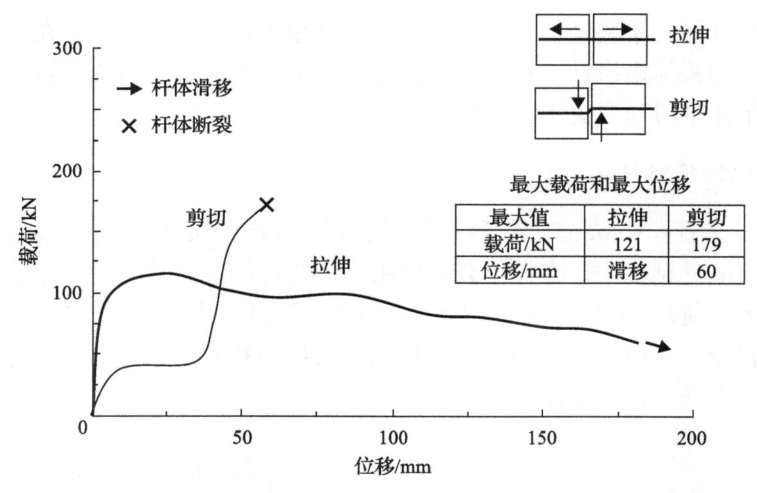

最大值	拉伸	剪切
载荷/kN	121	179
位移/mm	滑移	60

图 3.9 水胀式锚杆 Swellex 的载荷-位移曲线(Bjurholt，2007)

5. 双股锚索

图 3.10 是水泥注浆双股锚索的载荷-位移曲线。每股钢绞线的直径为 12.7mm，双股锚索的最大抗拉强度大约为 380kN。在拉伸载荷作用下，锚索伸长大约 25mm 后载荷达到 170kN，之后锚索开始在固化的水泥注浆体内滑移。载荷随着位移的增加而缓慢增加，这可能是锚索表面起伏的轮廓导致滑移面摩擦系数增加。当位移达到 250mm 时，载荷增加到 210kN，这时拉伸试验就停止了。如果继续拉伸，锚索将会继续滑动。需要指出，试验中锚索在每一个混凝土块中的黏结长度大约是 0.9m。如果黏结长度大于临界黏结长度的话，锚索就不会发生滑动了。临界黏

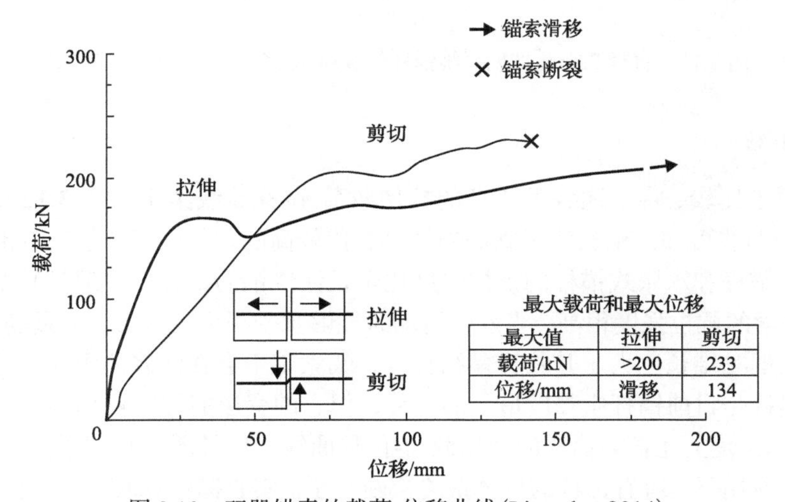

最大值	拉伸	剪切
载荷/kN	>200	233
位移/mm	滑移	134

图 3.10 双股锚索的载荷-位移曲线(Li et al.，2014)

结长度是指这样一个黏结长度，当锚索黏结段短于这个长度时锚索在拉伸载荷作用下就会在注浆体内滑动，长于这个长度时就不会滑动，而是锚索被拉断。锚索是否在注浆体中滑动取决于黏结长度。

6. 玻璃纤维锚杆

图 3.11 是直径 22mm 玻璃纤维锚杆的载荷-位移曲线。玻璃纤维锚杆全长黏结在直径 45mm 的钻孔中。在拉伸载荷作用下，锚杆伸长 37mm 后被拉断，杆体断裂时的最大载荷是 380kN。在剪切载荷作用下，锚杆发生 33mm 横向位移后断裂，最大剪切载荷为 140kN。玻璃纤维锚杆的最大拉伸和剪切位移大致相等，但是其剪切强度大大低于抗拉强度。

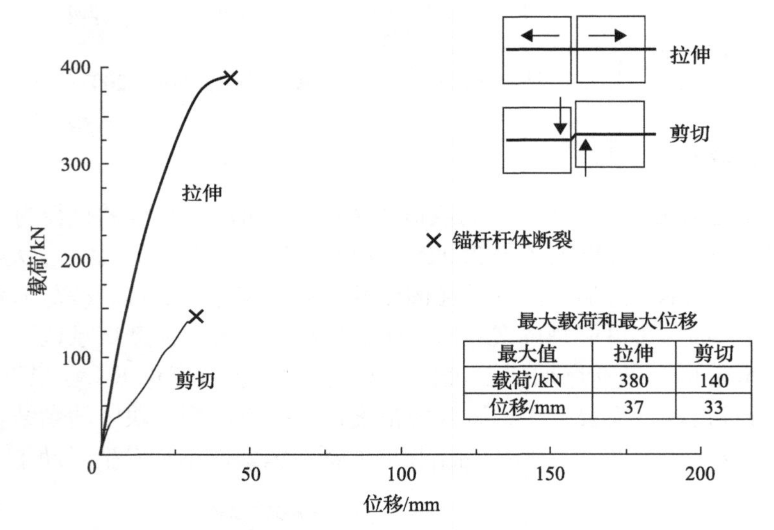

最大值	拉伸	剪切
载荷/kN	380	140
位移/mm	37	33

图 3.11　直径 22mm 玻璃纤维锚杆的载荷-位移曲线（Li et al.，2014）

7. 小结

为便于比较，将上述各类锚杆的拉伸载荷-位移曲线集中在图 3.12 中。比较图 3.12 中曲线可知，全长注浆钢筋锚杆具有比较高的抗拉强度，但其变形能力较低。缝式锚杆和水胀式锚杆的抗拉强度比全长注浆钢筋锚杆低，但是其变形能力很大。锚索的抗拉强度很高，当发生滑动时能够承受很大的变形，但是需要指出，如果锚索的黏结长度大于其临界黏结长度，锚索就不会在注浆体中发生滑动。玻璃纤维锚杆是目前锚杆中强度最大的一种，但它的变形能力比较小。

图 3.13 是上述各类锚杆的剪切载荷-位移曲线。比较图 3.13 中曲线可知，在剪切载荷作用下，所有锚杆的杆体最终都断裂了。实心锚杆（即钢筋锚杆、机械锚

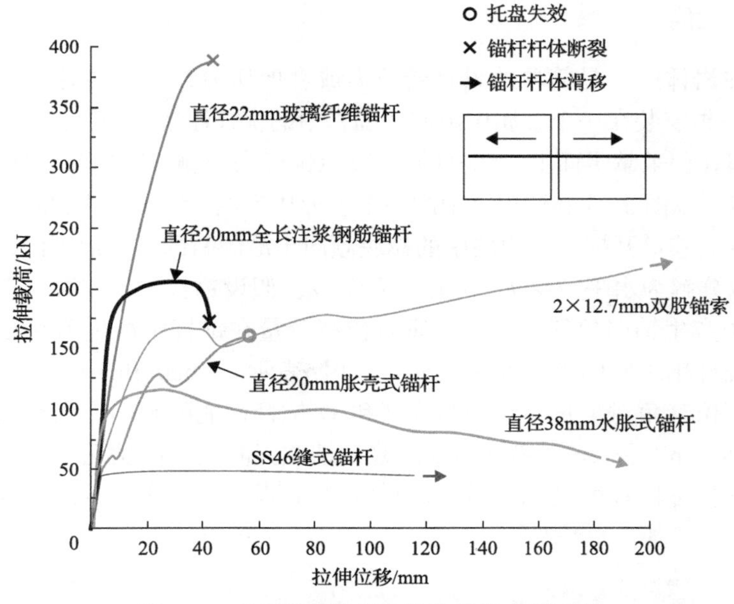

图 3.12 典型常规锚杆的拉伸载荷-位移曲线

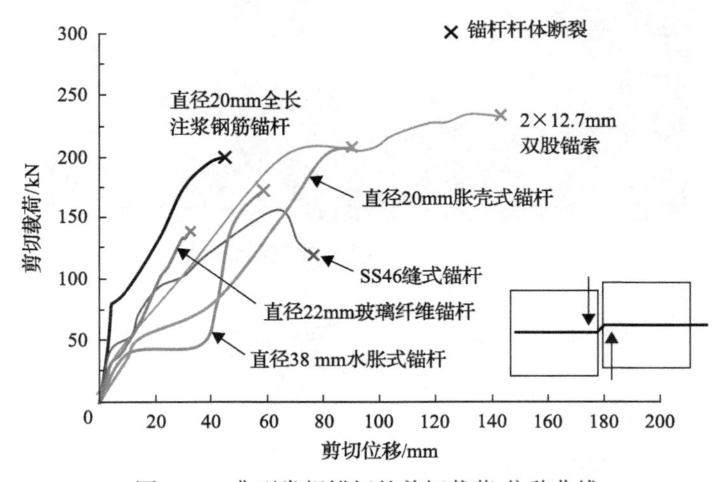

图 3.13 典型常规锚杆的剪切载荷-位移曲线

杆和锚索)的剪切强度大约是 200kN。摩擦锚杆(即缝式锚杆和水胀式锚杆)和玻璃纤维锚杆的剪切强度大约是 150kN，略低于实心锚杆。胀壳式锚杆、缝式锚杆和水胀式锚杆的最大剪切位移只稍有差别。图 3.13 中双股锚索的剪切位移最大，这可能是由锚索中编织钢丝的拉直造成的。由于托盘的变形，胀壳式锚杆的总位移也相当大。

3.2.2 拉剪性能

锚杆在岩体中不是简单的只承受拉力或者剪切力，而是两者的共同作用。图 3.14 是一根安装在一个金属矿山矿房围岩中的全长注浆钢筋锚杆，回采过程中它部分暴露在回采掌子面上。锚杆的左侧段(锚杆头一侧)被滑移的岩体向下横移了十几厘米。以图 3.15 巷道边墙中的一个楔形块为例，看看在块状岩体中锚杆是如何受载的。巷道开挖后，边墙中的楔块倾向于沿倾斜的节理面下滑，下滑总位移 D_{tot} 可以分解为水平位移 D_p 和垂直位移 D_s。假设锚杆水平安装。水平位移分量在锚杆中产生轴向拉伸载荷，而垂直位移分量在锚杆中产生剪切载荷。总位移方向与锚杆轴之间的夹角称为位移角，用α表示。Chen 和 Li(2015)通过室内试验研究了位移角对全长注浆钢筋锚杆和 D 锚杆性能的影响。两种锚杆试件的直径均为 20mm，长 2m。锚杆用水泥浆黏结在混凝土块的钻孔中。D 锚杆两个锚点之间的拉伸段长度是 1m。锚杆拉伸剪切试验在图 3.4 所示的锚杆试验机上进行。

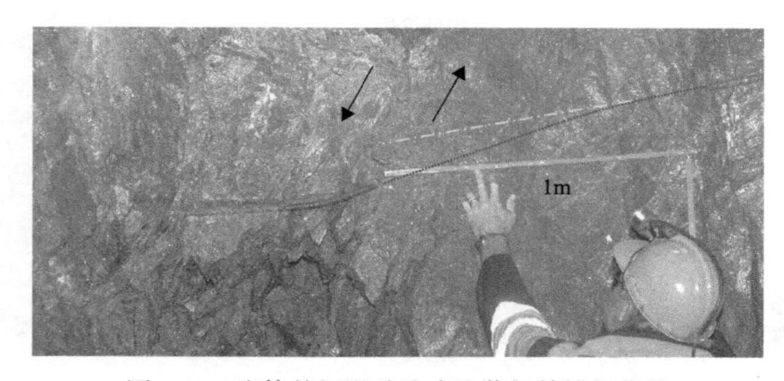

图 3.14 岩体剪切滑动造成注浆钢筋锚杆位错

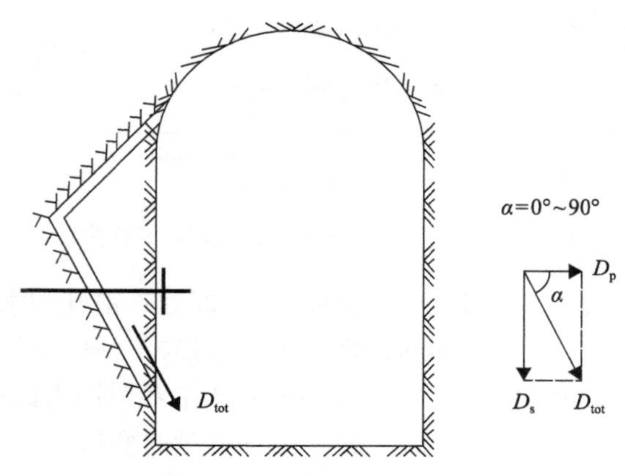

图 3.15 沿节理面滑动的岩块对锚杆的加载情况

图 3.16 是全长注浆钢筋锚杆的加载位移角从 0°(纯拉)变化至 90°(纯剪)时的载荷-位移曲线。除了纯剪(α=90°)锚杆，其他位移角锚杆的曲线都很相似。位移角小于 90°的曲线由线性段、硬化段和下降段组成。除纯拉伸的情况，锚杆断裂时的最大位移随位移角的增大缓慢增加。各个位移角加载条件下，锚杆的最大位移都比较小。总的来说，加载位移角对锚杆的最大载荷和最大位移都影响不大。

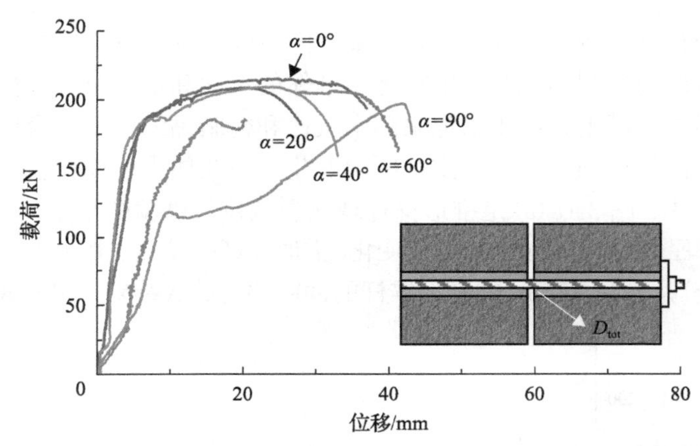

图 3.16 全长注浆钢筋锚杆在不同位移角下的载荷-位移曲线

图 3.17 是不同加载位移角下 D 锚杆的载荷-位移曲线。与钢筋锚杆的情况类似，除了纯剪曲线，D 锚杆的其他曲线看起来都很相似。D 锚杆的最大位移随着位移角的增大而减小。在相同位移角的情况下，D 锚杆的最大位移比钢筋锚杆的位移大得多。

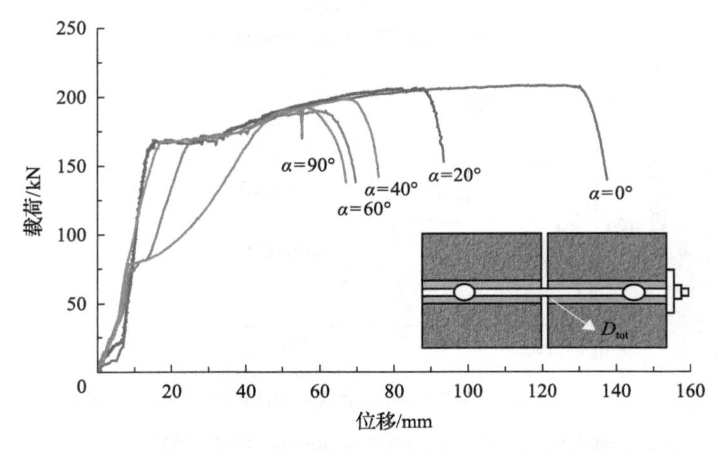

图 3.17 D 锚杆(1m 拉伸段)在不同位移角下的载荷-位移曲线

3.3　吸能锚杆性能

用吸能锚杆支护岩爆岩体时，人们最受关注的是锚杆的动载性能。本节介绍几种吸能锚杆的静、动载载荷-位移曲线。

3.3.1　锥形锚杆

如果锥形锚杆能按照设计要求在注浆体内犁削滑移，它可以移动相当长的距离。为了实现所需的犁削机制，锚杆远端锥体的尺寸和形状及注浆体的抗压强度必须匹配合适。实际上，由于水泥浆的水灰比和树脂黏结剂的混合质量不能严格保证，注浆体的抗压强度会在一定范围内变化。注浆体强度变化会导致锥形锚杆屈服载荷的变化，图 3.18(a)是锥形锚杆现场静载拉拔试验的结果，可以看到，锥形锚杆的静载屈服载荷在 60～150kN 变化。锥形锚杆的动载屈服载荷也同样变化很大。图 3.18(b)是直径 22mm 的锥形锚杆的冲锤冲击试验结果，锚杆黏结剂是树脂

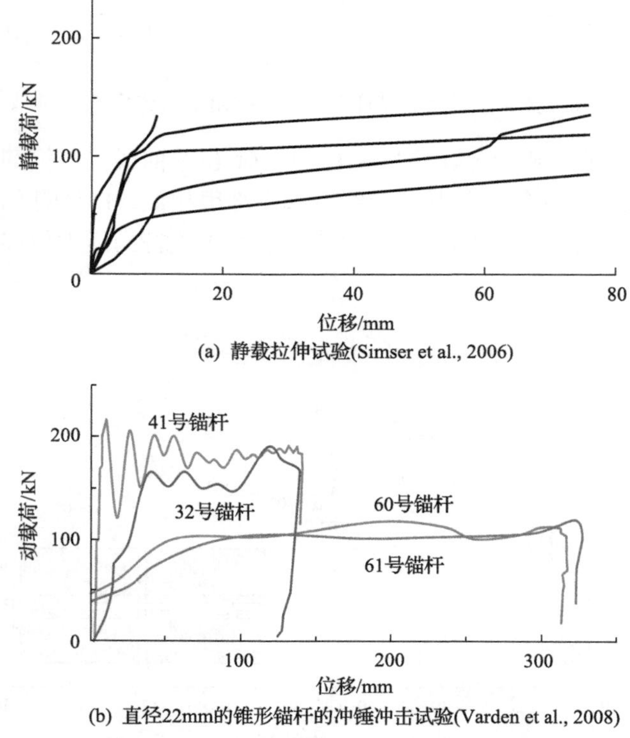

(a) 静载拉伸试验(Simser et al., 2006)

(b) 直径22mm的锥形锚杆的冲锤冲击试验(Varden et al., 2008)

图 3.18　树脂黏结锥形锚杆的静、动载试验结果

32 号、41 号锚杆：40MPa 黏结剂；60 号、61 号锚杆：20MPa 黏结剂

药卷，冲击功为33kJ。结果显示，在抗压强度40MPa的树脂黏结剂中，锚杆的动载屈服载荷在150～175kN变化，而在20MPa的树脂黏结剂中，其动载屈服载荷只有大约100kN。此外，Simser等(2006)在矿山现场观察到，有些锥形锚杆的锥体在黏结剂中的犁削滑移很小，有的根本就没有发生滑移，其变形完全是锚杆杆体的伸长。

3.3.2 D锚杆

在图 3.4 的锚杆试验机上进行了 D 锚杆的静载拉伸和剪切试验。锚杆直径20mm，试验杆段两锚固点的长度为1m。用33mm直径冲击钻钻孔，锚杆用水泥浆黏结在钻孔中。在拉伸载荷作用下，锚杆在170kN屈服，最大载荷为209kN，载荷-位移曲线如图3.19所示。拉伸位移达到138mm之后，锚杆断裂。

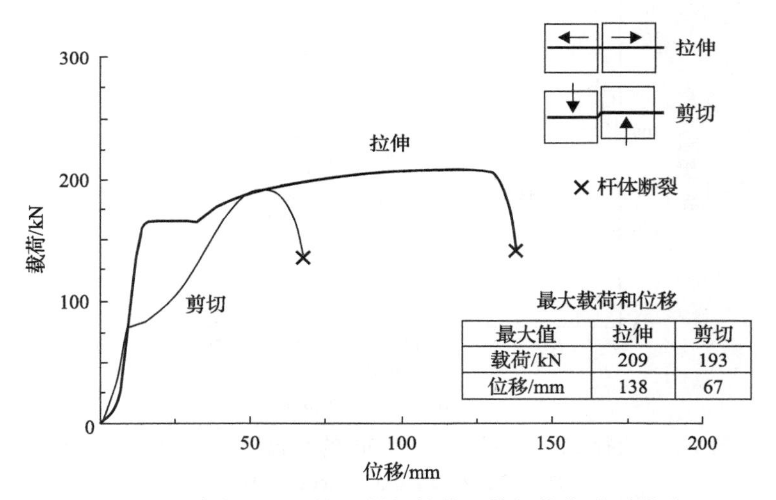

最大值	拉伸	剪切
载荷/kN	209	193
位移/mm	138	67

图 3.19 直径20mm的D锚杆拉伸和剪切载荷-位移曲线

在剪切载荷作用下，载荷随剪切位移的增加而迅速上升。在 75kN 时位移速度增大。之后，随着剪切位移的增加，载荷逐渐增大。在剪切位移50mm处剪切载荷达到最大值193kN。D锚杆的抗剪特性与全长注浆钢筋锚杆相似，参见图3.7。

D锚杆通过充分利用杆体钢材的强度和变形能力来吸收能量。图3.20是D锚杆1.5m长杆段的静、动载载荷-位移曲线。锚杆直径22mm，两个锚固点的长度是1.5m。锚杆的静态最大拉伸载荷和最大位移分别是260kN和165mm[图3.20(a)]。动载冲击试验中，冲锤质量2889kg，落锤高度1.97m，冲击能量56kJ。锚杆的动态最大拉伸载荷和最大位移分别为285kN和220mm[图3.20(b)]。锚杆杆体断裂前吸收了大约60kJ的动能。在动载条件下，被拉伸杆段伸长了大约15%。

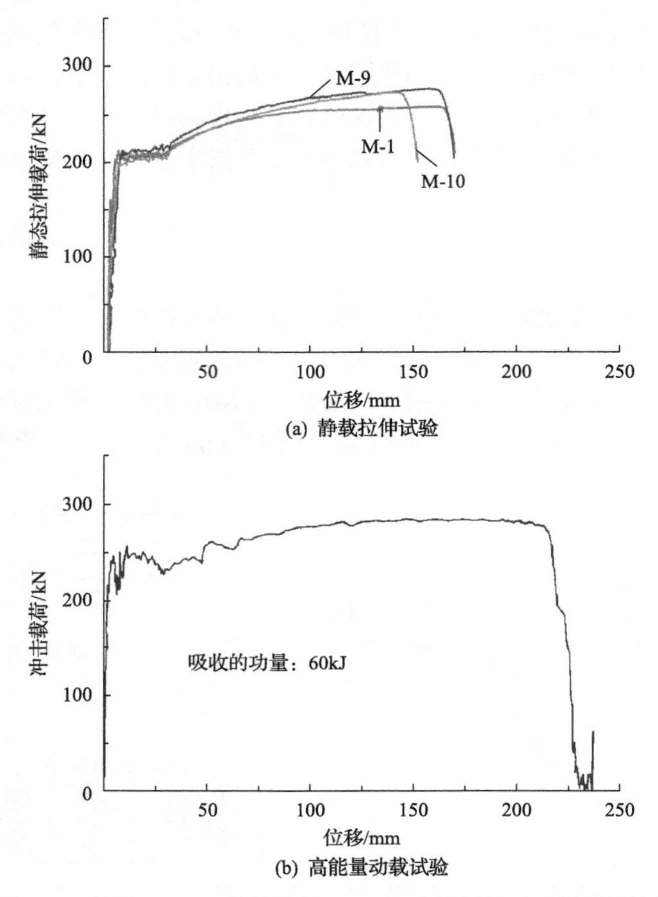

(a) 静载拉伸试验

(b) 高能量动载试验

图 3.20　直径 22mm、拉伸段长 1.5m 的 D 锚杆静、动载试验结果
（Li，2012；Li and Doucet，2012）

低能量冲击时 D 锚杆的最大拉伸载荷与高能量冲击时的值相似，但是低能量冲击时的每次冲击位移量小。图 3.21 是低能量冲击时 D 锚杆试件的载荷-位移曲线。该试件被 20kJ 的冲击功(冲锤质量 1338kg，落体高度 1.5m)冲击了四次，最后一次冲击试件杆体断裂。由于钢材料的硬化，每次的最大平均载荷随冲击次数略有增加，而每次冲击的永久位移量则随冲击次数略有减小。四次冲击的载荷-位移包络线与图 3.20(b)所示的一次高能量冲击的载荷-位移曲线类似。这表明无论冲击能量高低，D 锚杆的动载性能保持不变。

3.3.3　Garford 锚杆

图 3.22 是当冲击功为 33kJ 时，两根直径 20mm 的 Garford 锚杆的动载载荷-位移曲线。锚杆用树脂药卷黏结在钻孔中。该锚杆是专门为岩爆时岩体支护设计

的。目前，公开文献中只能找到该锚杆的动载试验结果。

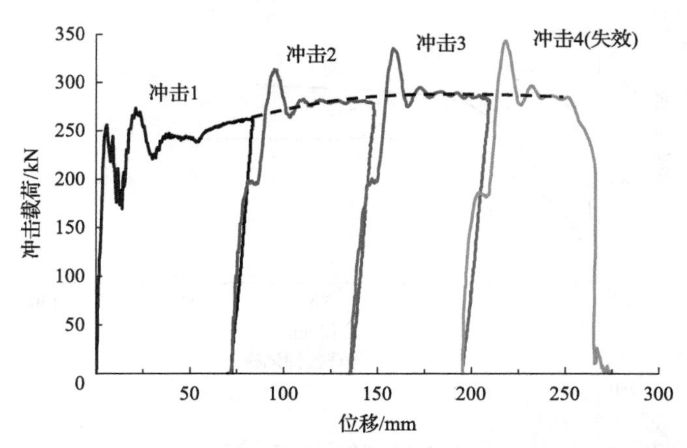

图 3.21 直径 22mm、拉伸段长 1.5m 的 D 锚杆低能量(20kJ)反复冲击时的动载试验结果(Li and Doucet，2012)

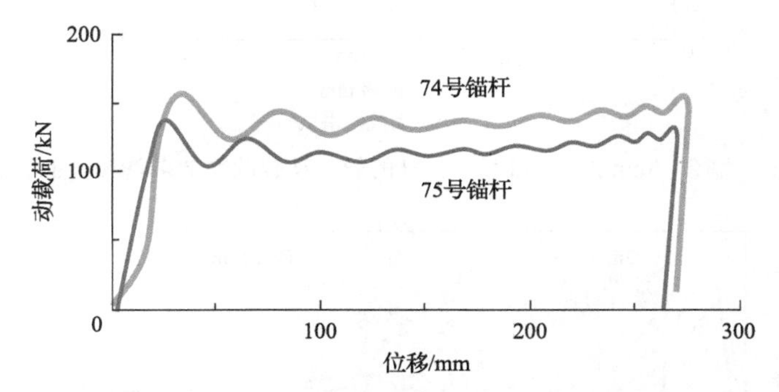

图 3.22 直径 20mm 的 Garford 锚杆在 33kJ 冲击功下的动载试验结果(Varden et al.，2008)

3.3.4 Yield-Lok 锚杆

图 3.23 是直径 17mm 的 Yield-Lok 锚杆的静、动载试验结果。锚杆的静载屈服载荷在比较大范围内变化，如图 3.23(a)所示。该锚杆的动载屈服载荷比静载屈服载荷小，如图 3.23(b)所示。

3.3.5 Durabar 锚杆

直径 16mm 的 Durabar 锚杆的平均静载屈服载荷大约为 80kN，在 3m/s 的冲击速度下，平均动载屈服载荷为 60kN，如图 3.24 所示。在静载拉伸载荷下，长 2.2m 的直径 16mm 的 Durabar 锚杆滑移 500mm 能吸收 45kJ 的能量(Ortlepp et al.，2001)。

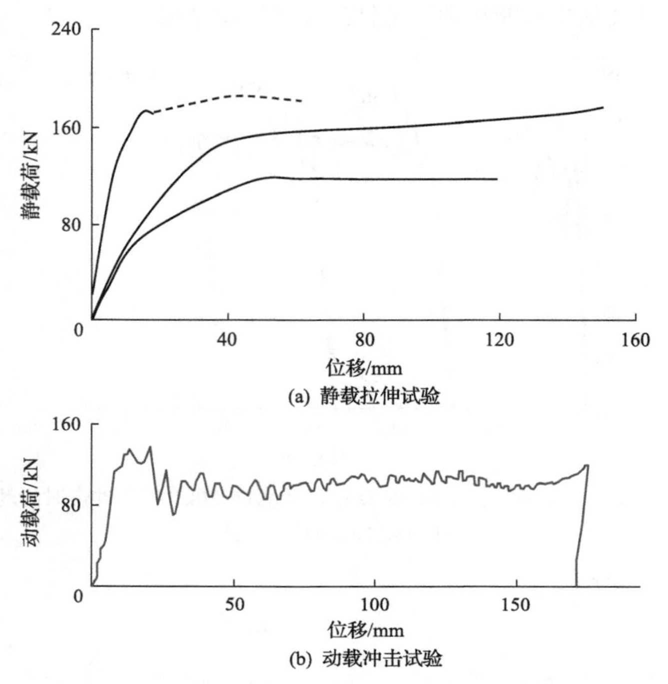

图 3.23 直径 17mm 的 Yield-Lok 锚杆的静、动载试验结果(Wu et al., 2010)

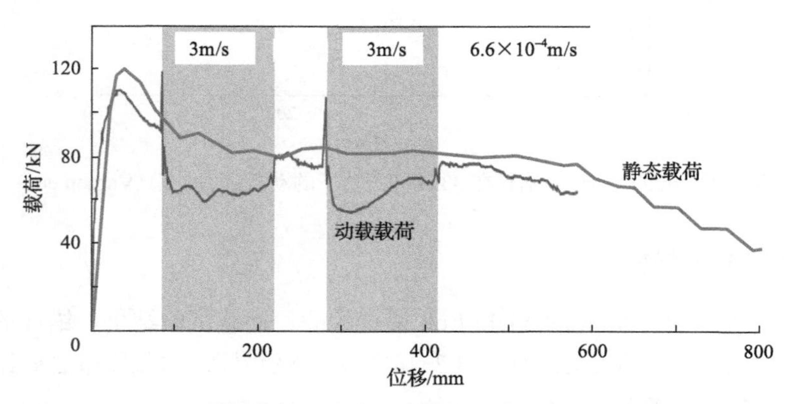

图 3.24 Durabar 锚杆的静、动载试验结果(根据 Durabar 产品手册绘制)

3.3.6 Roofex 锚杆

直径 20mm 的 Roofex 锚杆的静载屈服载荷为 230kN，如图 3.25(a)所示。动载屈服载荷振荡很大，其平均值几乎只有静载屈服载荷的一半，如图 3.25(b)所示。Roofex 锚杆与 Garford 锚杆一样，最大位移量由锚杆锚点到杆体尾部的长度决定。

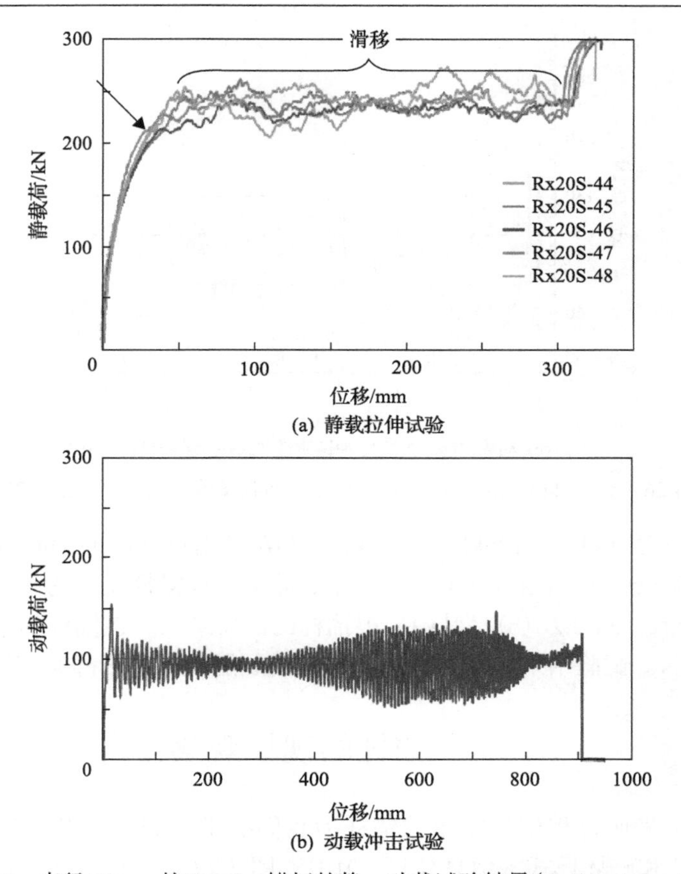

图 3.25 直径 20mm 的 Roofex 锚杆的静、动载试验结果(Galler et al., 2011)

3.3.7 何氏锚杆

图 3.26 是直径 24.9mm 的何氏锚杆的静、动载试验结果(He et al., 2014)。在静载拉伸载荷作用下，锚杆的静载屈服载荷在 140～180kN 变化，如图 3.26(a)所示。锚杆的屈服载荷与套管和锥体的配合松紧度有关。三个锚杆试件的其平均

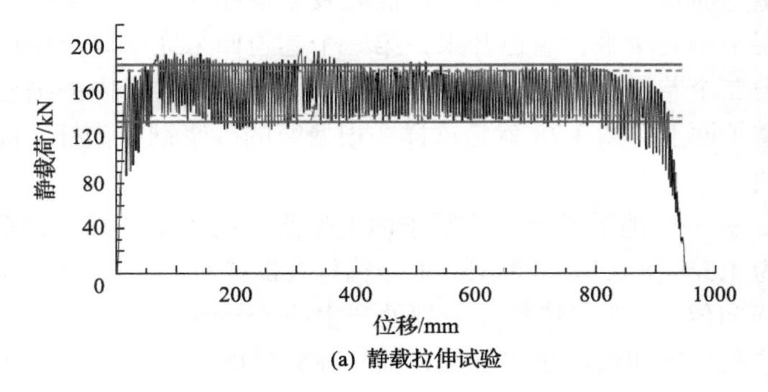

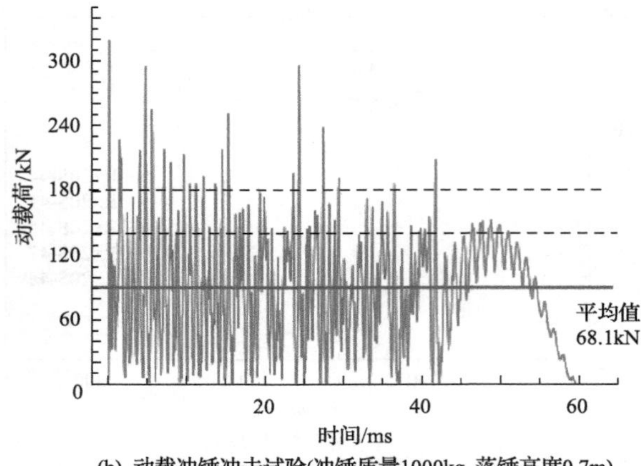

(b) 动载冲锤冲击试验(冲锤质量1000kg, 落锤高度0.7m)

图 3.26　直径 24.9mm 的何氏锚杆的静、动载试验结果(He et al.，2014)

屈服载荷分别为 108kN、125kN 和 106kN。动载冲击试验的冲锤质量是 1000kg，冲锤分别从 0.5m、0.7m 和 1m 的高度落下，冲击三根锚杆获得的平均动载屈服载荷是 67～88kN。图 3.26(b)是其中一根锚杆的试验结果，该锚杆的平均动载屈服载荷为 68.1kN。试验结果显示这种锚杆的动载屈服载荷小于静载屈服载荷。

3.4　锚杆的现场观察

地下矿山采矿过程中暴露出的锚杆为我们提供了观察锚杆在岩体内受力方式、变形特征和破坏模式等信息(Li，2010)。图 3.27 是一根暴露在地下金属矿掌子面上的水泥注浆锚杆。该矿房采用上向充填法采矿，锚杆安装在前一回采层顶板上，开采当前回采层时锚杆暴露在掌子面上。掌子面上的弧形裂隙是由岩体中的高水平地应力造成的，裂隙张开使得回采层顶板的岩石倾向于向下面的采空区移动。显然，锚杆能抵抗裂隙张开，从而起到加固岩体的作用。

在裂隙发育的岩体中，岩块可能会沿裂隙节理面发生滑动，从而在横穿节理面的锚杆中引起剪切力，锚杆会在节理面处发生挠曲。加拿大某地下金属矿山的一个矿体每层采用两个平行巷道开采，第一个巷道回采完毕并充填后开采第二个巷道。开采第二个巷道过程中，一些安装在第一个巷道边墙内的锚杆会暴露在第二个巷道的掌子面上。图 3.28 就是这样一根暴露的砂浆钢筋锚杆，锚杆至少在两处发生了挠曲。

图 3.29 是另一个地下矿山矿房掌子面上暴露的两个全长黏结钢筋锚杆，锚杆分别在深度为 1.5m 和 0.5m 处断裂。1 号锚杆在断裂处产生约 20mm 的轴向位移和 40mm 的横向位移。2 号锚杆在断裂处产生约 65mm 的轴向位移和 10mm 的横向位移。由这些轴向和横向位移可知，锚杆在断裂前同时受到拉伸和剪切。

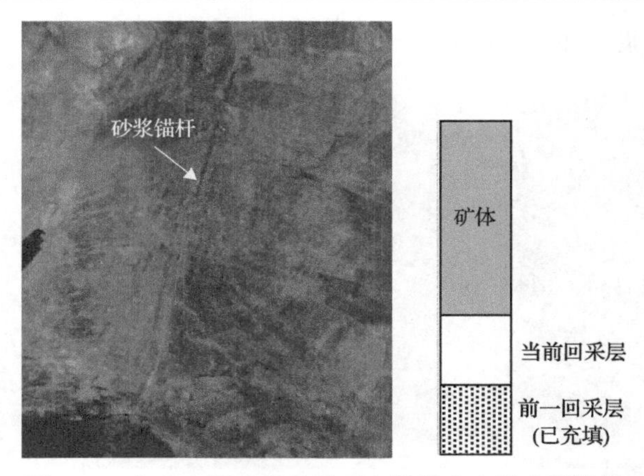

图 3.27　上向充填矿房掌子面上暴露出来的砂浆锚杆

注意：锚杆横穿因高地应力产生的岩石裂隙

图 3.28　加拿大某地下金属矿山在第二个巷道掌子面上暴露出的砂浆钢筋锚杆(Simser，2014)

图中的插图描述了锚杆在裂隙岩体中可能的受力与变形情况

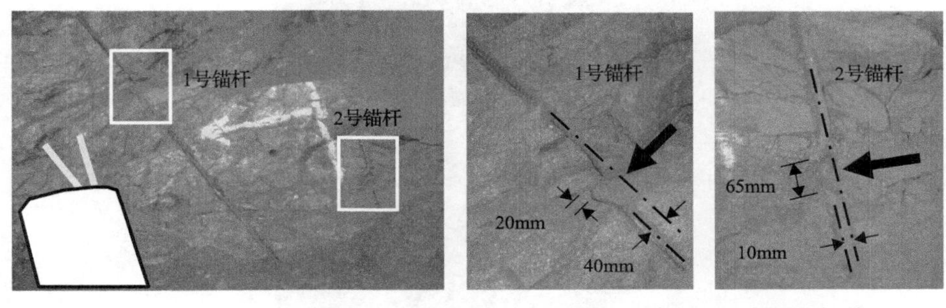

图 3.29　某深部金属矿山充填法开采矿房掌子面上暴露出来的两根断裂的钢筋锚杆

图 3.30(a)是一个严重承载的锚杆托盘。大变形岩体中的锚杆托盘通常都承受比较大的载荷(Li，2007)。托盘承载过大有可能导致锚杆螺杆断裂，如图 3.30(b)

所示的情形。注浆不注满到孔口，会增加托盘的载荷。

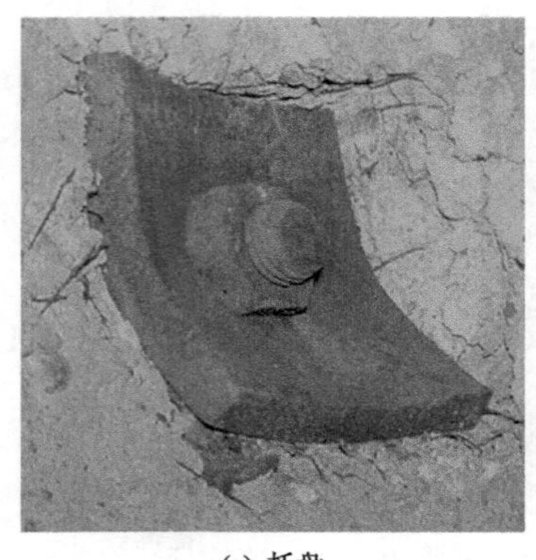

(a) 托盘

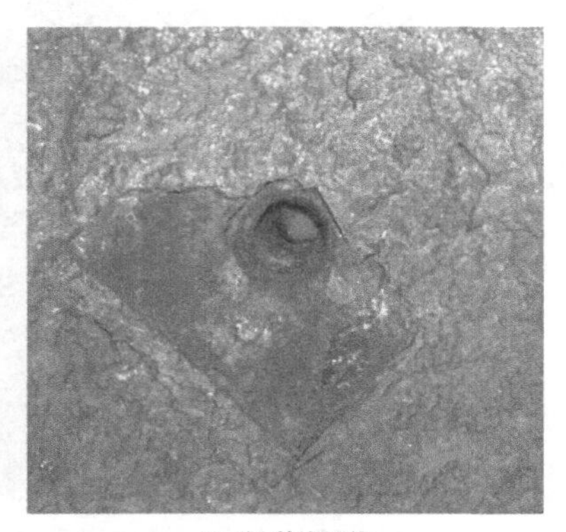

(b) 断裂的螺杆

图 3.30　高地应力岩体中严重承载的全长注浆钢筋锚杆托盘和断裂的螺杆

高刚度的砂浆钢筋锚杆和屈服锚杆对岩体变形的响应不一样，这一点在加拿大某深部金属矿山发生的一次冒顶事故中显现出来(Li，2010)。冒顶是由 1650m 深处的矿震引起的，冒顶区域的岩体支护系统由金属网、砂浆钢筋锚杆、锥形锚杆和金属网带组成。砂浆钢筋锚杆和锥形锚杆均用环氧树脂全长黏结在钻孔内。这样安装的钢筋锚杆属于大刚度加固构件，而锥形锚杆属于屈服加固构件。顶板冒落后，冒顶中心区域的砂浆钢筋锚杆全部脆断，而锥形锚杆却都完整地保存下来，如图 3.31 所示。锥形锚杆虽然未断，但是顶板还是崩塌了。没能阻止冒顶并不是锥形锚杆的问题，原因是金属网与锥形锚杆之间的连接太薄弱，如果连接足够强的话也许就能避免冒顶事故的发生。

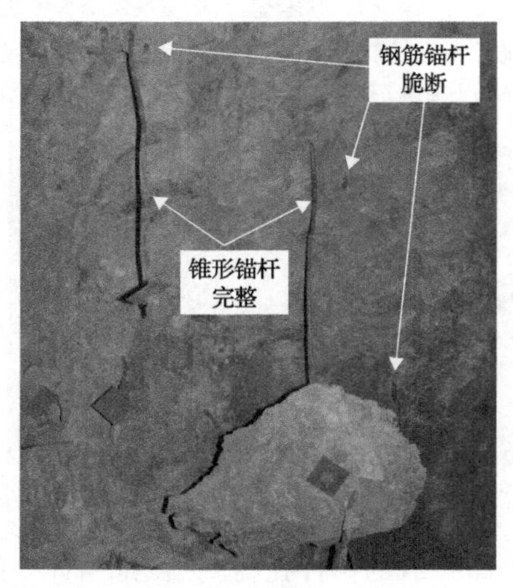

图 3.31　某深部金属矿山顶板冒落后露出的脆断钢筋锚杆和完整锥形锚杆

现场观察和现场试验都证实，屈服锚杆能适应软岩的大变形。但是在大变形岩体中，像锥形锚杆这种靠两个锚点加固岩体的加固构件的加固能力很脆弱。托盘是这类屈服锚杆的两个锚固点之一。在岩体大变形情形下，巷道边墙往往碎裂严重，会发生开裂掉块。当托盘下的破碎岩块掉落后，托盘悬空，它不再起作用，锚杆就失去了外面的锚点，整个锚杆也就失去了加固功能。图 3.32 就是在现场观察到的这样一种情况，两根锥形锚杆由于托盘下的岩石破碎掉落而完全丧失了加固岩体的功能。

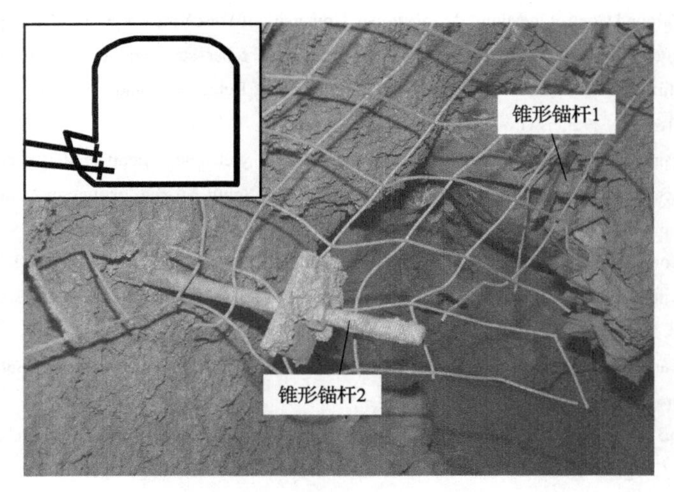

图 3.32　托盘下方的岩石破碎掉落造成两个锥形锚杆失去加固功能

参 考 文 献

Bjurholt, J., 2007. Pull and Shear Tests of Rockbolts. (Master thesis LTU-EX-07/208-SE), Luleå University of Technology, Sweden (in Swedish).

CAMIRO, 1995. Canadian Rockburst Research Program 1990-1995–a comprehensive summary of five years of collaborative research on rockbursting in hard rock mines. CAMIRO Mining Division, Sudbury, Ontario, Canada.

Chen, Y., Li, C.C., 2015. Performance of fully encapsulated rebar bolts and D-Bolts under combined pull-and-shear loading. Tunnelling and Underground Space Technology, 45, 99-106.

Galler, R., Gschwandtner, G.G., Doucet, C., 2011. Roofex bolt and its application in tunnelling by dealing with high stress ground conditions. In: ITA-AITES World Tunnel Congress, Helsinki, Finland. 11p.

He, M., Gong, W., Wang, J., Qi, P., Tao, Z., Du, S., Peng, Y., 2014. Development of a novel energy-absorbing bolt with extraordinarily large elongation and constant resistance. International Journal of Rock Mechanics & Mining Sciences, 67, 29-42.

Li, C.C., 2007. A practical problem with threaded rebar bolts in reinforcing largely deformed rockmasses. Rock Mechanics and Rock Engineering, 40(5), 519-524.

Li, C.C., 2010. Field observations of rockbolts in high stress rockmasses. Rock Mechanics and Rock Engineering, 43(4), 491-496.

Li, C.C., 2012. Performance of D-bolts under static loading conditions. Rock Mechanics and Rock Engineering, 45 (2), 183-192.

Li, C.C. Doucet, C., 2012. Performance of D-bolts under dynamic loading conditions. Rock Mechanics and Rock Engineering, 45 (2), 193-204.

Li, C.C., Stjern, G., Myrvang, A., 2014. A review on the performance of conventional and energy-absorbing rockbolts. Journal of Rock Mechanics., Geotechnical Engineering 6, 315-327.

Mahony, L., Hagan, P., Hebblewhite, B., Hartman, W., 2005. Development of a laboratory facility for testing shear performance of installed rock reinforcement tendons. In: Peng, S. S. (Ed), Proceedings of 24th International Conference on Ground Control in Mining Morgantown, University of West Virginia, August 2005, pp. 357-365.

Naj Aziz, N., Nemcik, J, Jalalifar, H., 2012. Double shearing of rebar steel and cable bolts for effective strata reinforcement. In: Qian, Q., Zhou, Y. (Eds.), Double Shearing of Rebar Steel and Cable Bolts for Effective Strata Reinforcement Taylor & Francis Group, London, pp. 1457-1460.

Ortlepp, W.D., Bornman, J.J., Erasmus, N., 2001. The Durabar – a yieldable support tendon – design rationale and laboratory results. Rockbursts and Seismicity in Mines—RaSiM5. South African Institute of Mining and Metallurgy, Johannesburg, pp. 263-264.

Plouffe, M., Anderson, T., Judge, K., 2008. Rockbolts testing under dynamic conditions at CANMET-MMSL. In: The 6th International Symposium on Ground Support in Mining and Civil Engineering Construction, SAIMM, Cape Town, South Africa, pp. 581 - 595.

Simser, B., 2014. Case histories from some Canadian hard rock mines. In: ACG Ground Support Subjected to Dynamic Loading Workshop. Sudbury, Canada.

Simser, B., Andrieux, P., Langevin, F., Parrott, T., Turcotte, P., 2006. Field behaviour and failure modes of modified conebolts at the Craig, LaRonde and Brunswick Mines in Canada. Deep and High Stress Mining. Australia Center for Geomechancis, Quebec. 13p.

Snyder, V.W., 1984. Analysis of beam building using fully grouted roof bolts. In: Stephasson, O. (Ed.), Rockbolting – Theory and Application in Mining and Underground Construction. Balkema, Abisko, pp. 187-194.

Stjern, G., 1995. Practical performance of rockbolts. (Doctoral thesis 1995:52) The Norwegian University of Science and Technology, Trondheim, Norway.

Varden, R., Lachenicht, R., Player, J., Thompson, A., Villaescusa, E., 2008. Development and implementation of the Garford Dynamic Bolt at the Kanowna Belle Mine. In: 10th Underground Operators' Conference, Launceston, 19pp.

Villaescusa, E., Thompson, A.G., Player, J. 2013. A decade of ground support research at the WA School of Mines. In: Proc of 7th Int Symp on Ground Support in Mining and Underground Construction, Perth, Australia. Australian Centre for Geomechanics, pp. 233-245.

Wu, Y.K., Oldsen, J., 1972. Development of a new yielding rockbolt – Yield-Lok Bolt. In: Proc. of the 44th US Rock Mechanics Symposium, Salt Lake City, USA. Paper ARMA 10-197 2010, 6pp.

第4章　锚杆加固力学

4.1　锚 杆 类 型

锚杆的性能主要与其在钻孔中的锚固方式有关。按照锚固方式，锚杆分为三类：散点锚固锚杆、全长黏结锚杆和摩擦锚杆，如图 4.1 所示(Windsor，1997；Li et al.，2014)。散点锚固锚杆是指除岩石表面的托盘锚点外，锚杆在钻孔内有一个或多个锚点与岩体连接[图 4.1(a)]。这类锚杆安装后的钻孔可以是空的或者充满注浆。如果钻孔注浆，锚杆杆体与注浆体无黏结或者黏结力很弱。机械锚杆、D 锚杆、多点鼓胀锚索属于这一类。机械锚杆通过两点锚定在岩体中，锚杆杆体远端的锚点是膨胀壳。D 锚杆和多点鼓胀锚索沿其长度有多个锚点。全长黏结锚

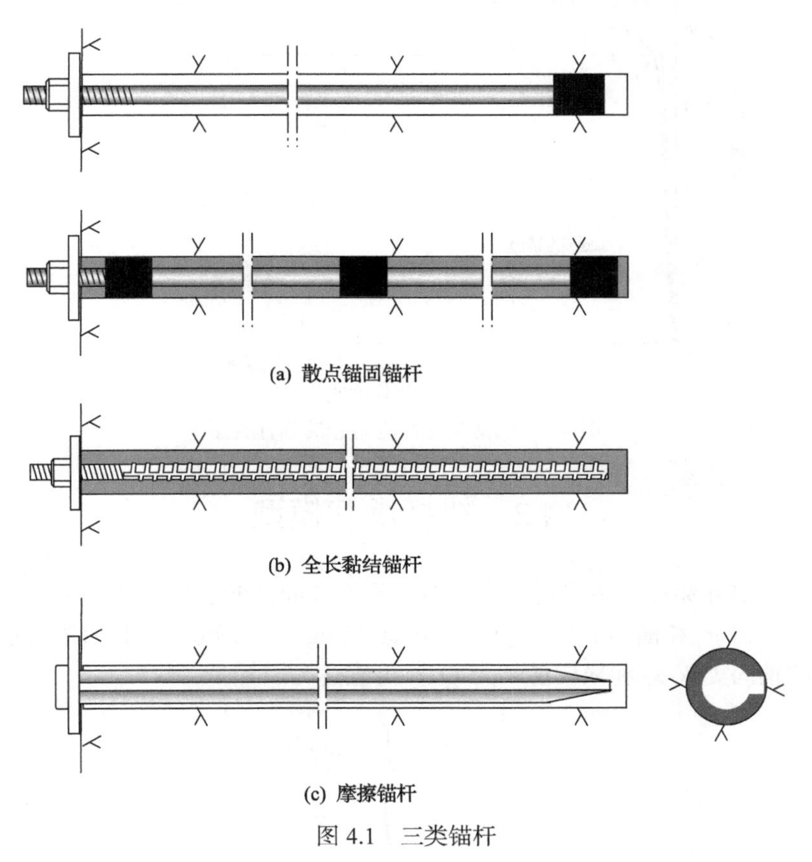

图 4.1　三类锚杆

杆通常是指用水泥浆或树脂沿整个长度将其黏结在钻孔中的钢筋或螺纹钢锚杆[图 4.1(b)]，锚杆通过其粗糙的表面与注浆体和岩体黏结在一起。摩擦锚杆直接与孔壁接触，通过锚杆-岩石界面的摩擦力锚固在岩体中，如图 4.1(c)所示。缝式锚杆和水胀式锚杆属于摩擦锚杆。

最大承载力和极限位移是描述锚杆性能的两个重要参数。从加固岩体的角度看，当然需要锚杆有高的承载力，因为锚杆强度高才能对变形岩体提供大的抵抗力。另外，地下开挖过程中岩体一定会发生位移。为了避免锚杆过早断裂失效，高地应力岩体中锚杆的变形能力至关重要。根据承载力和变形能力，锚杆可分为高强锚杆、柔性锚杆和吸能锚杆(Li，2010)，如图 4.2 所示。高强锚杆具有承载力高但变形能力差的特点，这类锚杆的典型代表是全长黏结钢筋锚杆。柔性锚杆允许很大的岩体位移，但是承载能力低，缝式锚杆是这类锚杆的代表。吸能锚杆不仅强度高而且变形能力也很大，因此，它在失效前能够吸收大量的变形能，D 锚杆属于这类锚杆。

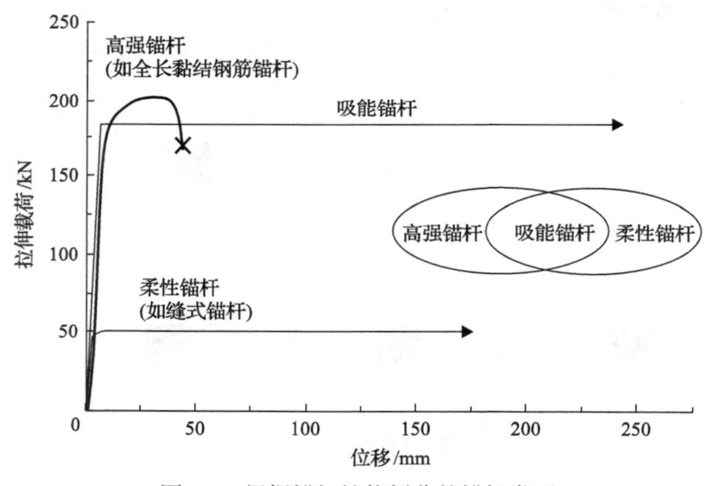

图 4.2　根据锚杆性能划分的锚杆类型

4.2　锚杆承载模型

假设一锚杆穿过一条岩石不连续面，不连续面处的岩体位移会在锚杆中诱发出一个轴向力 R_0 和横向剪切力 Q_0(Pellet and Egger，1996)，如图 4.3 所示。锚杆上一点的轴向力 $R(x)$ 和横向剪切力 $Q(x)$ 可表达为

$$\begin{aligned} R(x) &= R_0 - \int_0^x F(x)\mathrm{d}x \\ Q(x) &= Q_0 - \int_0^x N(x)\mathrm{d}x \end{aligned} \tag{4.1}$$

式中，$F(x)$ 和 $N(x)$ 为锚杆-黏结剂界面或者锚杆-岩石界面上的剪切力和法向力；x 为沿轴线到不连续面的距离。

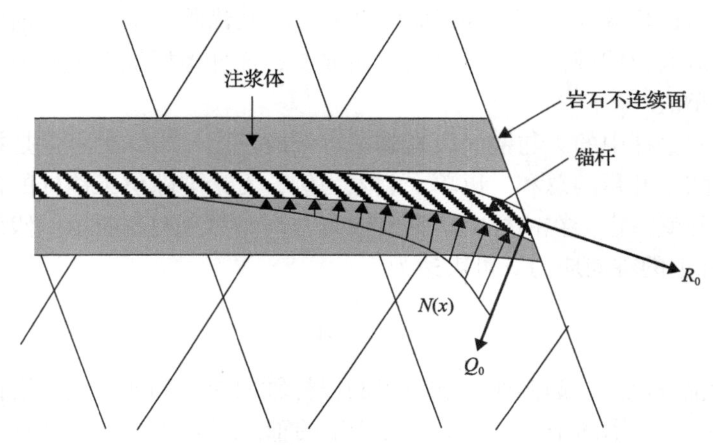

图 4.3　岩石不连续面位移和在锚杆中诱发出的力

岩体中的锚杆一般会同时受到轴向拉伸和横向剪切，但是，以轴向拉伸为主，原因是地下硐室开挖后围岩向开挖空间移动的径向位移远大于切向位移。下面通过 Li 和 Stillborg（1999）及 Li 等（2014）建立的锚杆力学解析模型介绍锚杆在轴向拉伸下的性能。锚杆力学解析模型描述的是当锚杆一端受轴向拉伸时锚杆柱体表面上的剪切力和杆内的轴向力沿杆体长度的分布。这种拉伸加载类似于岩体中不连续面张开对锚杆的加载情况，也与锚杆拉拔试验时的加载条件相似。

4.2.1　两点锚固锚杆的承载模型

两点锚固锚杆通过锚杆远端的膨胀壳或者树脂黏结安装在钻孔中。锚杆安装后，钻孔通常是敞开的、不注浆充填。当锚杆杆头受到轴向拉伸时，杆体任一横截面上的拉力相同，轴向应力 σ 等于在杆头处施加的力 σ_0，如图 4.4（a）、（b）所示。锚杆杆体表面的剪切应力为零。杆体表面的剪切应力和杆体中的轴向力表达为

$$\begin{aligned} \tau &= 0 \\ \sigma &= \sigma_0 \end{aligned} \tag{4.2}$$

锚杆可承受的最大轴向应力，即锚杆的最大拉伸载荷，与锚固方式有关。胀壳锚杆是通过膨胀壳和钻孔壁之间的摩擦和互锁来实现锚固的，锚杆的最大拉伸载荷等于以下三个量中的最小值：膨胀壳与孔壁间的最大摩擦力，锚杆托盘的挠曲强度和锚杆螺杆的最大承载力。摩擦力与膨胀壳-孔壁界面上的正应力及岩石强度有关。在硬岩中，膨胀壳能够紧紧地压在孔壁上实现高摩擦力；在软岩中，膨胀壳-孔壁界面上的正应力过大会造成岩石破坏，结果会导致最终接触正应力和摩

擦力都很低。在软岩中，锚杆的承载能力主要取决于岩石强度。胀壳锚杆易受振动和应力松弛的影响，振动和应力松弛会导致杆端的锚固部分或全部失效。

使用树脂进行端锚时，只要树脂混合充分，其锚固效果比胀壳锚固好。树脂端锚锚杆的最大拉伸载荷等于托盘的挠曲强度、锚杆螺杆最大拉伸力、树脂黏结强度中的最小值。

两点锚固锚杆中的力与锚固段岩体扩容量成正比，岩体扩容量是指岩石材料扩容量与裂隙张开量的总和。以单个裂隙为例，无论裂隙位于锚杆的什么位置，只要裂隙张开就一定会在锚杆中诱发出轴向力，如图 4.4(c)所示。假设裂隙张开量为Δ，锚杆上的轴向应力 σ 可表达为

$$\sigma = K\Delta \tag{4.3}$$

式中，K 为锚杆刚度。裂隙张开诱发出的锚杆轴向应力和剪切应力沿杆长的分布类似于图 4.4(c)所示的锚杆杆头受拉时产生的轴向应力和剪切应力的分布。

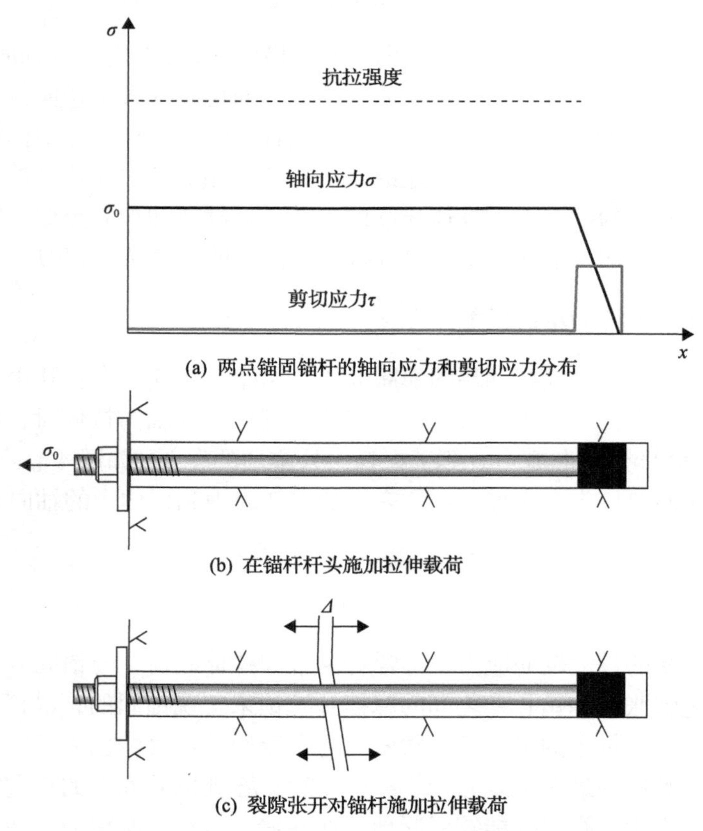

图 4.4　两点锚固锚杆杆体轴向应力和剪切应力的分布情况

4.2.2　全长黏结锚杆的承载模型

全长黏结钢筋锚杆和全长黏结螺纹锚杆通过锚杆表面上的肋或者螺纹跟黏结剂(如砂浆)和岩体黏结在一起，这类锚杆的锚固是通过肋或螺纹与黏结剂之间的机械互锁来实现的。

当在全长黏结实心锚杆端部施加一个轴向拉力时，力通过锚杆肋传递给砂浆和岩体。锚杆-砂浆界面的黏合是肋和黏结剂的机械互锁，砂浆-岩石界面的黏合主要是通过粗糙的孔壁实现的。在锚杆端部拉伸载荷作用下，锚杆发生轴向位移，砂浆和岩体中也发生相同方向的轴向位移。在弹性变形阶段，砂浆和岩体中的轴向位移随着与锚杆之间的距离增加呈指数减小，如图 4.5 所示。d_b 表示锚杆直径，d_g 表示钻孔直径，d_0 表示锚杆拉拔在岩体中产生的轴向位移为零处的同心圆直径，x 表示至施力点的距离，σ_0 表示在锚杆端部施加的轴向应力，τ表示锚杆表面剪切应力。

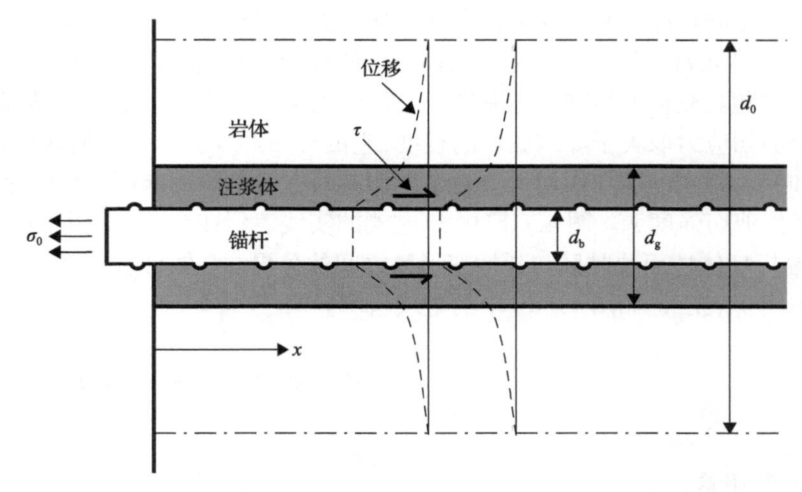

图 4.5　锚杆、注浆体和岩体中的轴向位移分布(Aydan et al.，1985；Holmberg，1991)

锚杆轴向应力与锚杆表面剪切应力之间的关系可以通过考虑锚杆一个小单元上的应力平衡来建立，如图 4.6 所示。假设锚杆表面的剪切应力为$\tau(x)$，锚杆左横截面上的轴向正应力为 $\sigma(x)$，右横截面上的正应力为 $\sigma(x)+\mathrm{d}\sigma(x)$。这些应力分量必须保证锚杆轴线方向上的合力为零，由此得到轴向正应力和剪切应力的关系式如下

$$\tau(x)=-\frac{A}{\pi d_{\mathrm{b}}}\frac{\mathrm{d}\sigma(x)}{\mathrm{d}x} \tag{4.4}$$

或者表达为

$$\sigma(x) = -\frac{\pi d_b}{A}\int \tau(x)\mathrm{d}x \tag{4.5}$$

式中，A 为锚杆的横截面积。

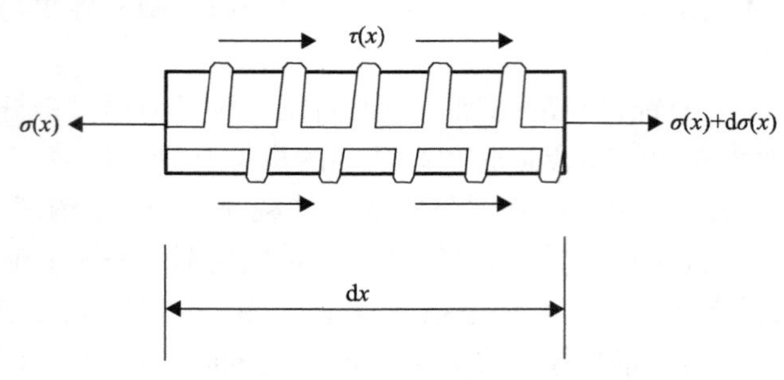

图 4.6　锚杆杆体单元上的应力分量

在弹性变形阶段，即锚杆-砂浆或者砂浆-岩石界面的黏结发生破坏之前，锚杆杆体中的轴向拉应力和杆体柱面上的剪切应力随加载点的距离增加呈双曲线函数减小，如图 4.7(a)所示。当施加的轴向拉伸载荷足够大时，从加载点开始黏结破坏，并且随着载荷的增加，脱黏区向锚杆的远端方向扩展。锚杆脱黏部分杆体上的残余剪切应力取决于黏结破坏的程度，它的分布形式应当是在加载点处最小，随着至加载点距离的增加而增大。残余剪切应力在脱黏段的末端，也就是在位置 x_2 达到峰值剪切强度 s_p。图 4.7(b)中 x_2 左侧的实线表示残余剪切应力的分布。位置 x_2 是锚杆杆体柱面脱黏区与弹性变形区之间的分界线。锚杆脱黏区的平均残余剪切应力用 s_r 表示，如图 4.7(b)中的虚线所示。

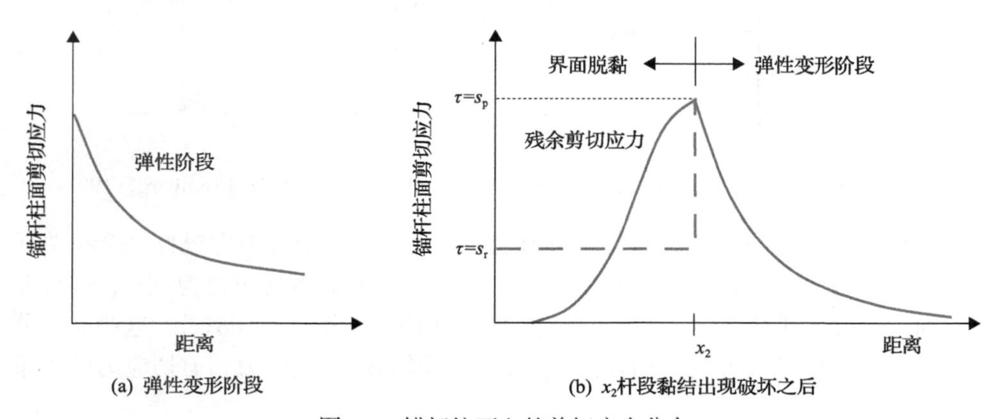

图 4.7　锚杆柱面上的剪切应力分布

图 4.8 是全长黏结锚杆承载模型中轴向应力和剪切应力的一般分布模式，模型中的残余剪切应力简化为常量 s_r。轴向拉伸力总是在加载点处最大，它随着至加载点的距离增加而减小。当载荷直接施加到锚杆杆头上时(如现场做锚杆拉拔试

验时的情形)，最大拉拔力决定于锚杆的最大承载力。当安装在岩体内的锚杆由于岩体裂隙张开而被加载时，最大拉拔力由锚杆的最大承载力决定。

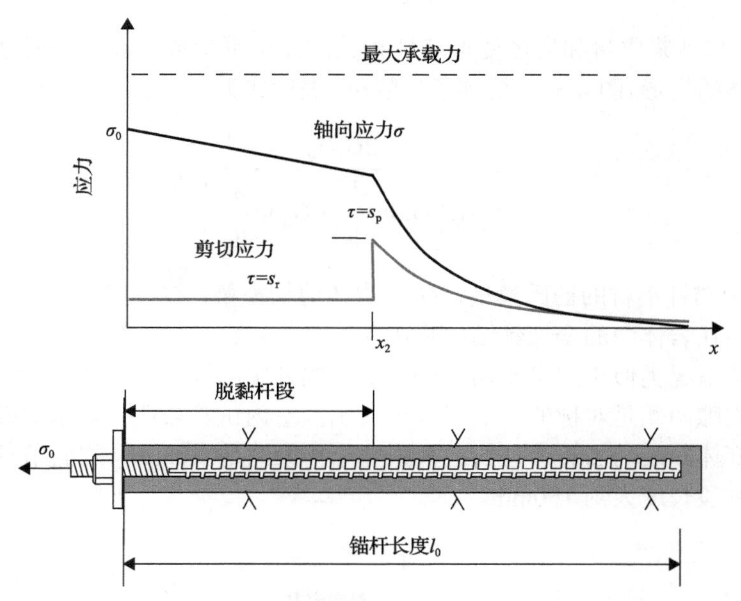

图 4.8 全长黏结锚杆外端部受拉伸时杆体轴向应力和剪切应力的分布情况

图 4.8 中的脱黏锚杆杆段上的轴向应力和剪切应力表示为(Farmer，1975；Li and Stillborg，1999)

$$\tau(x)=\begin{cases} s_{\mathrm{r}}, & \text{杆段 } x<x_2 \\ (\sigma_0-2x_2s_{\mathrm{r}})\dfrac{\alpha}{2}\dfrac{\cosh\left[\alpha(l_0-x)\right]}{\sinh\left[\alpha(l_0-x_2)\right]}, & \text{杆段 } x\geqslant x_2 \end{cases} \tag{4.6}$$

$$\sigma(x)=\begin{cases} \sigma_0-2s_{\mathrm{r}}x, & \text{杆段 } x<x_2 \\ (\sigma_0-2s_{\mathrm{r}}x_2)\dfrac{\sinh\left[\alpha(l_0-x)\right]}{\sinh\left[\alpha(l_0-x_2)\right]}, & \text{杆段 } x\geqslant x_2 \end{cases} \tag{4.7}$$

式中，l_0为无量纲锚杆长度，l_0=锚杆长度/锚杆半径；x为无量纲距离，x=距离/锚杆半径；x_2为锚杆脱黏段的无量纲长度。

当锚杆很长时，令式(4.6)和式(4.7)中的锚杆长度为无穷大(即 $l_0=\infty$)不会引起很大误差，这时式(4.6)和式(4.7)简化为以下形式：

$$\tau(x)=\begin{cases} s_{\mathrm{r}}, & \text{杆段 } x<x_2 \\ s_{\mathrm{p}}\mathrm{e}^{-\alpha(x-x_2)}, & \text{杆段 } x\geqslant x_2 \end{cases} \tag{4.8}$$

$$\sigma(x)=\begin{cases}\sigma_0-2s_{\mathrm{r}}x, & \text{杆段 } x<x_2\\ (\sigma_0-2s_{\mathrm{r}}x_2)\mathrm{e}^{-\alpha(x-x_2)}, & \text{杆段 } x\geqslant x_2\end{cases}\tag{4.9}$$

式中，α为与砂浆质量和岩体变形特性相关的无量纲参数。通过分析砂浆中和锚杆周围岩体的变形(图 4.5)，得到了参数α的表达式为

$$\alpha^2=\frac{2G_{\mathrm{r}}G_{\mathrm{g}}}{E_{\mathrm{b}}\left(G_{\mathrm{r}}\ln\dfrac{d_{\mathrm{g}}}{d_{\mathrm{b}}}+G_{\mathrm{g}}\ln\dfrac{d_0}{d_{\mathrm{g}}}\right)}\tag{4.10}$$

式中，E_{b}为锚杆钢材的杨氏模量；G_{r}为岩体剪切模量；G_{g}为砂浆剪切模量。

当安装在岩体中的全长黏结砂浆锚杆受单条岩石裂隙张拉时，锚杆在裂隙每一侧的加载情况类似于图 4.8 所示的情形。锚杆中的轴向应力和柱面上的剪切应力在岩石裂隙两侧是对称的，如图 4.9 所示。室内试验表明，对水泥砂浆锚杆来说，锚杆杆体断裂前岩石节理的最大张开位移大约是 30mm，岩石节理每一侧锚杆的脱黏杆段长度大约 150mm。

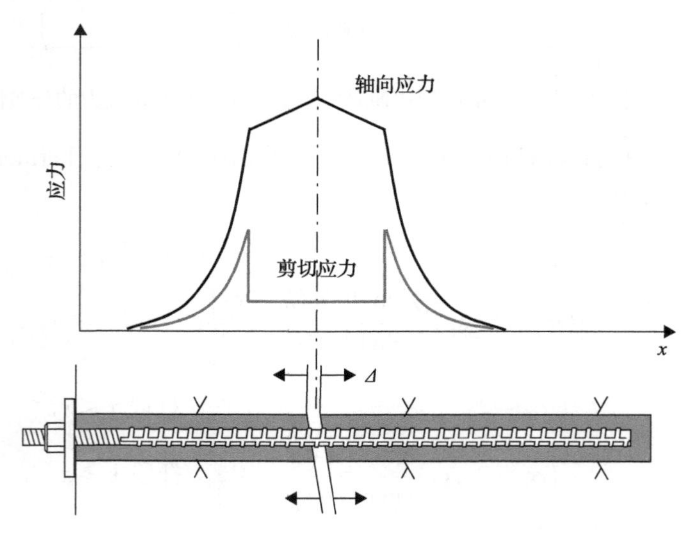

图 4.9　岩体内单条裂隙张开时全长黏结砂浆锚杆杆体内轴向应力和剪切应力的分布情况

4.2.3　摩擦锚杆的承载模型

图 4.10 是当锚杆杆头受拉时摩擦锚杆杆体中的轴向拉力和杆体柱面上的剪切应力分布示意图。当给锚杆施加拉力时，杆体柱面上出现剪切应力，剪切应力随拉力的增加而增加，它的最大值等于锚杆-岩石界面的剪切强度，剪切强度等于摩擦系数与界面上接触正应力的乘积。靠近加载点处杆体上的剪切应力首先达到剪

切强度，出现杆体滑移。滑移杆体长度随着载荷的增大而增加。滑移杆段上的残余剪切应力是常数，等于剪切强度。由于残余剪切应力是常数，摩擦锚杆发生大位移后其承载能力不会显著降低。但是，由于锚杆-岩石界面的接触应力不大、摩擦力小，摩擦锚杆的承载能力较低。

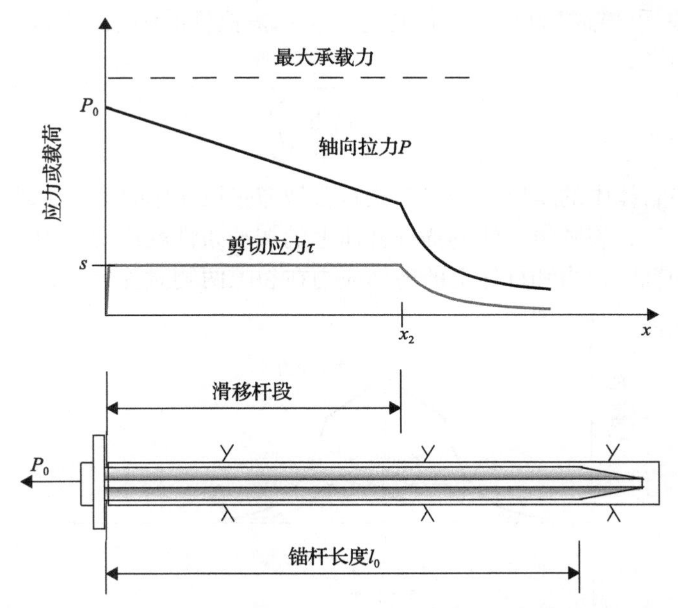

图 4.10　摩擦锚杆杆头受拉伸载荷时杆体的轴向拉力和剪切应力的分布情况

摩擦锚杆的轴向拉力和剪切应力沿杆长的分布表达为

$$\tau(x)=\begin{cases} s, & \text{杆段 } x<x_2 \\ \left(\dfrac{4P_0}{\pi d_{\mathrm{b}}^2}-2x_2 s\right)\dfrac{\alpha}{2}\dfrac{\cosh\left[\alpha\left(l_0-x\right)\right]}{\sinh\left[\alpha\left(l_0-x_2\right)\right]}, & \text{杆段 } x\geqslant x_2 \end{cases} \tag{4.11}$$

$$P(x)=\begin{cases} P_0-\dfrac{\pi}{2}d_{\mathrm{b}}^2 sx, & \text{杆段 } x<x_2 \\ \left(P_0-\dfrac{\pi}{2}d_{\mathrm{b}}^2 sx_2\right)\dfrac{\sinh\left[\alpha\left(l_0-x\right)\right]}{\sinh\left[\alpha\left(l_0-x_2\right)\right]}, & \text{杆段 } x\geqslant x_2 \end{cases} \tag{4.12}$$

式中，s 为锚杆的剪切强度(或残余剪切应力)。当锚杆很长时，令式(4.11)和式(4.12)中的锚杆长度无穷大(即 $l_0=\infty$)不会引起很大误差，这时上述方程简化为

$$\tau(x)=\begin{cases} s, & \text{杆段 } x<x_2 \\ s\mathrm{e}^{-\alpha(x-x_2)}, & \text{杆段 } x\geqslant x_2 \end{cases} \tag{4.13}$$

$$P(x)=\begin{cases}P_0-\dfrac{\pi}{2}d_{\mathrm{b}}^2 sx, & \text{杆段 } x<x_2\\ \left(P_0-\dfrac{\pi}{2}d_{\mathrm{b}}^2 sx_2\right)\mathrm{e}^{-\alpha(x-x_2)}, & \text{杆段 } x\geqslant x_2\end{cases} \tag{4.14}$$

安装完成后，锚杆直径等于钻孔直径，摩擦锚杆的参数α变为

$$\alpha^2=\frac{2G_{\mathrm{r}}}{E_{\mathrm{b}}\ln\dfrac{d_0}{d_{\mathrm{g}}}} \tag{4.15}$$

当安装在岩体中的摩擦锚杆受单条岩石裂隙张拉作用时，只要裂隙的位置距离锚杆托盘足够远，裂隙每一侧的锚杆杆体上的加载条件就跟图 4.10 所示的情形相同。锚杆中的轴向拉力和杆体上的剪切应力在裂隙两侧对称分布，如图 4.11 所示。

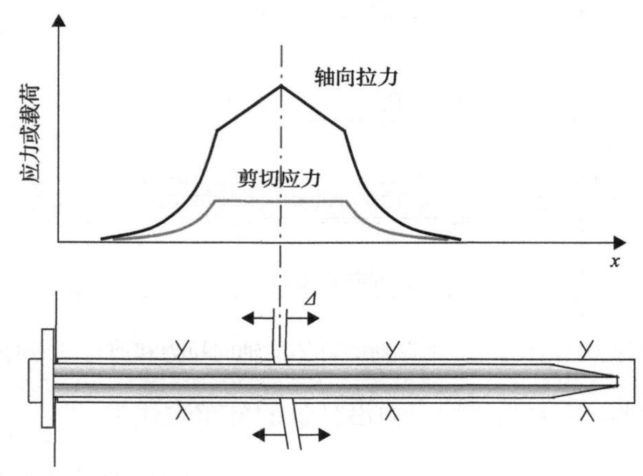

图 4.11　岩体内单条裂隙张开时摩擦锚杆杆体内轴向拉力和剪切应力的分布情况

4.2.4　吸能锚杆的承载模型

吸能锚杆与常规锚杆的不同之处在于它既能承受高载荷，又能产生大变形。目前地下工程中使用的吸能锚杆都是在两个或两个以上的离散点锚固在岩体中，因此，它们属于散点锚固锚杆的范畴。两点锚固锚杆通过远端锚固点在黏结剂中的犁削(如锥形锚杆)或者通过锚杆杆体在固定锚点中的滑动来吸收能量(如 Garford 实心锚杆)。除 D 锚杆外，目前所有吸能锚杆均为两点锚固锚杆。两点锚固吸能锚杆的承载模型与 4.2.1 节所述的传统两点锚固锚杆的模型相似，区别在于吸能锚杆的屈服载荷为小于锚杆托盘和锚杆杆头螺杆的最大承载力。这样的设计使得锚杆发生屈服塑性变形时锚杆杆头处的锚点不会破坏失效。两点锚固吸能锚杆沿杆体长度的轴向应力和剪切应力分布如图 4.12(a)所示，杆体中的轴向应力是在锚杆杆头后施加的应力，杆体上的剪切应力等于零。无论是在锚杆杆头施加载荷[图 4.12(b)]，还

是岩石裂隙张开引起的载荷[图 4.12(c)]，锚杆中的应力分布形式都是相同的。

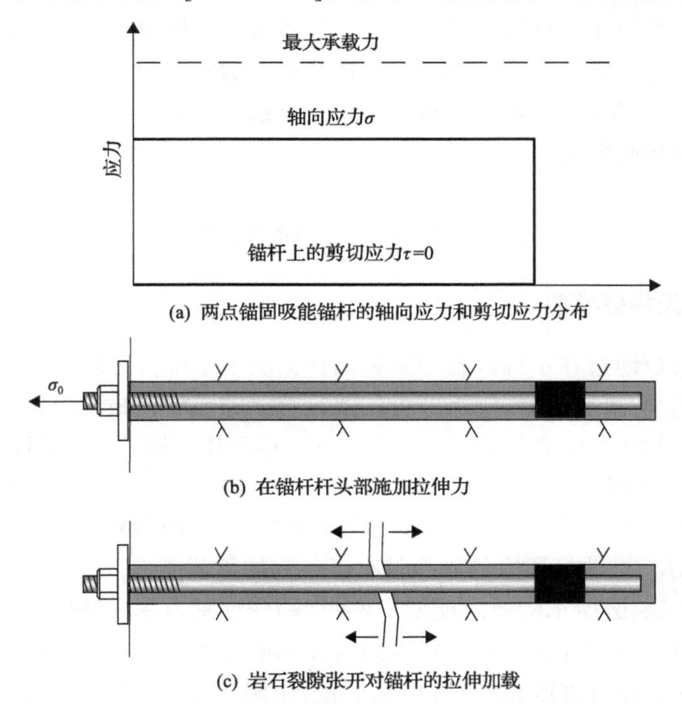

图 4.12　岩体中单条裂隙张开时 D 锚杆的轴向应力和剪切应力示意图

D 锚杆(Li，2010)是目前唯一的多点锚固式吸能锚杆，它通过锚杆钢材的伸长吸收能量。图 4.13 是岩体中两条裂隙张开时 D 锚杆的轴向应力和剪切应力的分

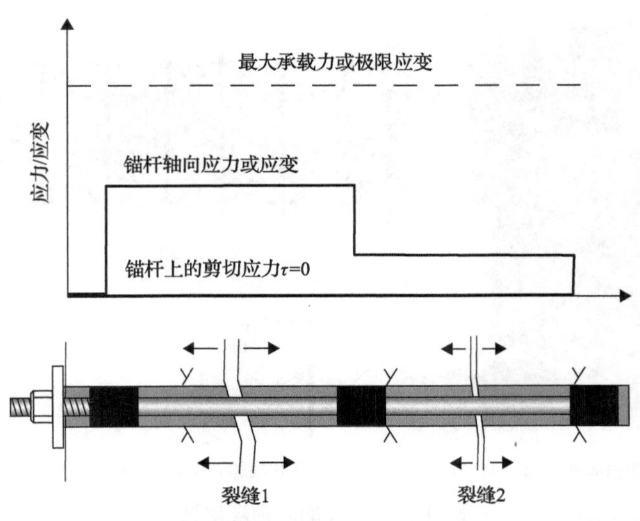

图 4.13　岩体中两条裂隙张开时 D 锚杆的轴向应力和剪切应力的分布示意图

布示意图。只要锚点被牢牢锚定在砂浆中，相邻两个锚点之间的锚杆杆段中的轴向应力就完全取决于该杆段长度内的岩体扩容量。岩体总变形包括岩石材料扩容和岩石裂隙张开位移。两个锚点之间锚杆杆段上的轴向应力和应变与岩体扩容量成正比。D 锚杆的最大承载力与杆体材料的承载力相同，锚杆通过充分调动杆体的拉伸变形来吸收能量。

4.3 锚杆与岩体的耦合

4.3.1 Lang 氏物理模型

Lang(1961)通过在水桶碎石中安装锚杆，演示了锚杆对碎石的加固效果。他在一个普通底小、口大的铁皮水桶中先放置直立的锚杆，锚杆位于桶底的根部有一个托盘，用大约 1cm 直径的碎石填满水桶，振动压实碎石，在锚杆杆头装托盘，拧紧螺母压密桶中碎石。之后，倒置水桶，悬挂桶底。桶中碎石竟不会从桶中掉落。不仅如此，当在锚杆上悬挂 18kg 的重量时，桶中的碎石仍然没有掉落，如图 4.14(a)所示。被锚杆压实的碎石具有了一定的承载能力。这个试验的力学原理可以通过图 4.14(b)所示的概念模型来说明。锚杆预紧力在锚杆长度方向上压缩桶中的碎石，被压缩的碎石横向扩张压向水桶桶壁，在桶壁上产生正压力，桶壁上的摩擦力平衡了碎石重量和外加的 18kg 重量，阻止了碎石从桶中掉落。碎石中的压缩区厚度与每根锚杆的加固角有关。拉拔试验表明，黏土中锚杆的加固角为 30°，大约等于黏土的内摩擦角(Hobst and Zajic，1977)。在岩体中锚杆的加固角比土中大，并且随着岩体质量的改善而增加。一般假设岩体中锚杆的加固角为 45°。

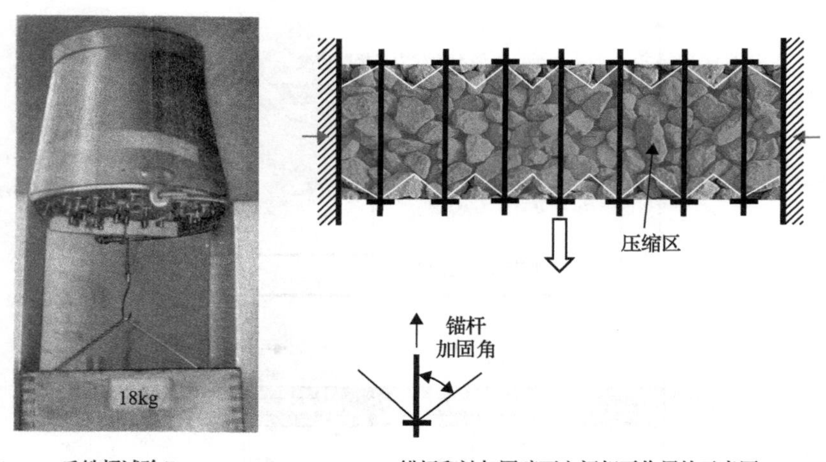

(a) Lang氏铁桶试验(Lang，1961)　　(b) 锚杆和被加固碎石之间相互作用的示意图

图 4.14 锚杆加固物理模型

4.3.2　锚杆在岩体内的承载模式

图 4.14 所示的模型仅适用于两点锚固式锚杆，全长黏结锚杆与岩体耦合比较复杂，室内试验不易观察到，必须通过现场测量和观察来揭示。全长黏结锚杆受力情况可以通过测量粘贴在锚杆杆体表面的应变片来反映。只要应力不超过屈服应力，可以根据胡克定律由测量的应变计算出锚杆杆体中的应力。图 4.15 中的黑点表示通过现场测量得到的一根全长黏结砂浆钢筋锚杆六个位置的轴向正应力(Sun，1983)。锚杆长 2m，安装在一个宽 5.6m、高 4.5m 的土质砂岩巷道中，巷道埋深 500m，砂岩的力学性质和岩体质量未知。考虑到巷道的位置比较深，巷道围岩可能处于连续塑性变形状态。锚杆似乎没有托盘或者托盘与岩石表面没有接触，锚杆在巷道边墙处的应力假设为零。图 4.15 中的黑色实线是锚杆轴向应力测量数据的拟合曲线。可以看到，锚杆的最大轴向应力发生在离巷道边墙大约 0.5m 的位置。锚杆杆体表面的剪切应力可以根据式(4.4)测量的轴向应力推断出来，计算得到的杆体柱面上的剪切应力如图 4.15 下方那条曲线所示。锚杆上有一个位置剪切应力为零，轴向应力最大，此位置称为锚杆的中性点。从中性点到巷道边墙的锚杆杆段上的剪切应力指向巷道，符号定义为负。该杆段试图“抓住”向巷道移动的围岩往岩体内部回拉，所以该杆段称为承载段。在中性点的另一侧，即从中性点到锚杆远端的部分，锚杆杆体上的剪切应力指向岩体内部，符号定义为正。

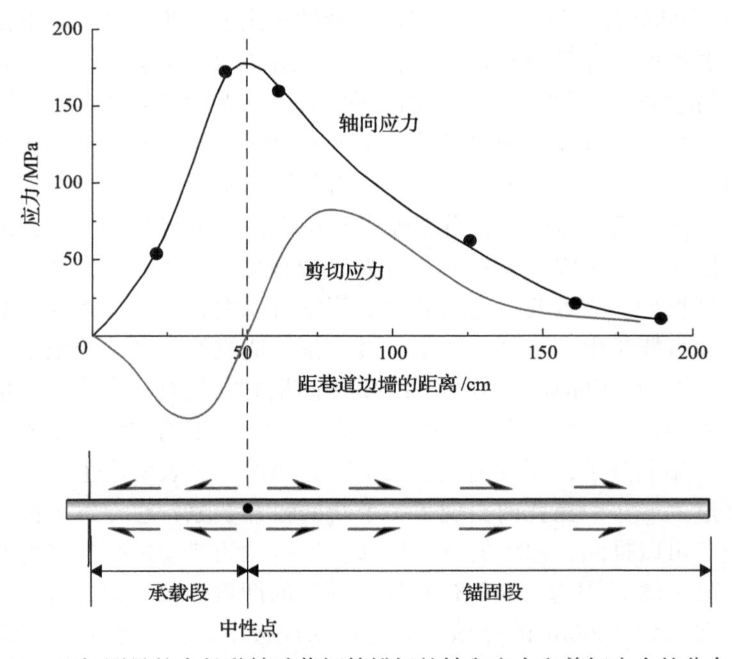

图 4.15　现场测量的全长黏结砂浆钢筋锚杆的轴向应力和剪切应力的分布情况

该杆段试图保持在岩体内不动以便阻止巷道壁附近的围岩移动，它的作用是锚固移动的围岩，所以称为锚杆的锚固段。当锚杆托盘承受载荷时，中性点的位置朝巷道方向移动，也就是承载段长度变短。由于最大拉伸载荷发生在中性点位置，极限情况下全长黏结锚杆应该在中性点处被拉断。图 4.16 中的几根锚杆可能就是由于这个原因断裂失效的。

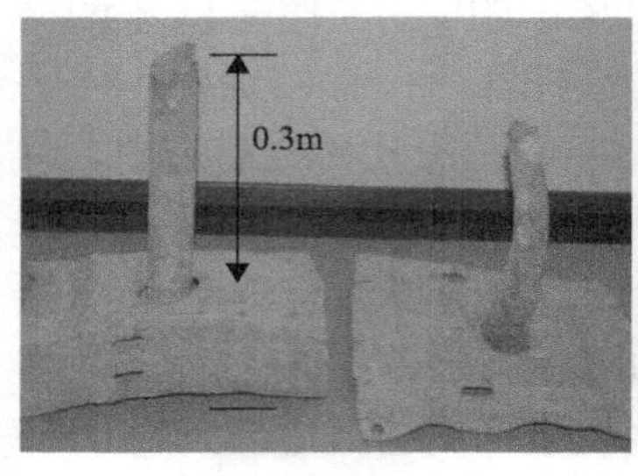

(a) 缝式锚杆　　(b) 砂浆钢筋锚杆　　(c) 砂浆锚索

图 4.16　地下巷道中断裂的锚杆

(b)、(c)由 D. Hovland 供图

在块状岩体中，开挖后的围岩变形主要由岩体中的裂隙张开引起。裂隙张开会在锚杆中引起局部应力集中，造成锚杆应力分布不均匀。图 4.17 是在一个铁矿巷道中四根全长黏结砂浆钢筋锚杆的轴向载荷结果(Björnfot and Stephansson, 1983)。该矿岩体坚硬、呈块状，基岩以坚硬的火山岩为主，基岩之下是前寒武纪岩石。试验巷道的岩性是致密正长斑岩，含三组节理，主节理大致呈东西走向，倾角 50°，其他两组节理为北东—南西走向，倾角分别为 74°和 80°。节理面平整，通常覆盖绿泥岩，岩体中的节理长度有时超过 9m。岩石的单轴抗压强度(UCS)大于 200MPa。试验巷道水平上的垂直应力和原岩水平地应力分别是 13MPa 和 19MPa。在这种块状岩体中，岩石裂隙张开在锚杆中引起局部加载，造成非均匀分布载荷。例如，图 4.17 中的锚杆 1 在两个位置局部受力，一个靠近巷道壁，另一个靠近锚杆根部。靠近巷道壁的载荷峰值是由原生岩石节理张开引起的，而另一个载荷峰值可能是由巷道开挖产生的裂隙张开造成的。全部四根锚杆中的轴向应力都随时间增加。以锚杆 3 为例，1981 年测量时它只有一个应力峰值，显然这个局部应力集中是由原生岩石节理张开造成的。1982 年的测量显示该锚杆中的轴向应力较前一年上升了，而且出现了两个应力峰值，这表明原生岩石节理继续扩张，并且在过去一年中在孔内出现了一个新的张开裂隙，它导致了锚杆中的第二个应力峰值。可以推测，原生岩石节理和新生裂隙的持续扩张最终可能会使锚杆杆体断裂。图 4.18 是因岩石裂隙位移导致断裂的两根砂浆钢筋锚杆。这两个锚杆安装在一个埋深为 1000m 的充填采矿巷道的顶板中，全长水泥注浆锚固。在后续开采过程中，它们暴露在了掌子面上。锚杆 A 在离孔口 1.5m 处断裂，锚杆 B

在 0.5m 处断裂。图 4.18 中可见，锚杆断口位于岩体不连续面处，两根断裂锚杆在轴向和横向都发生了位移，但是以轴向位移为主，分别是 40mm 和 20mm，这表明不连续面的张开位移主导了整个变形过程。

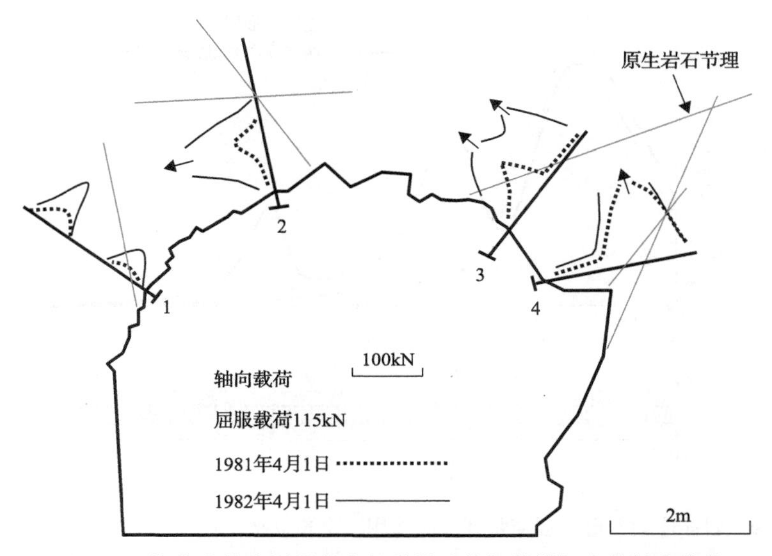

图 4.17　块状岩体中测得的全长黏结砂浆钢筋锚杆中的轴向载荷

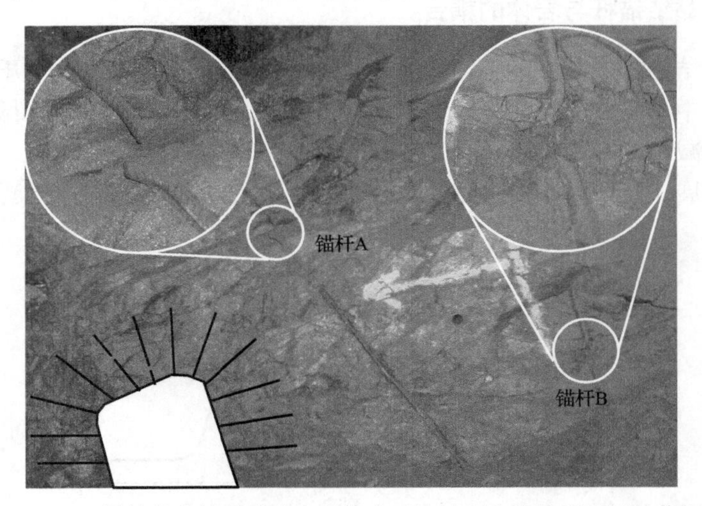

图 4.18　位于 1000m 深处的充填采矿矿房岩体内不连续面位移导致两根砂浆钢筋锚杆断裂

在连续变形的岩体中，锚杆轴向应力沿锚杆长度的分布在图 4.15 中已经做过介绍，也就是图 4.19 中虚线所示的样子。一般情况下，岩体中的锚杆既受岩体连续变形的影响，又受岩石裂隙张开的影响。当岩体连续变形和裂隙张开同时存在时，锚杆中的轴向应力分布就变为图 4.19 中实线所示的形式。也就是说，锚杆中可能会有几个应力峰值，其中一个是由岩体的连续变形引起的(通常是最靠近锚杆孔口那一个)，其他的峰值则是由岩石裂隙张开引起的。

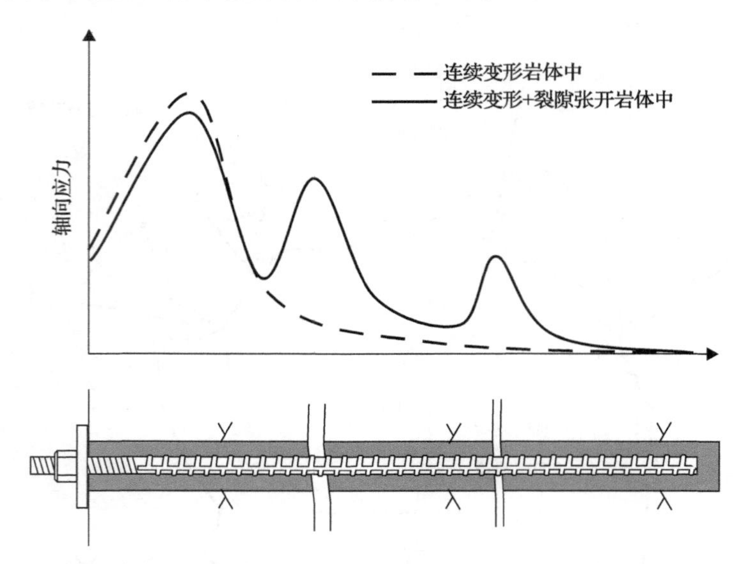

图 4.19　岩体连续变形和裂隙张开共同作用下全长黏结锚杆中轴向应力的分布情况

4.3.3　全长黏结锚杆与岩体的耦合

全长黏结锚杆在其长度上与岩体相黏结。岩体中单条裂隙的张开将在穿过此裂隙的锚杆中诱发出非均匀分布的轴向应变和应力，应变和应力在裂隙位置最大，向两侧逐渐减小，如图 4.20 所示。锚杆杆体将首先在裂隙位置屈服，然后屈服范围向两侧扩展，直到杆体在裂隙处断裂。图 4.21 是一根全长黏结钢筋锚杆被接近

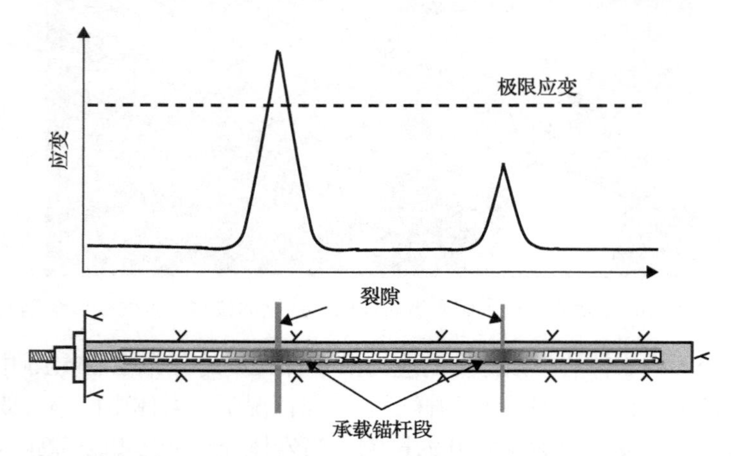

图 4.20　两条裂隙张开在全长黏结钢筋锚杆中引起的轴向应变和载荷示意图

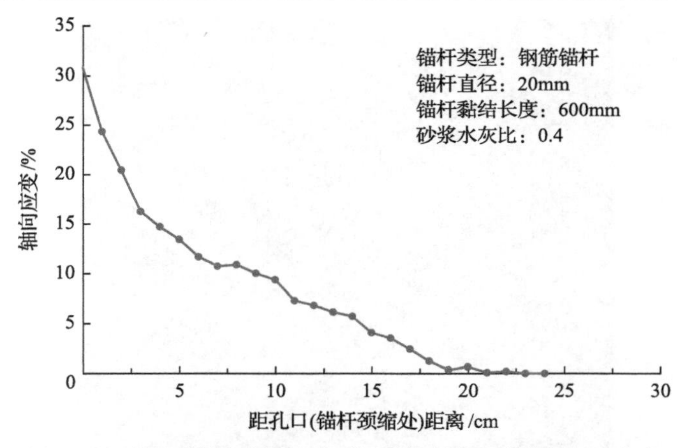

图 4.21　全长黏结钢筋锚杆杆体颈缩后测量的轴向应变分布

拉断时轴向应变从颈缩处沿锚杆长度的变化情况。试验时拉伸力在孔口处施加，这种加载方式与岩体裂隙张开对锚杆的加载方式相似。当拉力达到 190kN 时，孔口处的锚杆杆体出现颈缩，这时停止试验，剖开试样测量每厘米杆段锚杆的轴向应变。锚杆钢材的弹性应变极限大约为 0.2%，应变大于 0.2%的杆段都进入屈服阶段。由图 4.20 中曲线可以估算出，锚杆的屈服杆段大约是 18cm 长。室内试验表明，全长黏结钢筋锚杆能承受的最大裂隙张开量是 20～30mm（Stillborg，1994）。

注浆黏结锚杆有一个临界黏结长度。当锚杆锚固段长度小于临界黏结长度时，锚杆就有从砂浆中被拉出的风险。挪威北部一个旅游地的天然洞穴的洞顶出现了岩石裂缝，洞顶安装了一批全长水泥注浆锚杆加固洞顶的不稳定岩块。后来洞顶的几百立方米的石块还是掉了下来，一些锚杆的根部被拔出，暴露在垮落的石块堆上，图 4.22 是其中的一根锚杆。这段被拔出的杆段就是该锚杆的锚固段长度，它肯定比锚杆的临界黏结长度短，所以它被下面悬吊的石块从砂浆中拔出来。如果它比临界黏结长度长的话，应该是锚杆杆体被拉断而不是被拔出。全长黏结锚杆的临界黏结长度是指能够将锚杆从砂浆孔中拔出而不会导致锚杆杆体断裂的最长黏结长度。该长度直接决定了锚杆的最大锚固力和被加固的围岩深度，围岩被加固深度等于锚杆长度与临界黏结长度之差。为了充分利用锚杆的抗拉强度，锚杆在稳定岩层中的长度必须大于临界黏结长度。锚杆临界黏结长度与砂浆强度有关。用不同水灰比的水泥砂浆黏结某钢种 20mm 直径钢筋锚杆进行的室内拉拔试验表明，水灰比为 0.40、0.46 和 0.50 时的锚杆临界黏结长度分别是 25cm、32cm、36cm（Li et al.，2016）。锚杆的临界黏结长度 L_c 与水泥砂浆的水灰比（w/c）呈如下线性关系（图 4.23）

$$L_{\mathrm{c}} = 110 \times (w / c) - 19.1 \tag{4.16}$$

图 4.22　从洞顶掉落的岩块上露出一根水泥注浆锚杆的根部

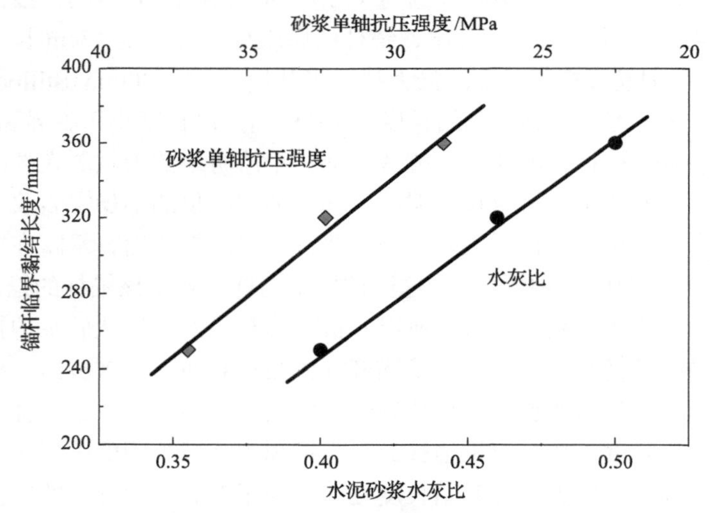

图 4.23　锚杆临界黏结长度与砂浆水灰比和砂浆单轴抗压强度之间的关系

临界黏结长度与砂浆单轴抗压强度的关系如下

$$L_c = 72.5 - 1.28 \times \mathrm{UCS} \tag{4.17}$$

这里需要指出，上述临界黏结长度是在严格控制试验条件、保证砂浆质量的情况下获得的。考虑到砂浆质量和岩体条件的变化，实际工程中使用的锚杆临界黏结长度可能比实验室得到的值要大。因此，在岩体加固设计中，锚杆的临界黏结长度应该采用 2～4 的安全系数(Littlejohn，1992)。

4.3.4　D 锚杆与岩体的耦合

D 锚杆是一种吸能锚杆，它由一根光滑的钢杆和分布在杆体上的多个锚点组成，如图 4.24 所示。相邻两个锚点之间的杆体长度通常设计为 1m，锚杆用水泥砂浆或树脂黏结在钻孔中。锚点的结构能确保其牢固地固定在砂浆中，或者当轴向载荷超过某个值时能够左右轻微移动(远端锚点除外)。由于杆体表面光滑，杆体与砂浆的黏结非常脆弱或者干脆无黏结。当相邻两个锚点之间的岩体发生破坏时，锚点会限制岩体膨胀，从而在光滑杆体中诱发出拉力使其拉伸变形。杆体首先弹性拉伸至大约 0.2%，然后是塑性伸长，直至达到钢材的极限应变。

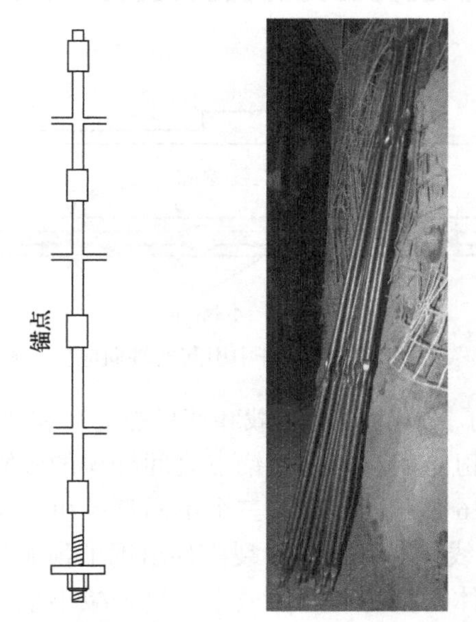

(a) D锚杆结构示意图　(b) 矿山使用的2.4m长D锚杆

图 4.24　D 锚杆示意图和实物

D 锚杆的锚固方式跟钢筋锚杆很相似，因为它们都是通过“锚点”与砂浆黏结在一起的。不同之处在于，钢筋锚杆是通过杆体表面密集的细肋与砂浆黏结，而 D 锚杆仅是有限数目的锚点与砂浆黏结。这种结构上的差异决定了它们在岩体破坏膨胀时的反应不同。如前一节所述，当钢筋锚杆受到裂隙张开作用时，只有裂隙两侧一小段杆体承受载荷，而且载荷是如图 4.20 所示的不均匀分布。然而，D 锚杆杆体表面光滑，当岩体膨胀变形时，锚点之间的整个杆段能够自由伸长。如图 4.25 所示，单条裂隙的张开会使锚点之间的杆段产生均匀的载荷分布。对于一定的裂隙张开位移，在D锚杆中产生的应变和载荷远低于钢筋锚杆的应变和载荷。此外，D锚杆锚点间杆段上的应变和载荷分布是均匀的。假设岩石裂隙张开位移量是20mm，以及钢筋锚杆的承载杆段长度为20cm，裂隙张开在钢筋锚杆中诱发出的平均轴向应变大约是10%，而同样的裂隙张开量在1m长的D锚杆杆段中诱发的应变仅是2%。因此，D锚杆加固岩体的服务时间会比钢筋锚杆长得多。在岩体大变形的情况下，D锚杆的某个杆段可能会断裂失去加固作用，但是一根杆段的失效不会导致整根锚杆的失效，其他锚点之间的杆段会继续发挥作用。D锚杆的多锚点结构使其比两锚点能量锚杆的锚固更可靠。

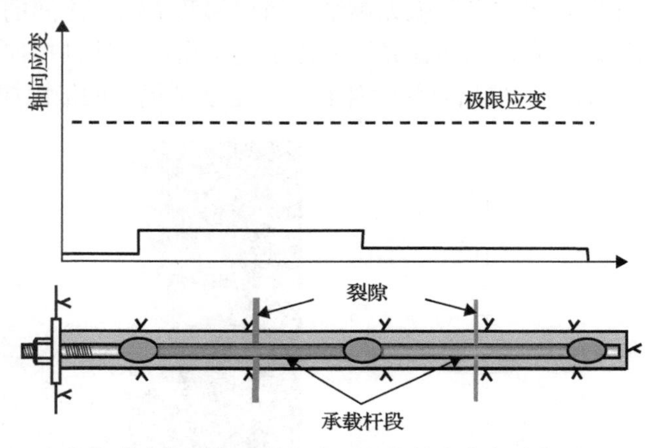

图 4.25　岩体裂隙张开在D锚杆中引起的轴向应变示意图(Li，2012)

D锚杆充分利用了锚杆钢材的承载和变形能力。在锚杆直径一定的情况下，锚杆的最大承载力是恒定的，但相邻锚点之间杆体的极限位移量与杆段长度呈线性关系增长。图4.26是相同钢材、三个不同直径和不同杆段长度的D锚杆的静态拉伸载荷-位移曲线。锚杆杆体断裂前都出现了颈缩现象(图4.27)。D锚杆的直径随着载荷和杆体长度的增加而减小，直径减小量在杆段的任一位置是相等的。图4.28是动态冲击试验后三根锚杆直径沿杆段长度的变化曲线。锚杆的初始公称直径是22mm，实际测量21.9mm，锚点之间的杆段长度是1.5m。以50kJ的冲击功对杆段加载，冲击后杆段伸长了大约200mm，但是没有断裂。锚杆直径从原来的21.9mm减小到了大约20.5mm，直径的减小量在杆段的各个位置几乎一样。

图4.29是在某金属矿山巷道内两根D锚杆杆段上测得的轴向应变结果(Li，2012)。巷道围岩处于高压蠕变过程中，锚杆用水泥砂浆黏结在钻孔内。如图4.29所示，当应变达到0.25%时锚杆钢材屈服，屈服载荷是171kN。在该屈服载荷水平上，锚杆一直伸长到2.3%。之后，钢材硬化，载荷随着应变的增加而升高。

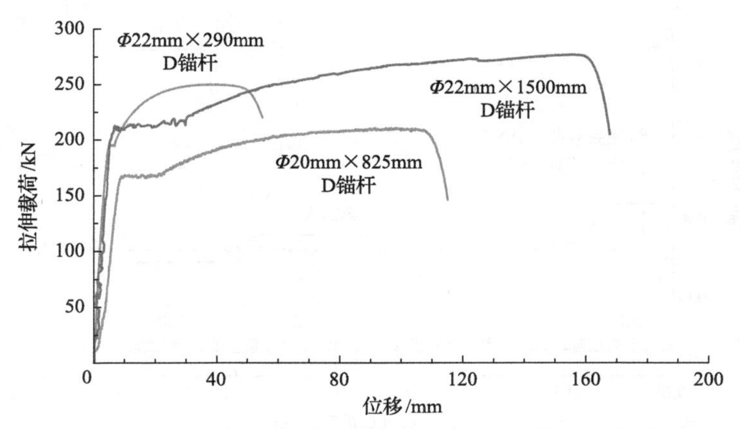

图 4.26　不同直径和长度的 D 锚杆杆段的静力拉伸试验结果

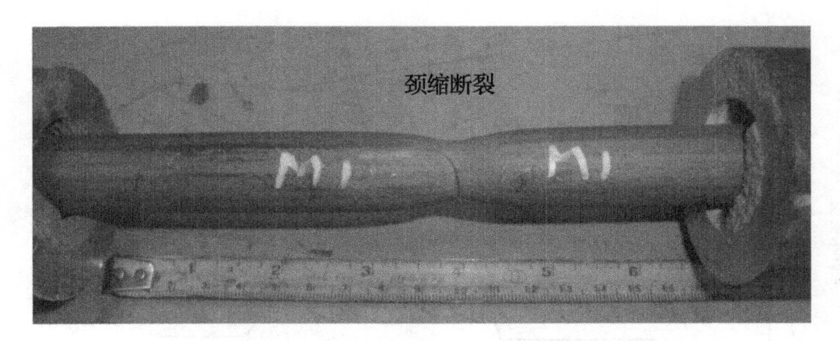

图 4.27　D 锚杆静力拉伸颈缩断裂

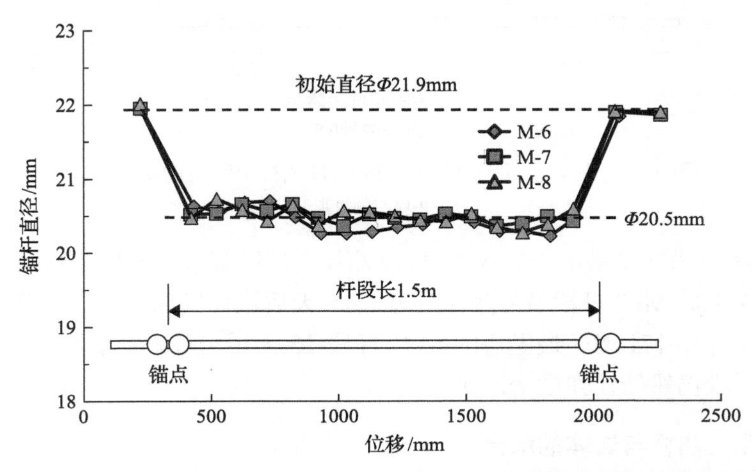

图 4.28　三根 22mm×1.5m D 锚杆杆段冲击试验后直径沿长度的变化(冲击功 50kJ)
(Li and Doucet，2012)

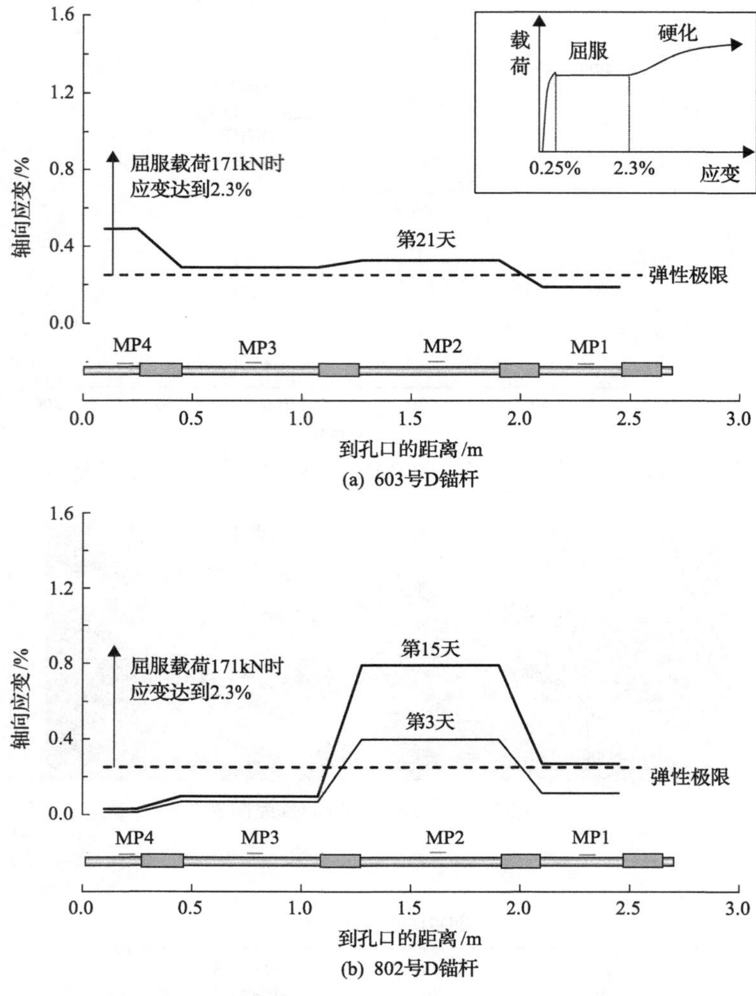

图 4.29　在某金属矿山巷道内两根 D 锚杆上测得的轴向应变

MP-应变测量点

21 天后 603 号锚杆除最里边的 MP1 杆段外其余杆段都进入屈服变形阶段。802 号锚杆安装 3 天后 MP2 杆段就发生了屈服，15 天后该杆段屈服应变达到了 0.8%，但载荷仍保持在 171kN，最里边的 MP1 杆段 15 天后也进入屈服阶段，但是靠外边的两个杆段仍然处在弹性变形阶段。

4.3.5　水胀式锚杆与岩体的耦合

水胀式锚杆是通过锚杆与锚杆孔壁间的摩擦力加固岩体的，其最大加固力定义为 1m 锚杆段上的最大拉拔力，表达为

$$P = \pi dq\tan(\varphi + i) \tag{4.18}$$

式中，P 为最大拉拔力，单位为 kN/m；d 为钻孔直径；q 为锚杆-岩石界面上的接触正应力；φ 为孔壁岩石和锚杆之间的摩擦角；i 为孔壁表面粗糙角。

接触正应力 q 是这类锚杆的一个重要参数，它由主接触应力和次生接触应力两部分组成。主接触应力是指在锚杆安装过程中产生的应力，次生接触应力是因孔壁表面粗糙度产生的附加接触应力。

1. 主接触应力

水胀式锚杆的安装过程参见 2.6.2 节。锚杆安装好后，锚杆杆管内的水压消失，岩石孔壁和锚杆杆管同时径向弹性恢复，由于两者的弹性恢复量有差异使得锚杆与孔壁间产生挤压力。图 4.30 是锚杆安装前后钻孔孔壁的径向位移示意图。假设岩体的远场地应力是 p_0，钻孔完成后孔壁发生向内的径向收敛位移 U_0。U_0 是总径向位移，当发生塑性变形时，它是弹性和塑性位移的总和。锚杆安装过程中，钻孔孔壁上的压力是 p_i，孔壁发生向外的径向位移 U_{pi}。安装完成后锚杆杆管内的泵压消失，孔壁回弹压迫锚杆，在锚杆-岩石界面上建立起主接触应力 q_1，达到平衡后孔壁位移变为 U_q。锚杆安装前后孔壁发生的三个位移 U_0、U_{pi} 和 U_q 如图 4.31 所示。安装泵压消失后，锚杆管体本身也发生向内收缩的弹性位移 u_{b0}，还发生了因钻孔孔壁压迫产生的位移 u_{bq}，这两部分的和是锚杆向内收缩的总位移。位移 u_{b0} 与锚杆安装泵压有关，也与孔壁粗糙度有关。位移 u_{bq} 与锚杆安装后锚杆-岩石界面上的主接触应力 q_1 有关。锚杆安装过程中，紧邻孔壁的岩石可能会屈服，但锚杆安装后岩石向孔内的位移完全是弹性的。因此，主接触应力只与锚杆安装期间和之后钻孔孔壁和锚杆杆管发生的弹性位移有关。图 4.32 表示安装期间和之后锚杆的承载状态。

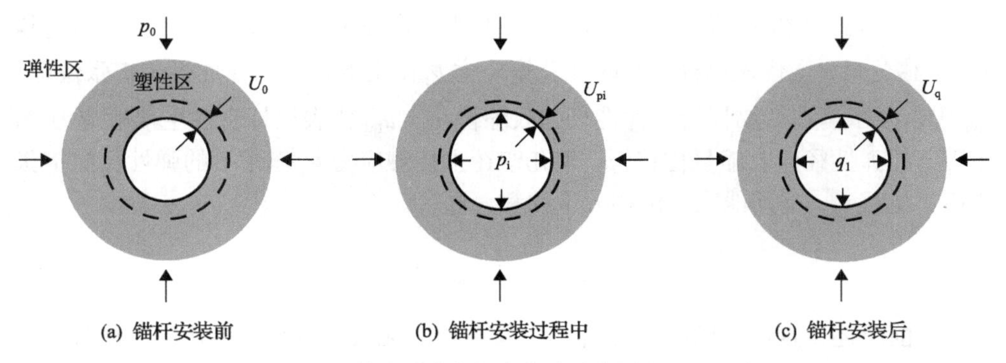

图 4.30　钻孔孔壁的径向位移示意图(Li，2016)

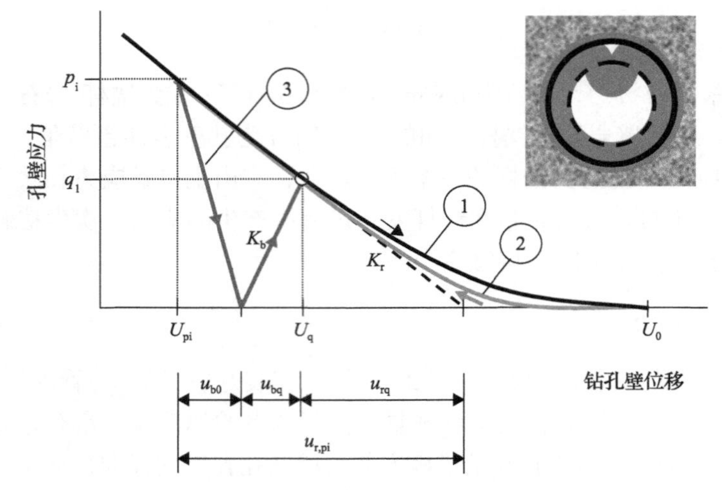

图 4.31　钻孔孔壁位移示意图(Li，2016)

1-锚杆安装前；2-锚杆安装过程中；3-锚杆安装后

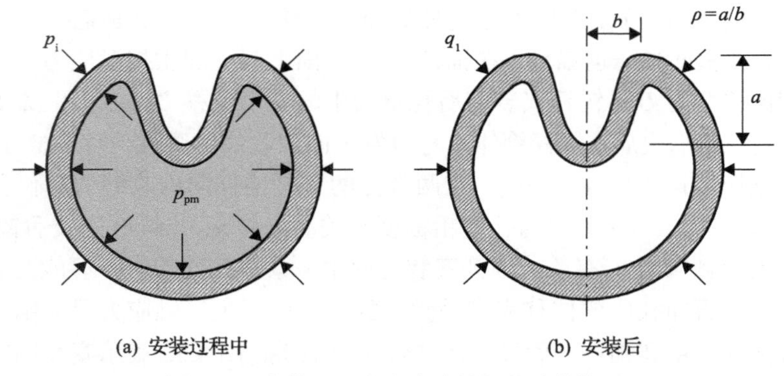

图 4.32　安装过程中水胀式锚杆的承载情况

主接触应力 q_1 与图 4.31 中标记的以下四个弹性位移有关：$u_{r,pi}$、u_{b0}、u_{bq} 和 u_{rq}。位移分量 $u_{r,pi}$ 代表锚杆安装时在孔壁压力 p_i 作用下孔壁的弹性径向扩张位移，u_{b0} 代表泵压消失后锚杆管的弹性径向收缩位移，u_{bq} 代表锚杆管在主接触应力 q_1 作用下的弹性径向收缩量位移，u_{rq} 是孔壁在主接触应力 q_1 作用下的弹性径向扩张位移。位移 $u_{r,pi}$ 是其他三个位移分量的和，即

$$u_{r,pi} = u_{b0} + u_{bq} + u_{rq} \tag{4.19}$$

如前所述，岩体远场地应力 p_0 与主接触应力无关，因此计算孔壁位移时不需要考虑地应力 p_0。根据 Li(2016) 的推导，在压力 p_i 和 q_1 作用下孔壁的弹性径向扩张位移分别为

$$u_{r,pi} = \frac{p_i r_i}{K_r} \tag{4.20}$$

$$u_{rq} = \frac{q_1 r_i}{K_r} \tag{4.21}$$

式中，r_i 为钻孔半径；K_r 为钻孔的径向刚度，它表达为

$$K_r = \frac{E_r}{1+\nu_r} \tag{4.22}$$

式中，E_r 为岩体的杨氏模量；ν_r 为岩体泊松比。

锚杆安装完成管内泵压消失后，安装过程中锚杆杆管径向位移的弹性部分倾向于向内回弹，与此同时杆管折叠处的开口倾向于闭合，这两个变形导致杆管与孔壁岩石之间产生环向相对位移。由于锚杆-岩石界面的摩擦和机械咬合，杆管的环向位移回弹会被部分锁住。为了表示杆管径向位移的回弹程度，引入位移回弹系数λ，λ在 0 到 1 之间变化，0 表示完全没有位移回弹，1 表示位移完全回弹。因此，锚杆杆管的弹性径向收缩量位移 u_{b0} 表达为

$$u_{b0} = \lambda \frac{p_i r_i}{K_b} \tag{4.23}$$

式中，K_b 为锚杆杆管的径向刚度。在主接触应力 q_1 作用下，锚杆杆管的弹性径向收缩量位移 u_{bq} 表达为

$$u_{bq} = \frac{q_1 r_i}{K_b} \tag{4.24}$$

把以上几个表达式联系在一起得到主接触应力 q_1 的表达式如下

$$\frac{q_1}{p_i} = \frac{K_b - \lambda K_r}{K_b + K_r} \tag{4.25}$$

上面的表达式表明，主接触应力非零的必要条件是锚杆杆管的径向刚度必须大于λK_r，也就是

$$K_b > \lambda K_r \tag{4.26}$$

如果锚杆的弹性径向位移被完全锁住不能回恢，也就是回弹系数λ=0，回弹位移 u_{b0} 等于 0，这时式(4.25)简化为

$$\frac{q_1}{p_i} = \frac{K_b}{K_b + K_r} \tag{4.27}$$

主接触应力与孔壁上的锚杆安装压力的比值不仅与钻孔径向刚度、锚杆径向刚度有关，而且还与位移回弹系数有关。图 4.33 中两个不同λ值的曲线是根据式(4.25)计算得到的，有关参数的赋值列于表 4.1 中。图 4.33 中曲线显示，在 50mm 直径钻孔中，锚杆的主接触应力与孔壁上的锚杆安装压力之比随岩体杨氏模量的增加而变小。在相同杨氏模量的岩体中，例如 E_r=15GPa，当λ=0(完全锁定)时，主接触应力大约是孔壁压力的 20%；当λ=0.2(20%回弹)时，约为 10%。在完全锁定(λ=0)的情况下，主接触应力始终大于零。当 20%位移回弹(λ=0.2)时，产生大于 0 的主接触应力的临界岩体杨氏模量大约是 30GPa(图 4.33)。理论上讲，在软岩中更容易在锚杆-孔壁界面上建立起主接触应力。

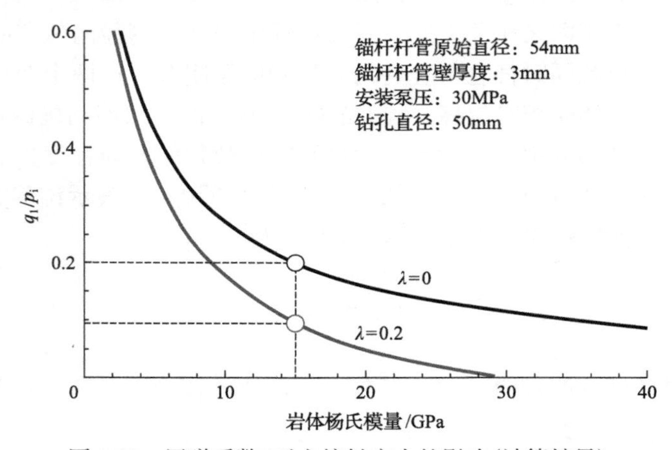

图 4.33　回弹系数λ对主接触应力的影响(计算结果)

表 4.1　计算中有关参数的数据

水胀式锚杆	杆管原始直径(D_0)/mm	54
	锚杆剖面直径(d_0)/mm	36
	杆管壁厚度(t)/mm	3
	杆管折叠部分开口宽度(b)/mm	5
锚杆钢材	杨氏模量(E_s)/GPa	210
	泊松比(ν_s)	0.2
岩体	杨氏模量(E_r)	—
	泊松比(ν_r)	0.25
锚杆安装参数	锚杆折叠杆管张开所需泵压力(p_{p0})/MPa	14
	水泵压力(p_{pm})/MPa	30
	孔壁压力[$p_i=(p_{pm}-p_{p0})$]/MPa	16
回弹系数λ		0～1

在两个不同直径的钻孔中安装水胀式锚杆，主接触应力随岩体杨氏模量变化的计算结果如图 4.34 所示。理论上讲，锚杆杆管的径向刚度随钻孔孔径的增大而增大，孔壁上主接触应力也随之增大。但是必须指出，实际工程中过大的钻孔有导致主接触应力降为零的风险。例如，在软岩中，凹凸不平的钻孔孔壁会在锚杆安装过程中被压平，如果在这种岩体中锚杆钻孔直径与锚杆杆管原始直径相近的话，锚杆安装后钻孔可能会变得过大，从而导致主接触应力很低或者干脆为零。

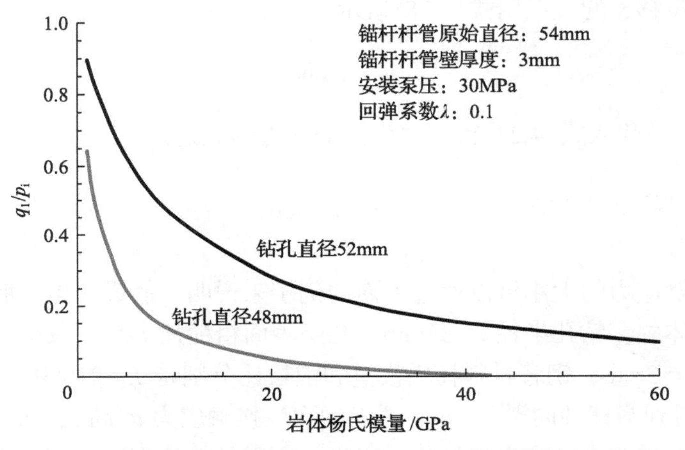

图 4.34　钻孔直径对主接触应力的影响(计算结果)

使用两种不同泵压安装水胀式锚杆时，孔壁上的主接触应力的计算结果如图 4.35 所示，主接触应力随安装泵压的增大而增大。需要注意，安装泵压不宜过高，泵压过高有可能会造成钻孔张性劈裂。

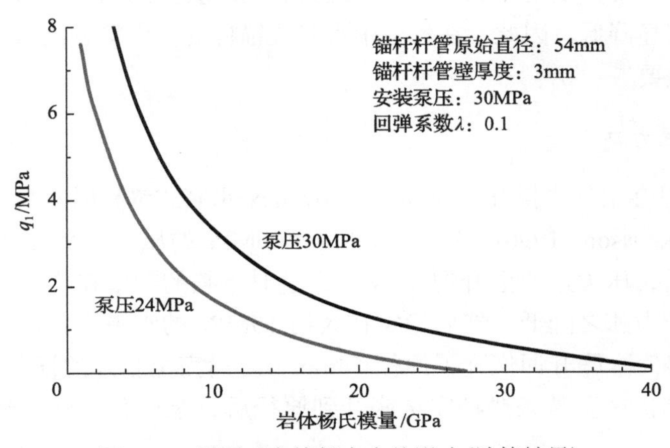

图 4.35　泵压对主接触应力的影响(计算结果)

2. 次生接触应力

锚杆钻孔表面是粗糙不平的，除了锚杆与孔壁岩石界面的摩擦外，锚杆还通过机械咬合与孔壁岩石结合。在安装过程中，锚杆管在高压水作用下向外膨胀发生塑性变形，钢管被紧紧地压到粗糙的孔壁上。当锚杆沿孔壁轴向滑动时，锚杆杆管被岩石凸点挤压发生径向收缩。岩石凸点挤压在锚杆与岩石界面诱发次生接触应力 q_2。i 代表孔壁的平均粗糙角，岩石凸点挤压引起的杆管径向收缩位移 u_i 与轴向滑移位移 x 的关系用式(4.28)表示

$$u_{\mathrm{i}} = x \tan i \tag{4.28}$$

把式(4.28)代入式(4.24)得到次生接触应力的表达式

$$q_2 = \frac{x}{r_{\mathrm{i}}} K_{\mathrm{b}} \tan i \tag{4.29}$$

次生接触应力的大小可以通过下面的例子来说明。假设一根水胀式锚杆安装在坚硬的岩体中，钻孔半径 r_i=25mm，孔壁表面粗糙角 i=5°，其他相关参数分别是锚杆管厚 t=3mm，钢管材料杨氏模量和泊松比分别是 E_s=210GPa 和 ν_s=0.2。根据式(4.29)得到锚杆轴向滑移 1mm 诱发的次生接触应力 q_2 高达 10.5MPa。实际情况可能不会有如此高的次生接触应力产生，原因是在达到这个应力水平之前锚杆管壁可能就已经在岩石凸点的挤压下发生塑性屈服了。一般来说，在硬岩中安装的水胀式锚杆的次生接触应力会远远高于主接触应力。在上面的例子中，假定锚杆滑动过程中孔壁上的岩石凸点不会遭受破坏。这个假设在硬岩中是可以接受的，但是在软岩中，锚杆安装完成后孔壁上的岩石凸点会受到损伤，从而导致孔壁表面的粗糙度明显降低。因此，在软岩中水胀式锚杆的次生接触应力很低，远没有主接触应力重要。

3. 孔壁压力 p_i

图 4.36 是在空气中撑开一根 4m 长 Swellex 水胀式锚杆时水泵压力随时间变化的曲线(Håkansson，1996)。开泵后，在大约 6MPa 的压力下水被泵入锚杆管内。管内充满水后，压力迅速上升到 20MPa，这时折叠的管壁在锚杆中间某个位置开始鼓胀，压力随之降低，然后稳定在大约 15MPa 的水平上，这时首先鼓胀的那段杆管已经完全胀开回恢到了原径 54mm，之后完全胀开的杆段在 15MPa 的压力下向两端扩展。整条锚杆完全胀开到原径后，泵压急剧升高到设定的安装泵压 p_{pm}。

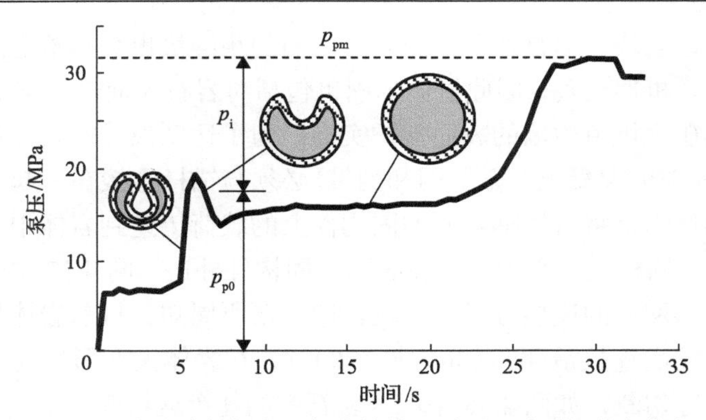

图 4.36　长 4m 的 Swellex 水胀式锚杆在空气中被撑开时泵压随时间的变化(Håkansson，1996)

安装水胀式锚杆的钻孔直径必须小于锚杆杆管的原始直径，以便安装完成后折叠的杆管在钻孔内只会部分展开。用 p_{p0} 表示将杆管撑开至钻孔直径所需的水压力，p_{pm} 表示最大安装泵压力。在硬岩中安装压力不会造成钻孔岩石发生显著塑性变形，孔壁上的压力 p_i 等于 p_{pm} 和 p_{p0} 两个压力的差值，即 $p_i=p_{pm}-p_{p0}$，如图 4.36 所示。

4. 水胀式锚杆在软、硬岩体中的加固机理

如前所述，水胀式锚杆加固岩体是通过锚杆-岩石界面上的摩擦和机械互锁来实现的。锚杆–岩石界面上存在主、次两种接触应力，主接触应力决定摩擦力的大小，次生接触应力决定机械互锁的强弱。在软岩中，钻孔孔壁表面的岩石凸点会在安装压力下部分或者完全被压碎，锚杆-岩石界面的机械互锁作用会部分或者完全消失。因此，在极软岩体中锚杆的锚固能力主要取决于锚杆-岩石界面上的摩擦力。但是在硬岩中，孔壁表面的岩石凸点强度高，在安装压力下它们本身不但不会严重受损而且还会使锚杆杆管表面局部塑性变形，结果安装完成后锚杆表面会与钻孔孔壁凸点紧密咬合在一起。由于这种紧密配合，机械互锁对锚杆在硬岩中的锚固力起重要作用。如图 4.34 所示，在硬岩中(杨氏模量高)，水胀式锚杆的主接触应力很低甚至为零，因此，在坚硬岩体中水胀式锚杆的锚固力主要(甚至是完全)取决于锚杆-岩石界面的机械互锁。一般来说，水胀式锚杆的拉拔阻力由锚杆-岩石界面处的接触正应力($q=q_1+q_2$)决定。软岩中的接触应力以主接触应力 q_1 为主，硬岩中的接触应力以次生接触应力 q_2 为主。在硬岩中安装水胀式锚杆时，钻孔孔壁表面一定要粗糙，使用冲击钻钻孔能够达到这一目的。

4.4　锚杆与其他加固构件的连接

在地下空间开挖中，锚杆对阻止岩块掉落起着重要作用。锚杆主要是从内部

加固大块的松动岩块，但是地下空间岩石表面的小碎块也会掉落危及现场工作人员的安全和损伤机器设备，因此岩体加固也包括对岩石表面进行支护。图 4.37 是一个深部金属矿山坑道边墙的表面支护实例。为了达到最佳的岩体加固效果，表面加固构件(如喷射混凝土、金属网和网带)必须与锚杆连接在一起。锚杆在岩体加固系统中的作用是将岩体临空面加固构件上的载荷传递到岩体中。为了有效地实现载荷传递，锚杆托盘必须放置在表面加固构件外边。图 4.37 中的锚杆与金属网、网带和方形网垫的连接方式就比较合理。众所周知，目前岩体加固系统中锚杆与金属网之间的连接最薄弱(Simser，2007)，在岩体大变形情况下，金属网有可能被托盘边缘切断，如图 4.38 中沉入岩石中的托盘就切断了下面的金属网丝。在金属网上面再覆盖网带可以显著改善锚杆与金属网的连接强度。网带比金属网结实得多，能在严酷的地质条件下仍然发挥作用。煤矿通常使用传统钢带加强表面支护，钢带由薄钢片制成，钢带上冲出等距离的孔用于跟锚杆连接，如图 4.39 所示。实践中发现，由于锚杆间距很难与钢带上的孔距匹配，常常出现钢带不能跟锚杆合理连接的情况。使用直径 8～10mm 的钢筋制成的网带可以克服网带与锚杆不能合理匹配的问题。在加拿大的金属矿山中，方格状焊接金属网被广泛应用于支护挤压性岩体。

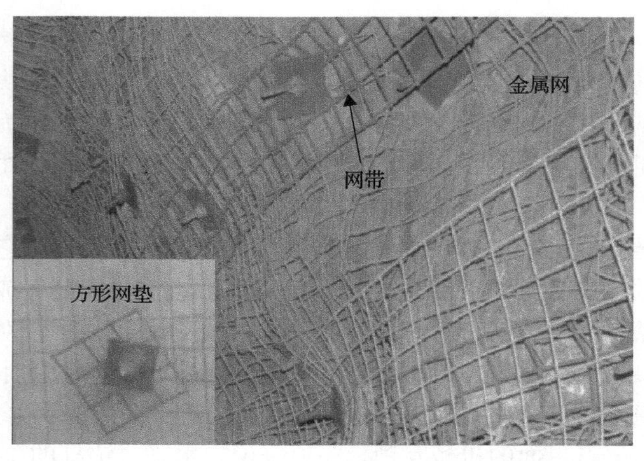

图 4.37　锚杆、金属网、网带和方形网垫之间的连接

在质量差的岩体中，特别是在通过岩体软弱带时，通常用跟锚杆相连的钢筋带支护岩石表面。图 4.40 是挪威交通隧道和公路边坡通过软弱带时常用的岩体加固方法(NFF，2004)。支护用的钢筋带由两根 10mm 直径的钢筋焊接而成，两根钢筋间距大约 5cm，沿长度每隔 20～30cm 交叉焊接在一起。把钢筋带覆盖在软弱带上，然后连接到软弱带两侧的锚杆上。

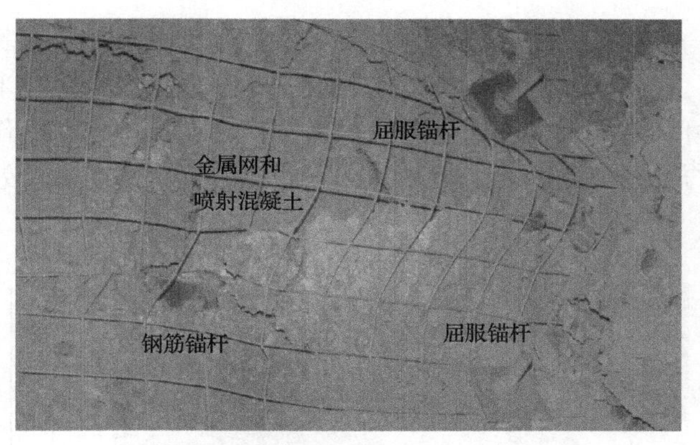

图 4.38　锚杆和金属网之间的连接薄弱

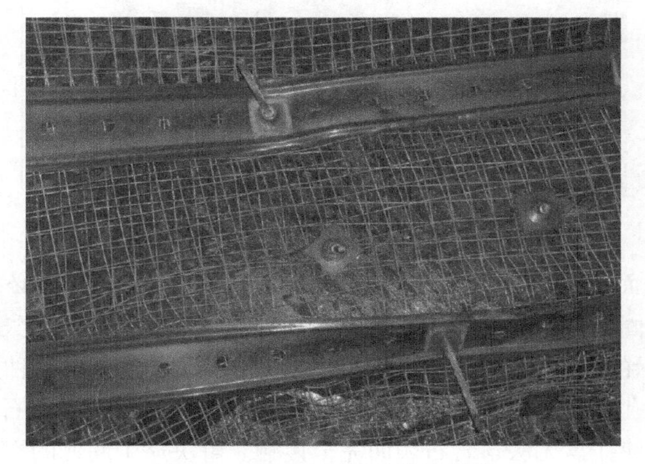

图 4.39　煤矿中使用的传统钢带

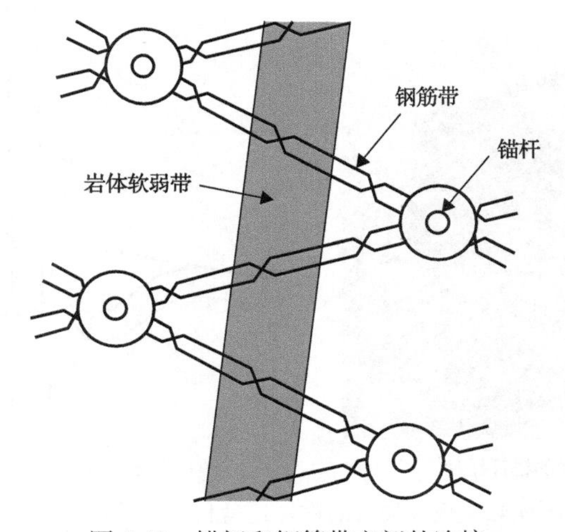

图 4.40　锚杆和钢筋带之间的连接

在南非的一些深矿井中，在喷射混凝土层和金属网上边再加装钢缆，进一步加强表面支护，如图 4.41 所示。钢缆铺设在金属网表面，每隔几米就用吊环锚杆挂起，吊环锚杆通常比较短，用膨胀壳机械锁定在钻孔中，它的作用仅仅是把钢缆吊起。根据 Ortlepp(1992)的现场观察，严重岩爆时钢缆能够有效地防止破碎岩体突出。

图 4.41　南非深矿巷道中使用的钢缆表面支护

锚杆和表面加固构件之间的连接是通过托盘实现的。托盘必须足够坚固才能够把表面加固构件上的载荷传递给锚杆。现场观察到，托盘的失效形式经常是图 4.42(a)所示的螺母贯穿托盘孔。减小托盘孔直径可以减少这种形式的托盘失效，但是托盘孔减小后会带来另一种风险——当钻孔不垂直于岩石表面又使用平面托盘时，会使托盘无法与岩石表面完全接触。解决这个问题的方案之一是使用

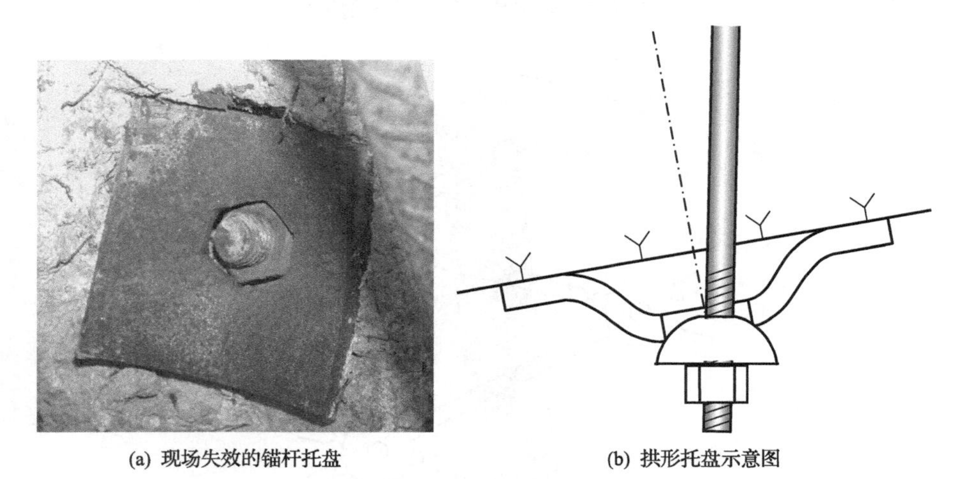

(a) 现场失效的锚杆托盘　　(b) 拱形托盘示意图

图 4.42　现场失效的锚杆托盘和拱形托盘示意图

如图 4.42(b)所示的拱形托盘。使用拱形托盘既可以减少螺母贯穿托盘孔的问题，又可以保证托盘能与岩石表面均衡接触。使用球形座可便于托盘调整角度，使其能与岩石表面紧密接触。

钢筋锚杆的杆头部分是一段螺杆，通过螺杆和螺母把托盘连接到锚杆上。钢筋锚杆螺杆的抗拉强度大约是锚杆杆段强度的 75%～80%(Li，2007)。例如，由 500C 钢制成的 20mm 直径的钢筋锚杆 M20 螺杆的最大承载力是 160kN，但是钢筋锚杆杆体的最大承载力是 200kN。由于这个原因，在挤压性大变形岩体中，经常看到钢筋锚杆在螺杆处断裂。图 4.43 给出了几个钢筋锚杆的螺杆断裂的例子。

图 4.43　现场观察到的断裂螺杆

喷射混凝土被广泛应用于矿山和民用隧道的围岩加固，如图 4.44 所示。使用喷射混凝土加固岩体的合适方法是使喷射混凝土层能与锚杆产生黏结，以便喷射混凝土上的载荷能传递到锚杆上。为实现这个功能，锚杆托盘必须安装在混凝土层的外表面。图 4.44 中巷道壁上的混凝土是分两次喷射的，锚杆安装在第一层喷射(约 6cm 厚)之后，锚杆托盘夹在两层中间。从图 4.44 中可以看到，混凝土层与岩石表面分离，如果没有锚杆托盘的约束，混凝土层可能就脱落了。混凝土层的挠曲变形在锚杆托盘边缘产生弯矩，导致托盘下的第一层喷射混凝土断裂，断裂面沿锚杆托盘周围呈圆锥形，锥角为 100°～120°。喷射混凝土中添加了钢纤维，钢纤维能有效提高混凝土韧性，但是对提高混凝土强度不明显，所以断裂是难以避免的。出现裂缝后，混凝土层与锚杆之间的载荷传递通过横跨裂缝的钢纤维实现。在喷射混凝土层表面覆盖金属网，既能提高表面支护能力，又能加强表面加固构件与锚杆的连接。瑞典基律纳矿山就采用了这种岩体支护方法(Malmgren et al.，2014)。该矿山地下巷道围岩的加固系统由 100mm 厚的钢纤维喷射混凝土覆盖在表面的金属网组成。这种加固系统比内嵌金属网喷射混凝土能承受更大的挠曲变形。图 4.45 是普通钢纤维喷射混凝土、内嵌金属网钢纤维喷射混凝土和外置金属网钢纤维喷射混凝土(即金属网覆盖在喷射混凝土层外表面)的室内挠曲试验结果(Swedberg et al.，2014)。钢纤维喷射混凝土板的残余强度在挠曲位移约 80mm

后持续下降直至零。内嵌金属网钢纤维喷射混凝土板的残余强度保持在比峰值强度稍低的水平，直到挠曲位移达到 80mm，这时内嵌的金属网可能断裂，之后，它很快就失去了承载能力。外置金属网钢纤维喷射混凝土板的残余强度低于内嵌金属网钢纤维喷射混凝土板的残余强度，但是它的变形能力较强，它挠曲位移 80mm 后，能在比较高的载荷下继续变形。

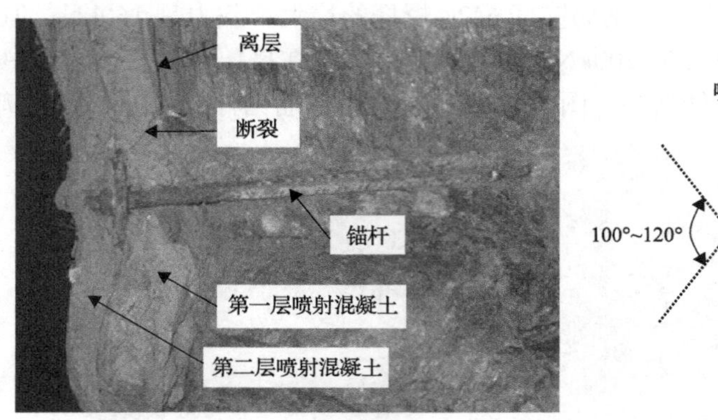

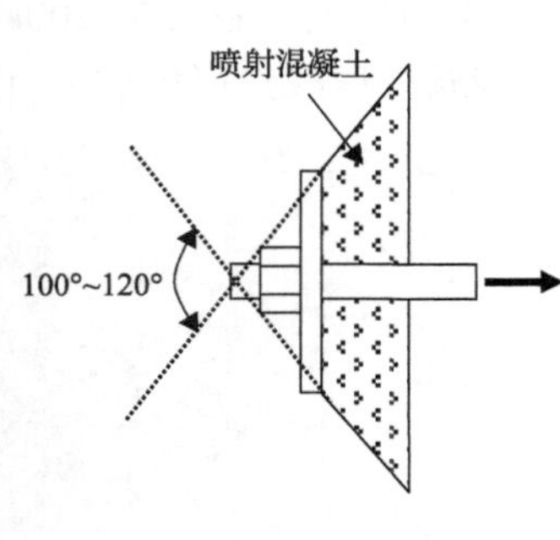

图 4.44　锚杆和喷射混凝土层之间的连接

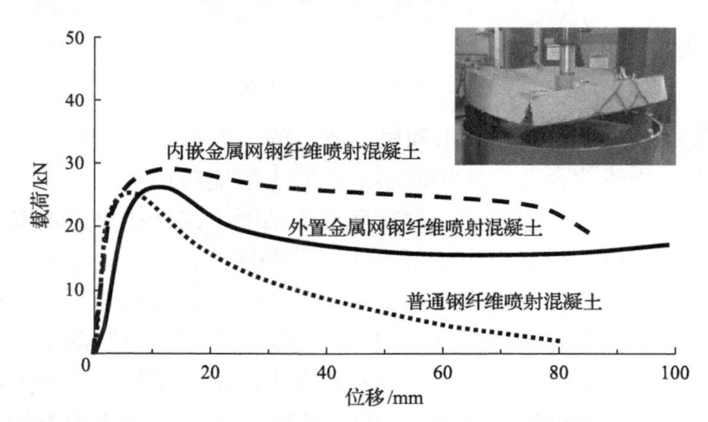

图 4.45　不同加固条件下 75mm 厚喷射混凝土板的弯曲试验结果（Swedberg et al.，2014）

在民用地下岩体工程中，通常构筑喷射混凝土拱来加固不稳定的围岩，如图 4.46(a)所示。拱间距取决于岩体质量，但一般不小于 1m，不大于隧道跨度，当拱间距大于隧道跨度时，拱之间的互助效应就消失了。为了达到令人满意的加固效果，拱必须与锚杆相连。图 4.46(b)是挪威隧道加固岩体使用的构筑喷射混凝土拱方法。在将要建造喷射混凝土拱的剖面上，先将钢筋横杆捆绑到锚杆上，沿剖面轮廓线铺设数根细钢筋，钢筋捆绑到横杆上。之后，喷射混凝土，直到横杆和细钢筋被混凝土覆盖。拱中锚杆的作用一是在喷射混凝土凝固前对其支撑，二是混凝土凝固后将拱上的载荷传递到岩体中。

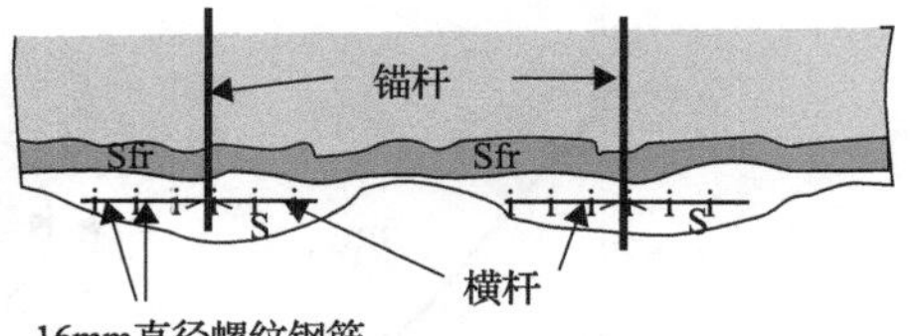

(b) 民用隧道喷射混凝土拱构筑原理 (NFF, 2004)

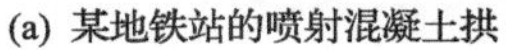

(a) 某地铁站的喷射混凝土拱

(c) 某地下矿山巷道的筑拱锚杆的设计形式

图 4.46　挪威隧道喷射混凝土拱支护形式

Sfr-钢纤维喷射混凝土；S-钢筋

在矿山中，喷射混凝土拱的施工方法通常比民用隧道中简单得多，但也要求拱与锚杆相连。图 4.46(c)是某地下矿山巷道的筑拱锚杆的设计形式。沿拱剖面中线安装密集排列的锚杆，锚杆从钻孔中伸出 20～30cm，外伸杆段装两个托盘，两个托盘用一短管隔开。喷射混凝土浆要完全覆盖外伸锚杆段。

4.5　岩体加固原理

4.5.1　围岩响应曲线和加固特征曲线

岩体开始变形才能真正启动加固构件的加固功能。假设在一个无穷大的均质、各向同性的岩体中开挖一个圆形隧道，p_0 代表岩体的远场应力，p_i 代表施加在隧道岩石表面上的支护压力。隧道开挖后如果立即在岩石表面上施加等同于远场应力的支护压力，即 $p_i=p_0$，隧道壁的径向位移应等于零。当支护压力降低时，围岩就向空区移动；支护压力越小，隧道壁径向位移越大。径向位移与支护压力的关系就是围岩的响应曲线(GRC)。GRC 如图 4.47 所示，曲线的特征是上部呈线性，下部呈非线性。支护压力足够高时，围岩仅仅发生弹性松弛，因此上部曲线呈线性。当支护压力低于某一阈值后，围岩开始发生破坏，从而产生非线性径向位移。在质量较好的岩体中，支护压力降至零后，隧道壁可能仅仅发生位移，而不会发生失稳现象，图 4.47 中 GRC 细线就代表这一状况。在质量较差的岩体中，隧道围岩破碎区中的岩石可能会极度破碎，岩块在重力作用下垮落。当这种情况出现时，加固构件上的压力会随着位移的增加而升高，对应的 GRC 变成图中粗线所示的情形。

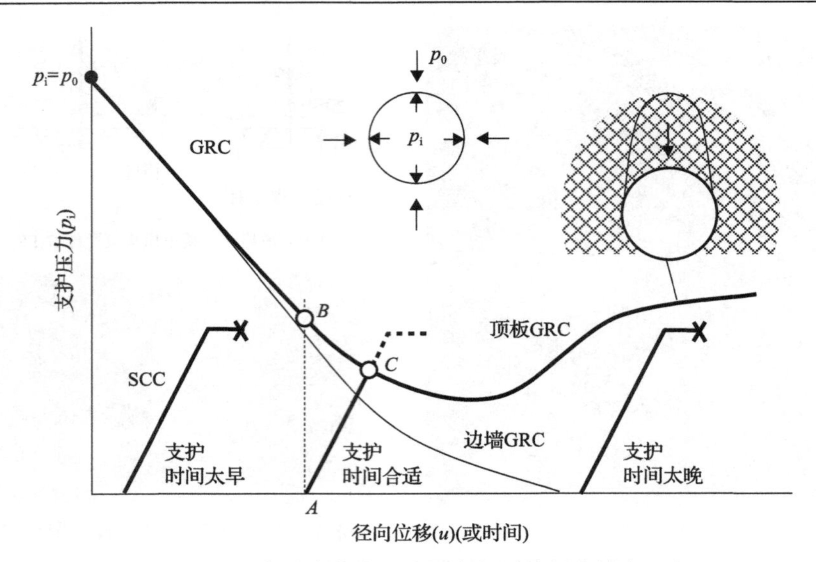

图 4.47　围岩响应曲线(GRC)和加固特征曲线(SCC)

地下空间一经开挖就会立即发生一定量的变形。空间开挖后安装的加固构件开始只有预紧力，只有当围岩进一步变形时加固构件上的支护力才会增大，围岩位移越大，加固构件上的力越大。图 4.47 中的加固特征曲线(SCC)表示加固构件上的支撑力随围岩位移的变化情况。图中 A 点代表安装加固构件时围岩已经发生的位移，如果想阻止围岩继续位移就要在新开挖的临空面上施加 GRC 上 B 点的支护压力。由于加固构件安装之初其支护力几乎为零，围岩会继续位移，岩体响应沿 GRC 从 B 点向下移动。随着围岩位移增加，加固构件上的力沿 SCC 加固特征线增加，最后两条曲线在 C 点交汇。在 C 点，阻止临空面继续位移所需要的支护力恰好等于加固构件上的力，这时加固系统中的最终支护力形成，岩体停止位移。由图 4.47 可见，平衡点 C 处的载荷小于加固构件的最大承载力，这表示加固构件的安装时间合适。如果加固构件安装过早，就会出现围岩变形施加到加固构件上的力大于其承载力的情况，这时加固构件就会过早失效。另一种情况是，在破碎岩体中如果加固构件安装太晚，加固并不能有效地防止顶板冒落。

隧道掘进过程中隧道壁径向位移变化，如图 4.48 中的纵向位移曲线所示，给定剖面的位移随掌子面向前推进逐渐增大。现场测量和数值模拟表明，掌子面前方岩体中大约 1 倍隧道直径范围内的围岩已经开始发生位移。取决于岩体质量的好坏，围岩径向位移在掌子面处大约是最终位移 u_0 的 20%～30%，它随着至掌子面的距离的增加而增大，在 2～3 倍隧道直径处达到最终位移 u_0。沿隧道长度方向的围岩径向位移分布称为隧道纵向位移剖面曲线(LDP)。径向位移之所以与到掌子面的距离有关，是因为掌子面对围岩有支护作用。在二维分析中，掌子面对围岩变形的约束相当于在隧道壁上施加支护压力 p_i。假设在掌子面前方 1 倍隧道直径处支护压力等于岩体远场地应力 p_0，向隧道空区方向支护力逐渐减小，在掌子面后方 2～3 倍隧道直径处降至零。图 4.49 是 LDP 与 GRC 的关系图，借助此图，可以确定安装永久岩体加固构件的位置距掌子面的距离应该是多少。

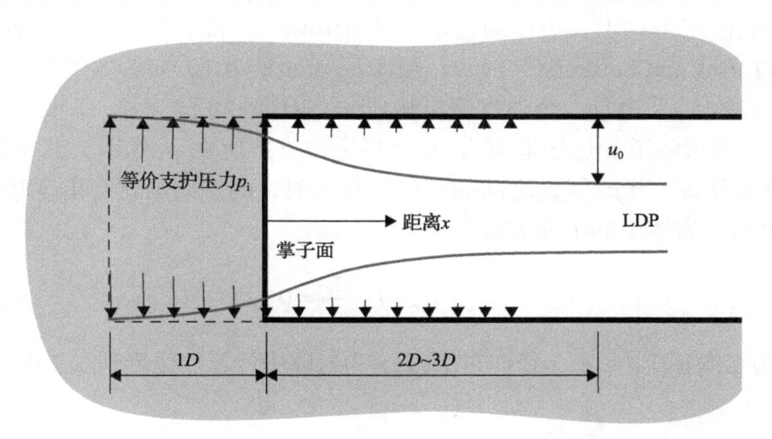

图 4.48　沿隧道长度方向的隧道壁径向位移分布图

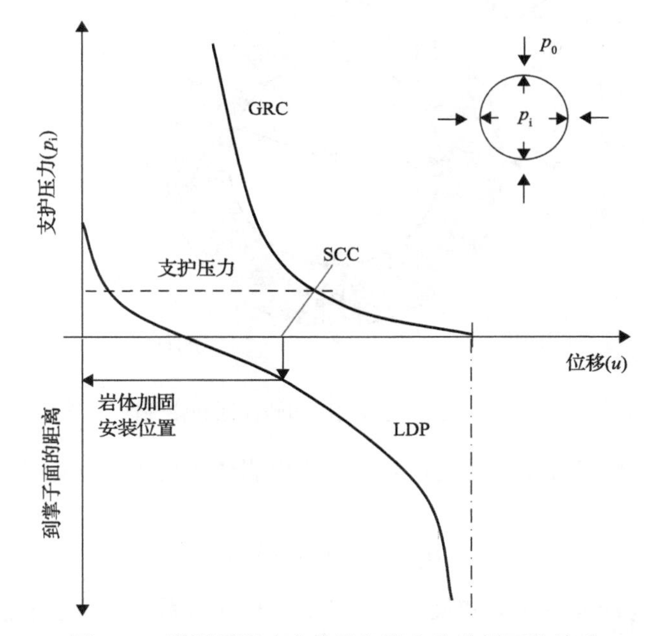

图 4.49　隧道围岩响应曲线和纵向位移剖面的关系

GRC 的概念在 20 世纪中叶已经被隧道工程师认可。Mohr 在 1957 年就说过："如果允许岩体少量变形，作用在(隧道)衬砌上的力就会小些"（Kovari，1994）。至少在 20 世纪 60 年代，GRC 概念已经开始应用于隧道建设中(Golser，1978)，并在现代地下岩体空间加固设计中被广泛接受(Verman et al.，1995；Carranza-Torres and Fairhurst，2000；Panet et al.，2001；Oreste，2003）。

4.5.2 基于岩体破坏准则建立的围岩响应曲线

在某些假定条件下，可以通过解析法(Brown et al.，1983；Kovari，1998；Carranza-Torres and Fairhurst，1999；Alejano et al.，2010)或者数值模拟来建立圆形隧道的 GRC。下面是一个通过解析法建立 GRC 的例子。

假设一圆形隧道受远场地应力 p_0 和隧道内支护压力 p_i 作用，其中地应力 p_0 大于支护压力 p_i。当 p_0 与 p_i 之间的差值足够大时，硐室周围就会出现塑性区，如图 4.50 所示。岩体中的平衡方程如下

$$\sigma_t - \sigma_r - r\frac{\partial \sigma_r}{\partial r} = 0 \tag{4.30}$$

式中，σ_t 为切向正应力；σ_r 为径向正应力；r 为岩体中计算点位置到隧道中心的距离。

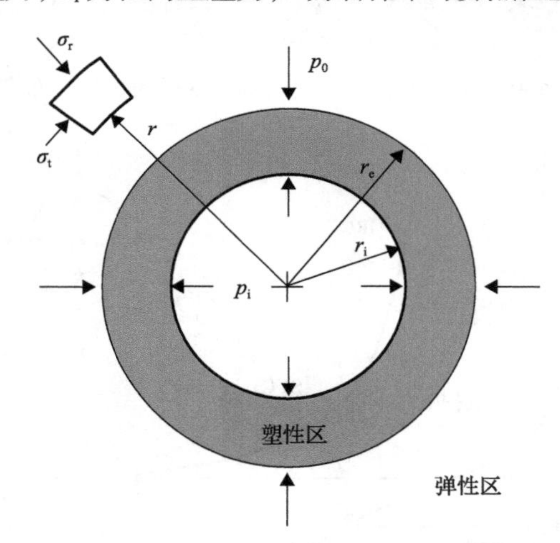

图 4.50 圆形隧道周围的塑性区和弹性区

塑性区的大小与岩体本构关系有关。假设岩体本构关系遵循莫尔-库仑准则，表达为

$$\sigma_1 = k\sigma_3 + (k-1)a \tag{4.31}$$

式中，σ_1 和 σ_3 为最大主应力和最小主应力；k 和 a 为系数，分别表达为

$$k = \frac{1+\sin\phi}{1-\sin\phi} \tag{4.32}$$

$$a = \frac{c}{\tan\phi} \tag{4.33}$$

式中，c 和ϕ分别为岩体的内聚力和内摩擦角，它们决定岩体的峰值强度。岩体破坏后的残余强度通常低于峰值强度，因此残余内聚力和残余内摩擦角（c_r 和ϕ_r）均低于对应峰值强度的内聚力和内摩擦角。图 4.51 说明对应峰值和残余强度的内聚力和内摩擦角的定义。

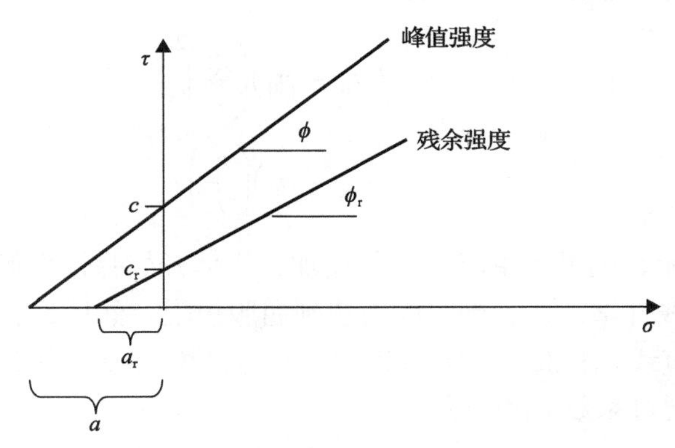

图 4.51　峰值强度和残余强度参数

在塑性区，莫尔-库仑准则改变为

$$\sigma_t = k_r\sigma_r + (k_r - 1)a_r \tag{4.34}$$

式中，k_r 和 a_r 为将残余内聚力 c_r 和残余内摩擦角ϕ_r 代入式（4.32）和式（4.33）得到的系数，其值表达为

$$k_r = \frac{1+\sin\phi_r}{1-\sin\phi_r} \tag{4.35}$$

$$a_r = \frac{c_r}{\tan\phi_r} \tag{4.36}$$

联合式（4.32）和式（4.34）得到塑性区的径向应力和切向应力为

$$\begin{aligned} \sigma_r &= (p_i + a_r)\left(\frac{r_i}{r}\right)^{k_r-1} - a_r \\ \sigma_t &= (p_i + a_r)k_r\left(\frac{r_i}{r}\right)^{k_r-1} - a_r \end{aligned} \tag{4.37}$$

弹-塑性区边界半径 r_e 由式（4.38）确定

$$\frac{r_e}{r_i} = \left(\frac{\sigma_{re} + a_r}{p_i + a_r}\right)^{\frac{1}{k_r-1}} \tag{4.38}$$

式中，σ_{re} 为弹-塑性边界上的径向应力，表达为

$$\sigma_{re} = \frac{2}{k+1}(p_0 + a) - a \tag{4.39}$$

塑性区的径向应力和切向应力分别表达为

$$\begin{aligned} \sigma_r &= p_0 + (\sigma_{re} - p_0)\left(\frac{r_e}{r}\right)^2 \\ \sigma_t &= p_0 - (\sigma_{re} - p_0)\left(\frac{r_e}{r}\right)^2 \end{aligned} \tag{4.40}$$

如图 4.52 所示，随最大主应力σ_1的增加，岩体开始弹性变形。最小主应变ε_3随最大主应变ε_1线性增加，直到主应力达到屈服极限。然后，岩体体积膨胀，ε_3偏离初始的弹性直线。让 $d\varepsilon_1$ 和 $d\varepsilon_3$ 分别代表塑性区中的最大应变增量和最小应变增量，它们之间通过系数f相联系

$$\frac{d\varepsilon_3}{d\varepsilon_1} = -f \tag{4.41}$$

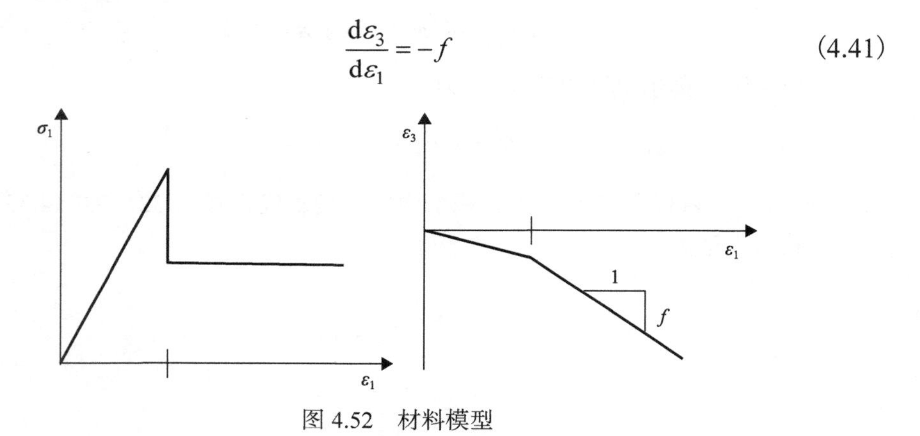

图 4.52　材料模型

根据 Stille 等(1989)的研究，系数f与材料的内摩擦角和膨胀角有如下关系

$$f = \frac{\tan\left(\frac{\pi}{4} + \frac{\phi}{2}\right)}{\tan\left(\frac{\pi}{4} + \frac{\phi}{2} - \psi\right)} \tag{4.42}$$

假设塑性区的弹性位移是常数，等于弹-塑性边界处的弹性位移，然后得到

$$\begin{aligned} d\varepsilon_1 &= d\varepsilon_r = -\left(\varepsilon_{r,e} + \frac{u}{r}\right) \\ d\varepsilon_3 &= d\varepsilon_t = -\left(\varepsilon_{t,e} + \frac{du}{dr}\right) \end{aligned} \tag{4.43}$$

式中，$\varepsilon_{\mathrm{r,e}}$和$\varepsilon_{\mathrm{t,e}}$分别为弹-塑性边界处的径向应变和切向应变。将式(4.43)代入式(4.41)得到

$$\frac{\mathrm{d}u}{\mathrm{d}r}+f\frac{u}{r}+f\varepsilon_{\mathrm{r,e}}+\varepsilon_{\mathrm{t,e}}=0 \tag{4.44}$$

由式(4.44)得到塑性区内的径向位移为

$$u=-\frac{1+\nu}{E}\frac{1}{1+f}\left[2\left(\frac{r_{\mathrm{e}}}{r}\right)^{1+f}+f-1\right](p_0-\sigma_{\mathrm{re}})r \tag{4.45}$$

将 $r=r_{\mathrm{i}}$ 代入式(4.45)得到隧道壁的径向位移为

$$u_{\mathrm{i}}=-\frac{1+\nu}{E}\frac{1}{1+f}\left[2\left(\frac{r_{\mathrm{e}}}{r_{\mathrm{i}}}\right)^{1+f}+f-1\right](p_0-\sigma_{\mathrm{re}})r_{\mathrm{i}} \tag{4.46}$$

当 $r_{\mathrm{e}}=r_{\mathrm{i}}$ 和 $f=1$ 时，从式(4.46)得到 $p_{\mathrm{i}}=\sigma_{\mathrm{re}}$ 时隧道壁的最大弹性位移是

$$u_{\mathrm{ie}}=-\frac{1+\nu}{E}(p_0-\sigma_{\mathrm{re}})r_{\mathrm{i}} \tag{4.47}$$

通过以下流程的计算，就可以建立起隧道围岩的响应曲线 GRC。

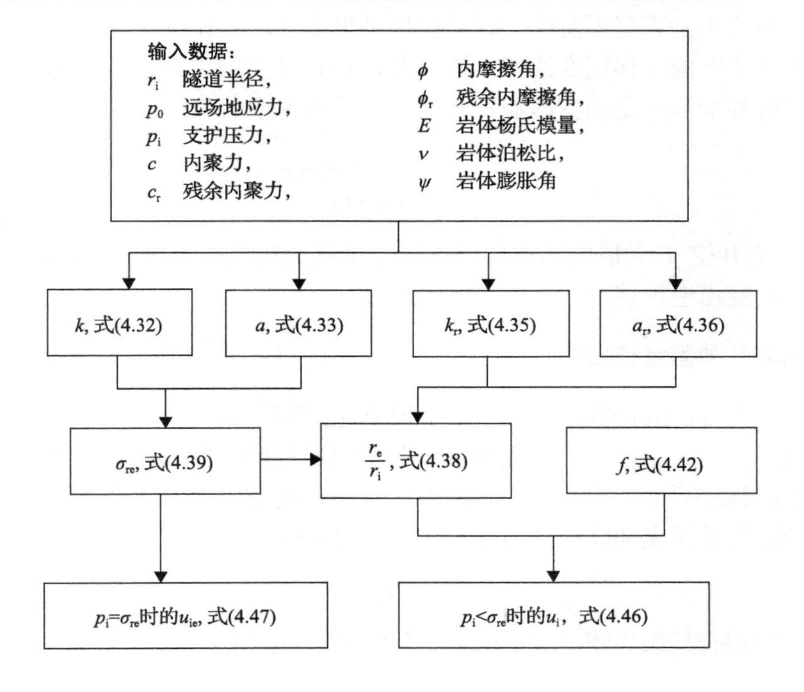

以下是一个按照上面流程计算的隧道围岩响应曲线例子。假设隧道直径 8m，岩体力学性质与地应力值示于图 4.53 的表格中。表中没有直接给出岩体的内聚力，但是它可以由单轴抗压强度和内摩擦角根据莫尔-库仑准则算出。用表中数据按照上述计算流程得到的隧道围岩响应曲线示于图 4.53 中。

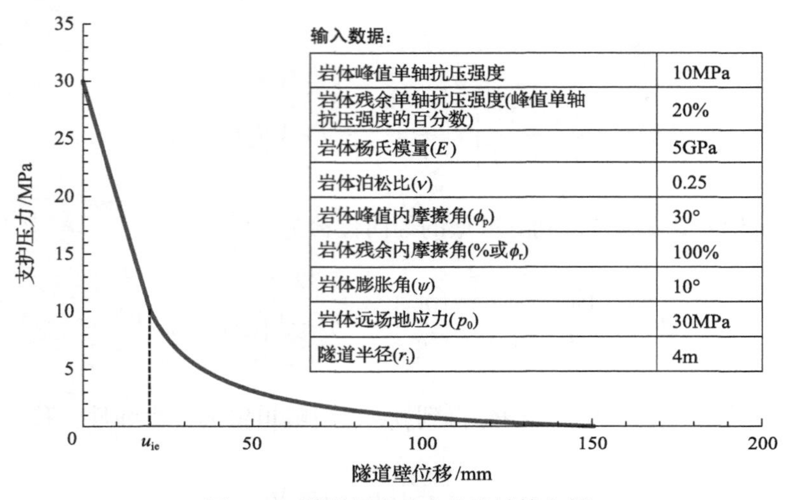

图 4.53　隧道围岩响应曲线计算案例

软岩通常表现出随时间蠕变的特性，特别是在地应力较高的情况下。这种围岩的响应曲线不是固定不变的，而是随时间变化的，如图 4.54 所示。假设 V 代表支护力等于零时的位移蠕变速度，单位为 mm/d，T 为隧道开挖后的时间，单位为天。假设弹性变形不受蠕变影响，开挖 T 天后隧道壁的位移表示为

$$u_{\mathrm{i}}^{T}=u_{\mathrm{i}}+\frac{u_{\mathrm{i}}-u_{\mathrm{ie}}}{u_{\mathrm{i}0}-u_{\mathrm{ie}}}VT \tag{4.48}$$

式中，u_{i}^{T} 为开挖 T 天后的隧道壁位移；u_{ie} 为隧道壁的最大弹性位移；$u_{\mathrm{i}0}$ 为刚开挖后的瞬时隧道壁位移。

4.5.3　锚杆的加固特征曲线

岩体加固构件的特性由以下三个参数描述：刚度(k_{s})、最大承载力($P_{\max}$)和极限位移(u_{m})，如图 4.55 所示。刚度决定着当围岩变形时加固构件以多快的速度在岩体和加固构件界面上建立起支护阻力。最大承载力代表加固构件能承受的最大载荷，极限位移代表加固构件的变形能力。以锚杆为例，支护压力 p_{i} 表示为

$$p_{\mathrm{i}}=k_{\mathrm{b}}u \tag{4.49}$$

式中，k_{b} 为锚杆刚度，单位为 Pa/m；u 为锚杆安装后隧道壁的位移增量，单位为 m。

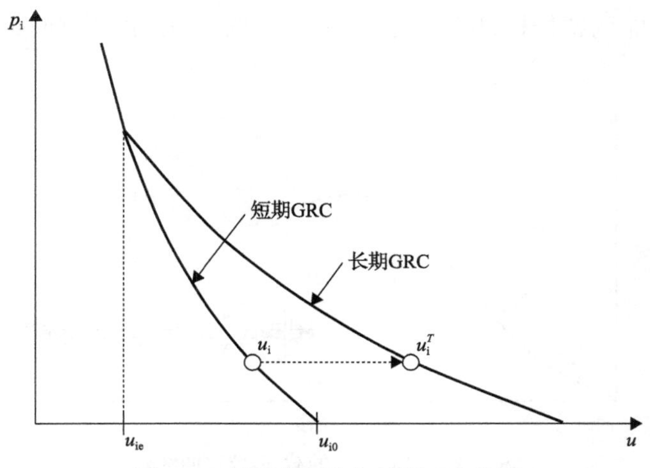

图 4.54　围岩的短期与长期响应曲线

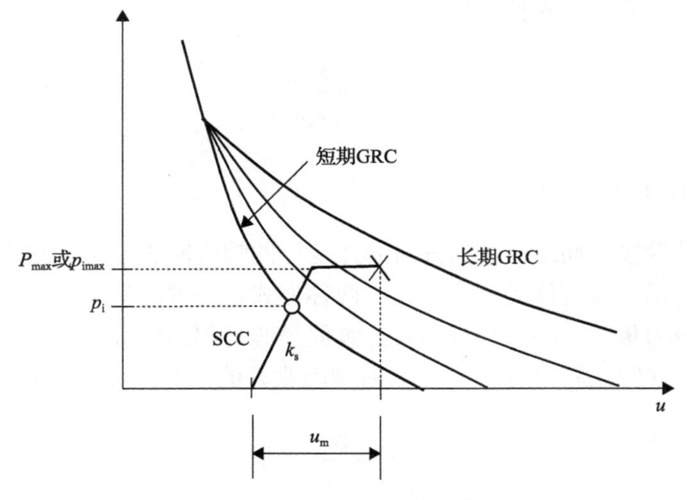

图 4.55　锚杆的加固特征曲线

1．两点锚固锚杆的刚度

基于托盘变形的非线性特点，两点锚固锚杆的载荷-位移曲线不是线性的(Stillborg，1994)。锚杆刚度可通过连接载荷-位移曲线原点和最大载荷点的割线估算，如图 4.56 所示。由割线计算的刚度表达式为

$$\frac{1}{k_b}=\left(\frac{u_{pm}}{P_{max}}+\frac{L}{\pi r_b^2 E_b}\right)s_c s_l \tag{4.50}$$

式中，u_{pm} 为锚杆托盘的最大位移；P_{max} 为锚杆的最大承载力；L 为锚杆长度；r_b

为锚杆半径；E_b 为锚杆材料的杨氏模量；s_c 为锚杆扇面内锚杆间距；s_l 为锚杆扇面排距。

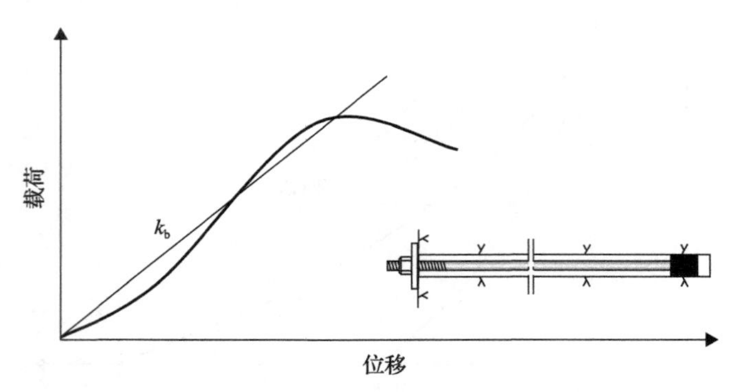

图 4.56 两点锚固锚杆的载荷-位移曲线示意图

锚杆能提供的最大支护力是

$$p_{\text{imax}}=\frac{P_{\max}}{s_c s_l} \tag{4.51}$$

2. 全长黏结砂浆锚杆的刚度

全长黏结砂浆钢筋或螺纹锚杆对岩体变形的响应取决于锚杆和岩体之间的耦合。原则上，锚杆与岩体的相互作用有两种方式：一种是岩石裂隙张开在锚杆局部位置产生应力集中，另一种是围岩连续但是非均匀的位移导致靠近钻孔孔口的锚杆段脱黏，如图 4.57 所示。对于岩石裂隙张开的情况，锚杆刚度表示为

$$\frac{1}{k_b}=\frac{\delta}{\pi r_b^2 E_b}s_c s_l \tag{4.52}$$

式中，δ为岩石裂隙初始开口宽度。裂隙宽度较小时，锚杆刚度很大，裂隙稍微张开，锚杆载荷就会迅速增长到屈服水平。

在脱黏的情况下，脱黏的锚杆段和托盘都会变形。锚杆刚度表示为

$$\frac{1}{k_b}=\left(\frac{u_{\text{pm}}}{P_s}+\frac{l}{\pi r_b^2 E_b}\right)s_c s_l \tag{4.53}$$

式中，l 为锚杆完全脱黏段长度；P_s 为锚杆的屈服载荷。

对于岩石裂隙张开的情况，全长黏结砂浆锚杆的最大承载力由锚杆杆体强度决定，但是对于脱黏的情况最大承载力由锚杆螺纹强度决定。

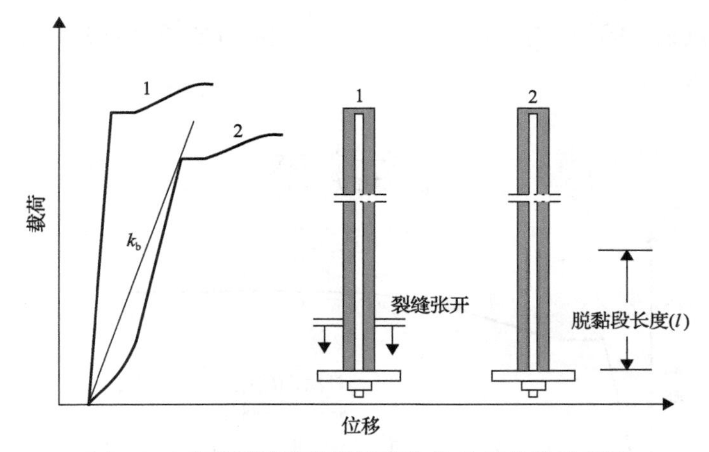

图 4.57　全长黏结砂浆锚杆的载荷-位移曲线示意图

3. 摩擦锚杆的刚度

摩擦锚杆的刚度取决于托盘的变形和滑移段的长度，如图 4.58 所示。锚杆刚度表示为

$$\frac{1}{k_{\mathrm{b}}}=\left(\frac{u_{\mathrm{pm}}}{P_{\max}}+\frac{l}{EA}\right)s_{\mathrm{c}}\cdot s_{1} \tag{4.54}$$

式中，l 为锚杆滑移段长度；A 为锚杆杆体横截面面积。锚杆的最大承载力等于锚杆摩擦力和锚杆最大拉伸载荷中较小的一个。

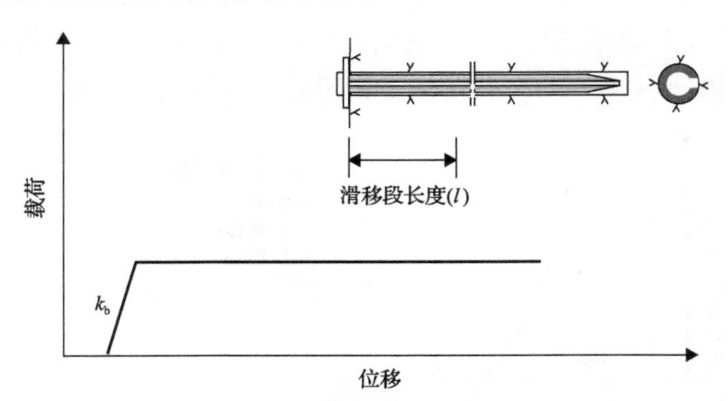

图 4.58　摩擦锚杆的载荷-位移曲线示意图

4. 吸能锚杆的刚度

对于两点锚固的吸能锚杆，使用式(4.50)估算锚杆刚度，但 L 不是锚杆的长度，而是从孔口到钻孔内锚点的长度。

对于多点锚固的 D 锚杆，刚度与锚固点之间的杆段长度有关，如图 4.59 所示，其刚度表示为

$$\frac{1}{k_\mathrm{b}} = \frac{l_\mathrm{seg}}{\pi r_\mathrm{b}^2 E_\mathrm{b}} s_\mathrm{c} s_1 \tag{4.55}$$

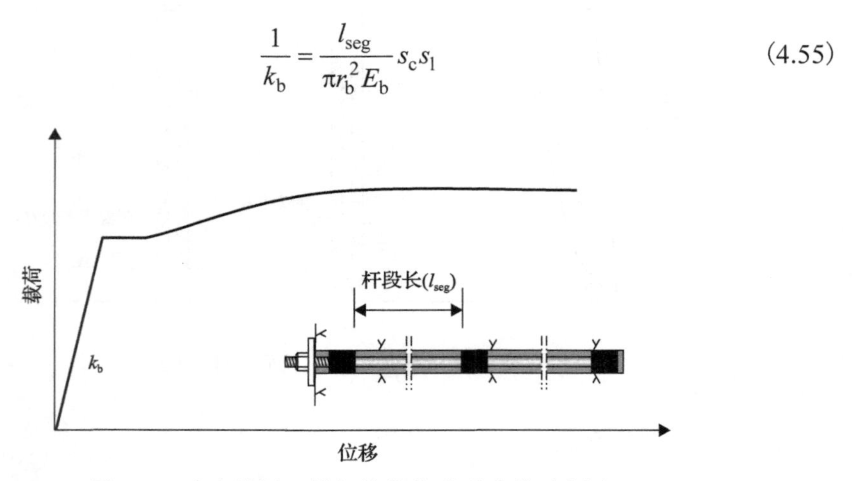

图 4.59　多点锚固 D 锚杆的载荷-位移曲线示意图

下面借助于图 4.60 对以上四种锚杆的岩体加固性能说明。假设四种锚杆在同一时刻安装在一蠕变岩体中。全长黏结锚杆(1)中的载荷将迅速增加，围岩微小收敛变形后锚杆中的力就超过其最大承载力，锚杆断裂失效。吸能锚杆(2)中的载荷以类似于全长黏结锚杆的速度迅速增加，但是当载荷超过屈服载荷时锚杆屈服与岩石一起变形，直到锚杆的加固特征曲线与围岩响应曲线相交，达到平衡。只要这时吸能锚杆的极限位移尚未达到，它就能继续抑制岩体的蠕变变形。机械锚杆(3)中的载荷比全长黏结锚杆中的载荷增长缓慢，因此它可以在失效前承受稍微大的位移。摩擦锚杆(4)在很低载荷水平下就屈服与岩石一起移动，直到经过很大位

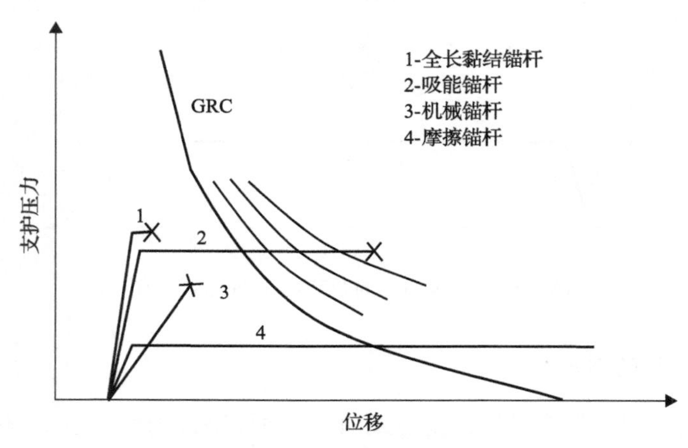

图 4.60　蠕变岩体中四种锚杆的加固性能

移后其加固特征曲线与围岩响应曲线相交，达到平衡。吸能锚杆和摩擦锚杆的加固特征曲线均能与围岩响应曲线相交，达到平衡，但是前者比后者更能有效地抑制岩体位移。

参 考 文 献

Alejano, L.R., Alonso, E., Rodriguez-Dono, A., Fernandez-Manin, G., 2010. Application of the convergence-confinement method to tunnels in rock masses exhibiting Hoek-Brown strain-softening behaviour. International Journal of Rock Mechanics and Mining Sciences 47, 150-160.

Björnfot, F., Stephansson, O., 1983. Interaction of grouted rock bolts and hard rock masses at variable loading in a test drift of the Kiirunavaara Mine, Sweden. In: Stephansson O, (Ed.), Proceedings of the International Symposium on Rock Bolting. Balkema, Rotterdam, pp. 377-395.

Brown, E.T., Bray, J.W., Ladanyi, B., Hoek, E., 1983. Ground response curves for rock tunnels. J Geotech Eng, 109 (15), 17-39.

Carranza-Torres, C., Fairhurst, C., 1999. The elasto-plastic response of underground excavations in rock masses that satisfy the Hoek±Brown failure criterion. International Journal of Rock Mechanics and Mining Sciences, 36, 777-809.

Carranza-Torres, C., Fairhurst, C., 2000. Application of the convergence-confinement method of tunnel design to rock masses that satisfy the Hoek-Brown failure criterion. Tunnelling and Underground Space Technology, 15 (2), 187-213.

Farmer, I.W., 1975. Stress distribution along a resin grouted rock anchor. International Journal of Rock Mechanics and Mining Sciences & Geomechanics Abstracts, 12, 347-351.

Golser, J., 1978. History and development of the new Austrian tunneling method. In: Shotcrete for Underground Support III pp. 1-7.

Håkansson, U., 1996. Expansion of Swellex in weak formations. Report, 16p.

Hobst, L., Zajic, J., 1977. Anchroing in Rock. Elsevier Scientific Publishing Company. Amsterdam.

Kovari, K., 1994. On the existence of the NATM: erroneous concepts behind the New Australian Tunnelling Method. Tunnel, 1, 16-25.

Kovari, K., 1998. Tunneling in squeezing rock. Tunnel 5, 12-31.

Lang, T.A., 1961. Theory and practice of rock bolting. Transactions of American Institute of Mining, Metallurgical and Petroleum Engineers, 220, 333-348.

Li, C.C., 2007. A practical problem with threaded rebar bolts in reinforcing largely deformed rock masses. Rock Mechanics and Rock Engineering, 40 (5), 519-524.

Li, C.C., 2010. A new energy-absorbing bolt for rock support in high stress rock masses. International Journal of Rock Mechanics and Mining Sciences, 47 (3), 396-404.

Li, C.C., 2012. Performance of D-Bolts under static loading. Rock mechanics and Rock Engineering, 45, 183-192.

Li, C.C., 2016. Analysis of inflatable rockbolts. Rock Mechanics and Rock Engineering 49, 273-289.

Li, C.C. Doucet, C., 2012. Performance of D-Bolts under dynamic loading. Rock mechanics and Rock Engineering, 45, 193-204.

Li, C.C., Kristjansson, G., Høien, A.H., 2016. Critical embedment length and bond strength of fully encapsulated rebar rockbolts. Tunnelling and Underground Space Technology, 59, 16-23.

Li, C., Stillborg, B., 1999. Analytical models for rockbolts. International Journal of Rock Mechanics and Mining Sciences, 36 (8): 1013-1029.

Li, C.C., Stjern, G., Myrvang, A., 2014. A review on the performance of conventional and energy-absorbing rockbolts. Journal of Rock Mechanics and Geotechnical Engineering, 6, 315-327.

Littlejohn, G.S., 1992. Rock anchorage practice in civil engineering. In: Kaiser, M. (Ed.), Proceeding of Symposium on Rock Support in Mining and Underground Construction. Balkema, Rotterdam, pp. 257-268.

Malmgren, L., Swedberg, E., Krekula, H., Woldemedhin, B., 2014. Ground support at LKAB's underground mines subjected to dynamic loads. In: Presentation at Ground Support Subjected to Dynamic Loading Workshop, 15 September 2014, Sudbury, Canada.

NFF (Norwegian Tunnelling Society), 2004. Norwegian Tunnelling. Publication No. 14.

Oreste, P.P., 2003. Analysis of structural interaction in tunnels using the convergence– confinement approach. Tunnelling and Underground Space Technology, 18, 347-363.

Ortlepp W.D. 1992. The design of support for the containment of rockburst damage in tunnels – an engineering approach. In: P.K. Kaiser, McCreath, D. (Eds.), Rock Support in Mining and Underground Construction. Balkema, Rotterdam, pp. 593-609.

Panet, M., Bouvard, A., Dardard, B., Dubois, P., Givet, O., Guilloux, A., Launay, J., Minh Duc, N., Piraud, J., Tournery, H., Wong, H., 2001. AFTES' Recommendations on the Convergence–Confinement Method. The French Tunnelling and Underground Space Association.

Pellet, F., Egger, P., 1996. Analytical model for the mechanical behaviour of bolted rock joints subjected to shearing. Rock Mech. Rock Eng. 29, 73-97.

Simser, B., 2007. The weakest link – ground support observations at some Canadian shield hard rock mines. In: Deep Mining 07. 14 p.

Stillborg, B., 1994. Professional Users Handbook for Rock Bolting. second ed. Trans. Tech. Publications, Clausthal-Zellerfeld Germany.

Stille, H., Holmberg, M., Nord, G., 1989. Support of weak rock with grouted bolts and shotcre. Int. J. Rock Mech. Min. Sci. Geomech. Abstr., 26(1), 99-113.

Sun, X., 1983. Grouted rock bolt used in underground engineering in soft surrounding rock or in highly stressed regions. In: Stephansson O, (Ed.), Proceedings of the International Symposium on Rock Bolting. Balkema, Rotterdam, pp. 93-99.

Swedberg, E., Thyni, F., Töyrä, J., Eitzenberger, A., 2014. Rock support testing in Luossavaara-Kirunavaara AB's underground mines, Sweden. In: DeepMining 2014 – Proc. of the 7th Int. Conf. on Deep and High Stress Mining, 16 – 18 Sept. 2014, Sudbury, Canada. Australian Centre for Geomechanics, Perth, pp. 139 -150.

Verman, M., Singh, B., Jethwa, J.L., Viladkar, M.N., 1995. Determination of support reaction curve for steel-supported tunnels. Tunnelling and Underground Space Technology, 10(2), 217-224.

Windsor, C.R., 1997. Rock reinforcement systems. International Journal of Rock Mechanics and Mining Sciences, 34(6), 919-951.

第5章　锚杆加固设计

5.1　岩体破坏模式

5.1.1　岩块掉落

在块状岩体中开挖地下硐室，拱顶和边墙中可能会形成如图 5.1(a)所示的楔形岩块。当构成楔块的节理面有利于分离和滑动时，岩块就会在重力作用下掉落或滑出。岩块掉落通常发生在地应力很低的浅埋隧道中，这种岩体围岩中的切向应力低，节理面上的摩擦力不能平衡岩块重力时岩块就会掉落。深埋隧道中也会发生冒顶事故，是因为地应力太高岩石挤压破碎，而不是因为应力低岩块松动滑落。在地压不足以压碎岩体的深埋隧道中，围岩中的应力集中一般能保证岩块节理面上的摩擦力足以阻止岩块在重力作用下掉落。

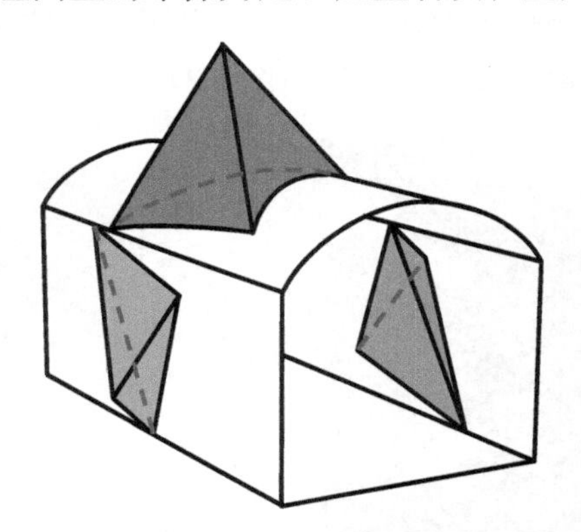

(a) 隧道拱顶和边墙中形成的楔形岩块示意图

(b) 巴西圣保罗地铁4号线布坦塔站隧道边墙上岩块掉落的情况(N. Barton供图)

图 5.1　隧道块状岩体破坏模式

5.1.2　软岩的剪切破坏

软岩的特点是变形模量小、强度低。富含黏土、绿泥石和滑石等矿物的岩石属于软岩。软岩受压时通常发生剪切破坏，产生较大的变形。图 5.2 是某地下金属矿山充填式回采矿房掌子面的破坏情形，掌子面上有两组共轭剪切断裂面。掌子面上的岩体是富含绿泥石的石英岩，岩石单轴抗压强度约为 60MPa，回采巷道所在位置的垂直地应力大约 27MPa，水平地应力大约 42MPa。

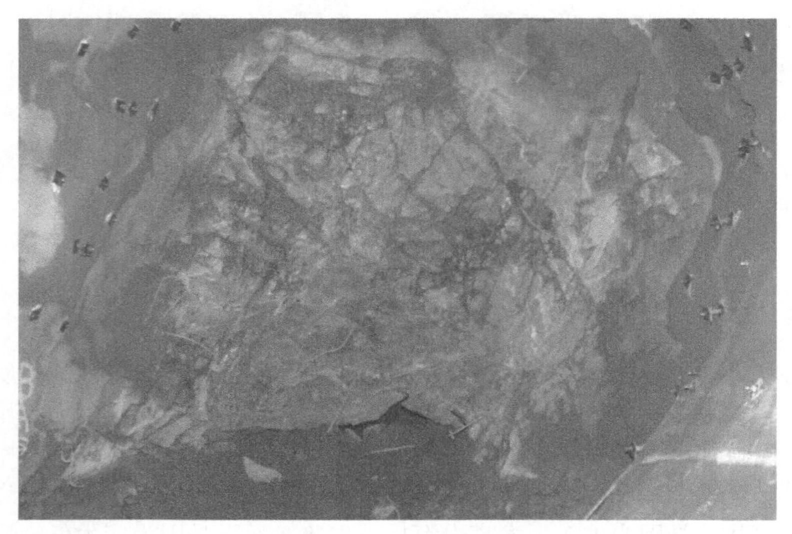

图 5.2　埋深 1000m 矿房掌子面上富含绿泥石的石英岩中的共轭剪切裂纹

当原岩地应力很高时，硐室围岩会发生大范围的剪切破坏，破碎的岩体向空区移动，会导致硐室壁大变形。譬如某地下矿山位于埋深 900m 的一条平巷开挖 3 个月后边墙单边位移量达到了 600mm（Li and Marklund，2005）（图 5.3）。

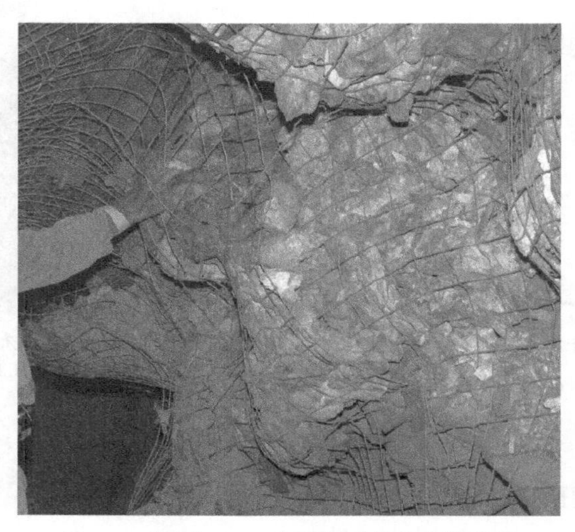

图 5.3　埋深 900m 的矿山平巷的边墙变形

当硐室围岩剪切破碎区足够大时，围岩会发生严重的体积扩容，巷道边墙鼓胀突入巷道内。图 5.4 中左图是用钢纤维喷射混凝土和 2.7m 长注浆钢筋锚杆联合加固的矿井巷道，由于喷射混凝土刚度较高，该加固系统给巷道边墙和拱顶提供了相当好的加固，然而当围岩发生严重扩容时混凝土层在边墙中间高度位置被顶裂了；右图的巷道用普通喷射混凝土、金属网和 2.1m 长缝式锚杆联合加固，巷道边墙从墙角处往上严重凸出，显然边墙后方大范围的岩石发生了扩容。

图 5.4　两个矿山巷道中的软岩边墙鼓胀变形

在这两条巷道中，锚杆对边墙的加固效果不甚理想。出现这种情况的原因之一可能是锚杆太短，锚杆完全位于破碎区内，随扩容的围岩一起向巷道空区移动。另一个原因可能是锚杆类型不适合岩体条件，图 5.4 左图中的注浆钢筋锚杆可能因为围岩的大变形已经断裂失效，而右图中的缝式锚杆提供的加固力太小不足以抑制围岩扩容。

当地下硐室走向与变质岩层理面平行时，岩壁表面鼓胀可能会变得非常严重(图 5.5)。图 5.6 是一个埋深约 600m 的矿井平巷底鼓的例子，该巷道位于页岩中，

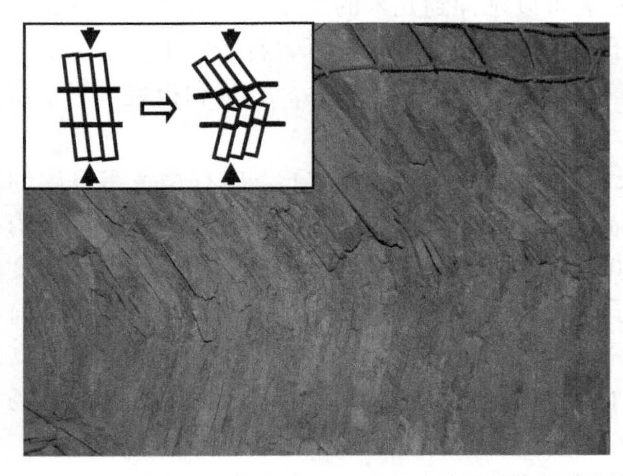
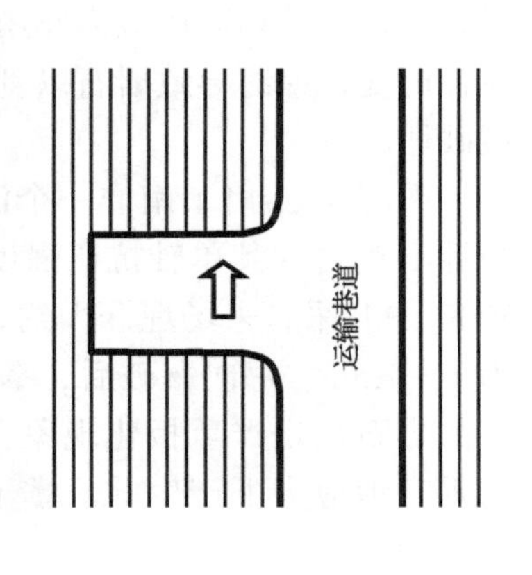

图 5.5　加拿大 LaRonde 矿地下运输巷道边墙中板岩屈曲破坏的情形

箭头所指是拍照处

图 5.6　挪威某埋深约 600m 的矿井页岩巷道底鼓的情形(K.S. Hugaas 供图)

该处原岩水平地应力大约为 20MPa。在这种岩体中，岩体加固可以降低巷道的破坏程度，但不能完全避免岩石破坏。

5.1.3　硬岩的张裂破坏

高地应力条件下硬岩的响应与软岩不同，现场观察发现，硬岩地下硐室的边墙岩石通常以剥落或板裂的形式发生破坏，形成的裂纹面大体平行于边墙。剥落和板裂的力学破坏机理相同，区别仅在于裂纹间距不同。剥落的裂纹间距从几毫米到几厘米不等，而板裂的裂纹间距从几厘米到几十厘米。剥落区深度通常在几厘米到几分米内，而板裂可以延伸到几米的深度。剥落和板裂都是在平行于边墙的切向压应力作用下产生的，在受压状态下岩石产生垂直于边墙的拉伸应变，最终导致岩石以剥落或板裂的形式发生破坏。剥落和板裂都属于张裂破坏。

图 5.7 给出了南非一个深部金矿中发生板裂的例子。矿石是致密坚硬的脆性石英岩，其单轴抗压强度高达 300～400MPa，板状矿体近似水平，采用 VCR 法开采，采场埋深大约 3000m，原岩垂直地应力大约 80MPa，采场高度为 1～1.5m，每次爆破后，掌子面向前推进 1～1.5m。现场观察到，掌子面前方的岩石出现严重板化现象，平行于掌子面的裂纹致密排列，它们是在极高的垂直地应力下产生的。掌子面上有时会发生岩爆，片状岩石被抛射到采场空区中。

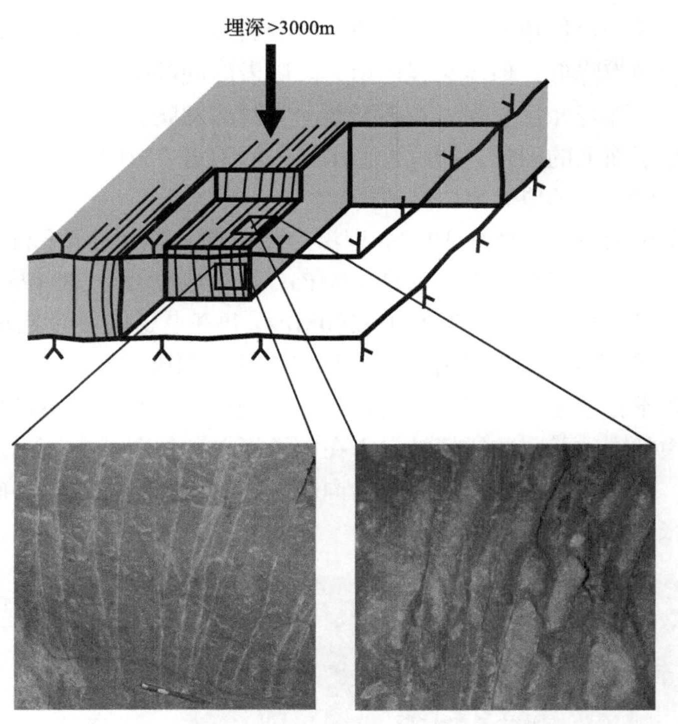

图 5.7　南非一个深部金矿采场掌子面前方岩石中发生的板裂

图 5.8 是另一个坚硬石英岩受压发生板裂破坏的例子，图 5.8 是一个埋深 1000m 充填回采矿房第一回采层拱顶岩石的板裂现象。第二层回采时第一回采层拱顶岩石暴露在掌子面上。矿体原岩只含有少量岩石节理。当开采矿房最底部的

图 5.8　一个埋深 1000m 充填回采矿房拱顶因应力集中造成的板裂现象

第一层时，回采巷道拱顶发生强烈的瞬时应变岩爆，伴有频繁的爆裂噼啪声。几小时后，爆裂频率降低，但爆裂强度增大。随着时间的推移从岩石内部发出断断续续的“低沉”强音，这表明岩石破裂向围岩深部发展。图 5.8 所示的是暴露在第二回采层掌子面上的裂纹，裂纹近似水平，间距为 3～10cm，它们是第一回采层开采过程中因围岩的应力集中造成的。

某金属矿山的一个矿体在 1000m 埋深处比较宽，采用两条平行巷道回采。巷道横截面上的原岩垂直地应力大约是 27MPa，水平地应力是 38MPa，矿体岩性为硬脆石英岩，其单轴抗压强度为 100～200MPa，每条巷道的尺寸是 6m×5m(宽×高)。第一条平行巷道是在原岩中开挖，回采完成后用废石和尾砂回填巷道。三年后开挖第二条平行巷道，回采剩余的矿石。开挖第二条平行巷道过程中第一条平行巷道边墙中的裂纹及一些锚杆被暴露在掌子面上，如图 5.9 所示。裂纹与巷道壁近似平行，裂纹发育区从边墙处开始向外扩展 1～1.5m。在这种破裂围岩中，锚杆对裂纹张开起到良好的抑制作用。

图 5.9　巷道边墙围岩中因应力集中形成的环状裂纹

前面几个例子中平行于岩石表面的裂纹是在切向正应力分布相对均匀的超高地应力区产生的。在应力梯度较大的地方，如地下硐室的拱肩处，张性裂纹在应力集中的核心密集排列，呈放射状向外延伸，如图 5.10 所示。密集排列的裂纹局限在深度有限的应力集中区域内，该处加固岩体的锚杆长度并不重要，重要的是锚杆的刚度要足够大，以便有效地抑制裂纹张开。

5.1.4　岩爆

地应力太高的硬岩岩体开挖后可能会突然发生破坏，板化岩石被抛向空区，这就是所谓的应变岩爆。应变岩爆是由地下硐室围岩中的应力集中引起的。开挖岩石后，临空面附近围岩中的切向正应力增大，径向正应力降为零，岩石在高切

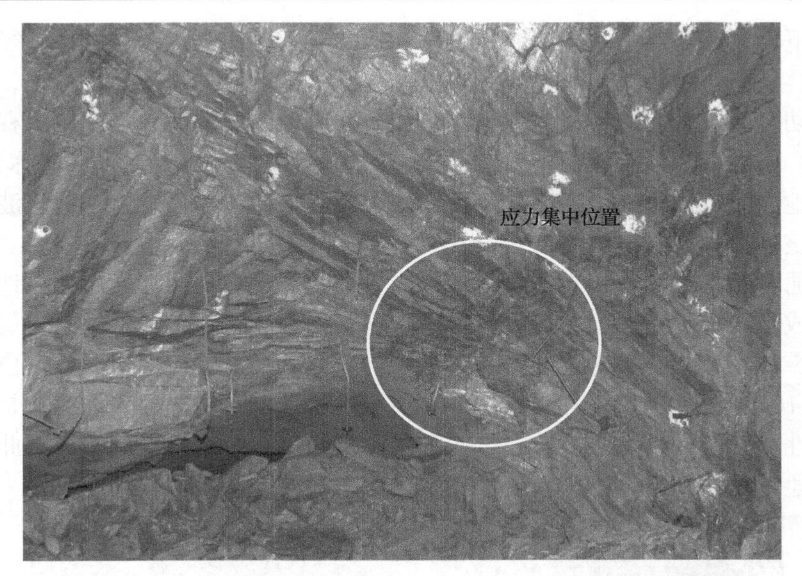

图 5.10　某充填采场巷道拐角处的应力集中核和放射状张性裂纹

向正应力作用下发生破坏，储存在岩石中的弹性应变被瞬时释放出来。应变岩爆的特征是爆堆中的碎块多呈薄片状，如图 5.11 所示。应变岩爆发生之前一般没有矿震活动。岩爆发生时，释放的应变能转化为岩爆体动能。

图 5.11　埋深 1000m 处发生应变岩爆后的岩石碎片

地下开挖改变了硐室周围的应力状态，围岩中的切向正应力增大，径向正应力减小。径向正应力的减小会导致附近一些原生断层上的法向应力减小，断层面上的剪切阻力也随之减小，因此岩体可能会发生沿断层的滑移。断层滑移产生从滑移中心向外呈球形传播的应力波，岩体产生振动，这一现象在采矿业称为矿震。在超高地应力岩体中，硐室围岩通常会由应力集中而产生裂纹，当地震波到达硐室的临空面时，可能推出围岩，引发岩爆，这就是所谓的断层滑移岩爆。断层滑移岩爆通常会释放比应变岩爆大得多的能量，因此，断层滑移岩爆会对地下基础设施造成更严重的破坏。断层滑移岩爆的岩块大小不一，包括从细碎岩屑到大岩块。图 5.12 是一个深部金属矿中发生断层滑移岩爆后的爆堆，岩爆是由位于边墙后方约 100m 处的断层滑移引发的。断层滑移岩爆发生时的岩爆体动能是爆体释放的弹性应变能和部分矿震波能量的总和。矿震波携带的能量巨大，因此断层滑移岩爆通常比应变岩爆更剧烈。

图 5.12 一处深部金属矿山中发生断层滑移岩爆后的爆堆(Simser，2001)

5.2 地下加载条件及适用的锚杆类型

5.2.1 低地应力岩体

在浅表地层中，原岩地应力一般较低且岩体中通常包含发育良好的岩石节理组，隧道开挖后隧道拱顶和边墙中可能会形成楔形岩块，楔形岩块在重力作用下掉落是此类隧道中主要的地层不稳定问题。在这种载荷条件下，岩体加固的任务就是防止松动岩石的掉落，岩体加固构件(如锚杆)上的最大载荷就是岩块的自重

(图 5.13)。这是一种载荷控制的加载条件。

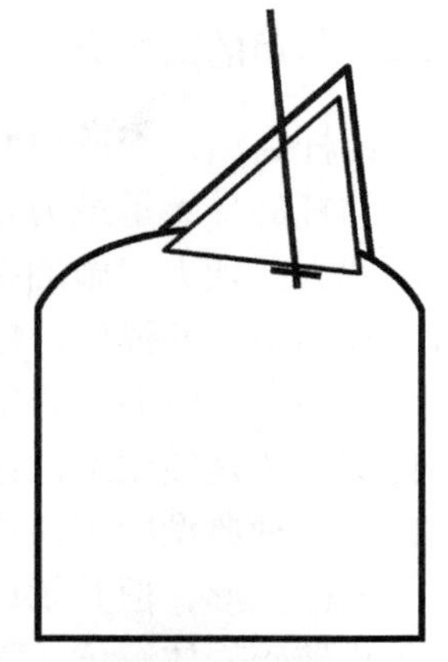

图 5.13　低地应力条件下松动岩块对锚杆重力加载

从力学角度看，加固岩块的锚杆强度必须足够大，以便平衡岩体的自重。因此，在载荷控制的加载条件下，使用由强度和载荷定义的安全系数进行岩体加固设计是合适的。安全系数中的强度是指加固系统的强度，载荷是岩块的重力。这实际上就是结构力学的设计原则，它规定施加在结构上的载荷不能高于结构的强度，即强度与载荷之比(安全系数)必须大于 1。这一原则适用于建筑结构上的总载荷已知或很容易获得的情况。在浅层地下硐室中，松动岩块的重量能够估算，所以这一原则对浅层地下硐室岩体加固系统的设计也是可行的。

5.2.2　高地应力岩体

在岩体深部，如 1000m 深处，岩体的质量通常因为地质不连续面数目减少而得到改善，但是原岩地应力却随深度的增加而增大。在深部，岩体失稳的主要形式不再是岩块松动、掉落，而是由高地应力引起的岩石破坏。在地下硐室开挖中，高地应力可能会导致两种结果：软岩中的大变形和硬岩中的岩爆(图 5.14)。对矿山的观察表明，应变岩爆通常发生在地表 600m 以下的巷道中，1000m 以下尤其严重。在高地应力条件下，岩石破坏是无法避免的。深部岩体加固的目的不是平衡松动岩块的自重，而是防止岩体破坏后垮落，这就意味着在进行深部岩体加固构件的设计时，仅仅考虑加固构件的强度是不够的。在这种情况下，岩体加固系统不仅要强度大，而且要可变形，能够吸收能量，这样才能更好地解决高地应力条件下发生的岩石挤压大变形和岩爆问题。

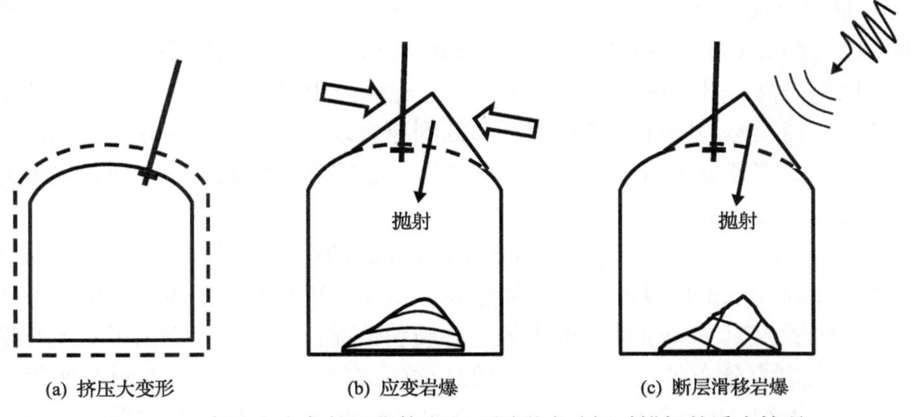

图 5.14　高地应力条件下岩体发生不同形式破坏时锚杆的受力情况

5.2.3　适用的锚杆类型

锚杆类型是否适用取决于岩体对锚杆的加载条件。在图 5.13 的重力加载条件下，锚杆的最大承载力是选择锚杆类型时的最重要参数，其基本要求是锚杆的最大承载力必须大于施加在锚杆上的载荷。适用于这种载荷控制条件下的锚杆类型有全长黏结钢筋锚杆、螺纹锚杆和锚索。

在超高地应力软岩中，锚杆必须能应对岩体的大变形。应对岩体挤压大变形的传统方法是使用柔性锚杆和柔性表面加固装置(如金属网)联合加固岩体。缝式锚杆是一种典型的柔性锚杆，它在某些国家的矿山中普遍使用。缝式锚杆容许很大的岩体变形，但其承载力比较低，对岩石变形的抑制作用不大，它的主要功能是防止破碎岩体解体。稳定挤压大变形岩体的主动手段应该是一方面要提供高的加固力，以便有效地抑制岩石变形，另一方面是加固构件必须是可变形的。采用吸能锚杆可以达到这一效果。

岩爆属于硬岩失稳。加固有岩爆倾向性的岩体的目的是吸收掉岩爆发生时被抛射的岩爆体的动能。在这种岩体中应该使用吸能锚杆。吸能锚杆的承载力越大，岩爆发生时岩爆体被推出的位移就越小。

5.3　设 计 原 则

5.3.1　自然承压拱概念

为了描述巷道围岩中的破碎区和应力分布，先对一个马蹄形巷道进行数值模拟，巷道宽 6m、高 6m。假设原岩地应力为各向等值，即$\sigma_1 = \sigma_2 = \sigma_3 = 30$MPa，岩体遵从莫尔-库仑准则，岩体强度参数是内聚力 $c = 5$MPa，内摩擦角$\phi = 35°$。还假设岩体材料符合理想弹塑性模型，也就是材料的残余强度与峰值屈服强度相同。图 5.15 是数值模拟结果，巷道附近围岩中的最大主应力基本平行于巷道临空面，巷道周围大约 2m 范围内的岩石发生了破坏，2m 以外的岩石完整，但是切向应力比原岩地应力高，升高的程度取决于离巷道边墙的距离。切向应力在大约 3m 深处达到最大值，然后随深度增加逐渐降低到原岩地应力水平(30MPa)。切向正应力显著升高的那部分围岩承担着大部分地压，它实际上形成了一个保护硐室的岩石圈，或者说形成了一个承压环。

某矿山曾经在一条 5 年前开挖的埋深 1000m 的运输巷道中进行了地质钻探，以便确定大约 150m 以外的一个矿体边界。钻孔布置在面向矿体一侧的巷道边墙中。图 5.16 是从其中一个钻孔取出的岩心破裂情况，它为我们提供了巷道开挖后围岩中二次应力分布的信息。岩心中的裂纹发育情况随深度的不同而变化。从巷道边墙至大约 2.1m 深处(Ⅰ区)，岩心的岩石质量指标(RQD)很低，另外裂纹

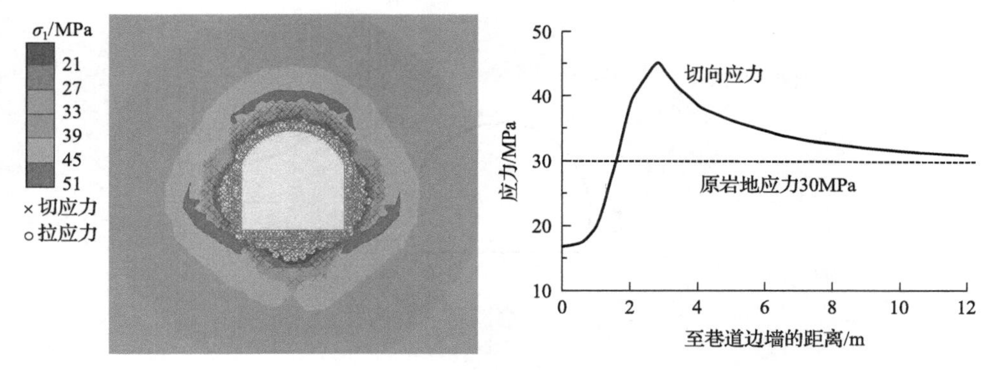

图 5.15　地下硐室围岩中的最大主应力分布

图中×和○表示岩体破碎区

表面呈黄色，说明它们可能是几年前巷道开挖时形成的。在 2.1～8.5m 深的区域（Ⅱ区），岩心饼化，裂纹面鲜艳，裂纹面与岩心轴线垂直，可以确信，那些饼化裂纹是岩心钻取过程中产生的。Ⅱ区可进一步划分为两个子区，在Ⅱa 区(2.1～5.2m)，岩心饼化非常严重，裂纹很致密。Ⅱb 区(5.2～8.5m)岩心饼厚度明显增大。Ⅲ区从 8.5m 深处开始一直延伸到孔底，该区的岩心 RQD 明显高于其他两个区，岩心中的裂纹应该属于原生地质不连续面，因此可以断言Ⅲ区位于巷道的干扰区之外。根据岩心中的裂纹发育变化，可以推断，Ⅰ区为巷道开挖造成的破碎区，该区的岩石被剪切或者张拉破坏，导致区内切向应力降低；巷道开挖后，Ⅱ区中的切向应力升高，但是岩石尚未发生破坏，所以该区的岩石形成一个自然承压拱，抵抗围岩压力，保护巷道。

根据图 5.15 所示的数值模拟结果和图 5.16 所示的岩心裂纹观察，可以推断，地下硐室围岩一定深度处都存在一个承压拱或者承压环，承压拱内的切向应力比原岩地应力高，这就是所谓的自然承压拱，如图 5.17 所示。自然承压拱的概念已经被 Wright(1973)、Krauland(1983)和 Li(2006a，2006b)等用于岩体加固设计。

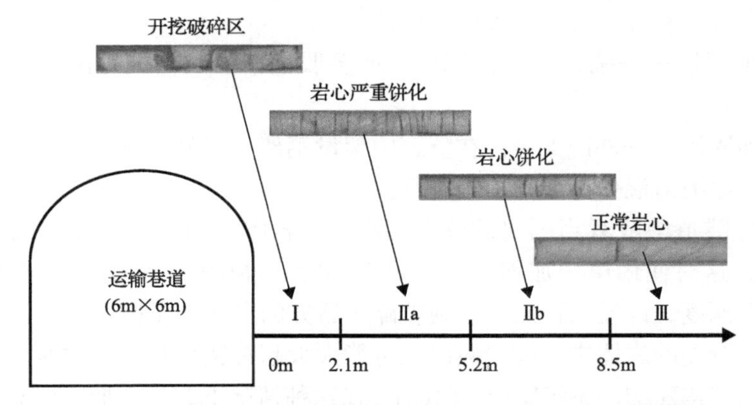

图 5.16　埋深 1000m 矿山运输巷道围岩岩心中的裂纹分布情况

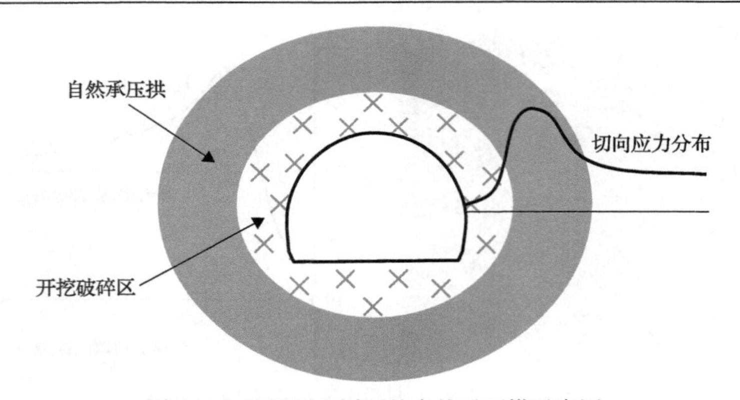

图 5.17　地下硐室周围的自然承压拱示意图

5.3.2　设计方法

一般来说，岩体加固是指利用人工构件加强、稳定岩体的方法。加固构件可以是锚杆、锚索、金属网、网带、钢筋带、喷射混凝土、化工喷层、钢结构、喷射混凝土拱和混凝土浇筑衬砌。加固系统提供三个主要功能：加固、支撑和约束（Kaiser et al.，1996）。

地下矿山对临空面的约束主要是通过在岩石表面喷射混凝土、挂金属网或其他形式的化工喷层来实现的。在民用隧道中，巷道临空面的变形量比矿山巷道小得多，因此，通常采用钢架、混凝土拱，甚至浇注混凝土衬砌等高强外部加固结构来抑制巷道壁变形。这些构件安装在岩体表面，但是从加固意义上说，它们与安装在岩体内部的锚索作用类似。根据岩体的加载条件和岩体围岩的破坏程度，具体的岩体加固系统可由下列加固层中的一个或多个组成。

第一加固层——锚杆加固：锚杆点锚或者群锚(即安装系统锚杆)。

第二加固层——表面约束：在岩石表面安装金属网、网带、钢筋带、化工喷层、喷射混凝土和浇注混凝土等加固构件。

第三加固层——锚索加固：把单股或多股锚索安装到破碎区后面的稳定岩层中。

第四加固层——外部支撑：在隧道中架设钢架、混凝土拱、仰拱、浇注混凝土衬砌、增厚喷射混凝土层等加固构件。

在浅埋隧道中或者当围岩破碎区很小时，岩体加固的任务是加固松动或破碎的岩块，这时使用第一加固层，就足够稳定岩体[图 5.18(a)]。锚杆长度应该大于破碎区深度，以便锚杆能安装到破碎区后方的自然承压拱上。

在质量较差的岩体中，围岩破碎区可能大大超过锚杆长度，这时可以用第一和第二加固层构建加固系统[图 5.18(b)]。在这种情况下，第一加固层必须使用小间距群锚。锚杆和表面约束构件一起在破碎区内构建出一个人造承压拱，为硐室提供一个防护罩。人造承压拱位于破碎区内，需要做整体稳定。一种稳定人造承压拱的方法是使用第三加固层锚索，即人造承压拱锚固到破碎区后方的自然承压拱上，这是 1-2-3 层加固系统。另一种方法是使用第四 A 加固层，即在巷道内安装中等强度的外加固构件，这是 1-2-4A 层加固系统。另外，可以同时使用第三和第四加固层。1-2-3 层加固系统经常用来加固深埋矿山硐室和大跨度民用地下工程硐室，如地下水电站的机房硐室，该加固系统的特点是可以根据岩体条件灵活调整使用。在民用地下工程中，锚索用得比较少，经常用外部加固构件代替锚索，也就是使用 1-2-4A 层加固系统，该加固系统中常用的外部加固构件一般是钢架和混凝土衬砌。

在质量极差的岩体中，围岩破碎区可能大到超过锚索的长度。更糟的情形是在挤压蠕变岩体中，破碎区的边界要等很长时间才能稳定下来。这种情况下，使用高强外部加固构件(加固层 4B)要比锚索能更有效地抑制破碎区的扩容[图 5.18(c)]。在外部加固构件的强力支撑下岩体扩容和破碎区扩大会慢慢减缓和停止，最后围岩稳定下来。

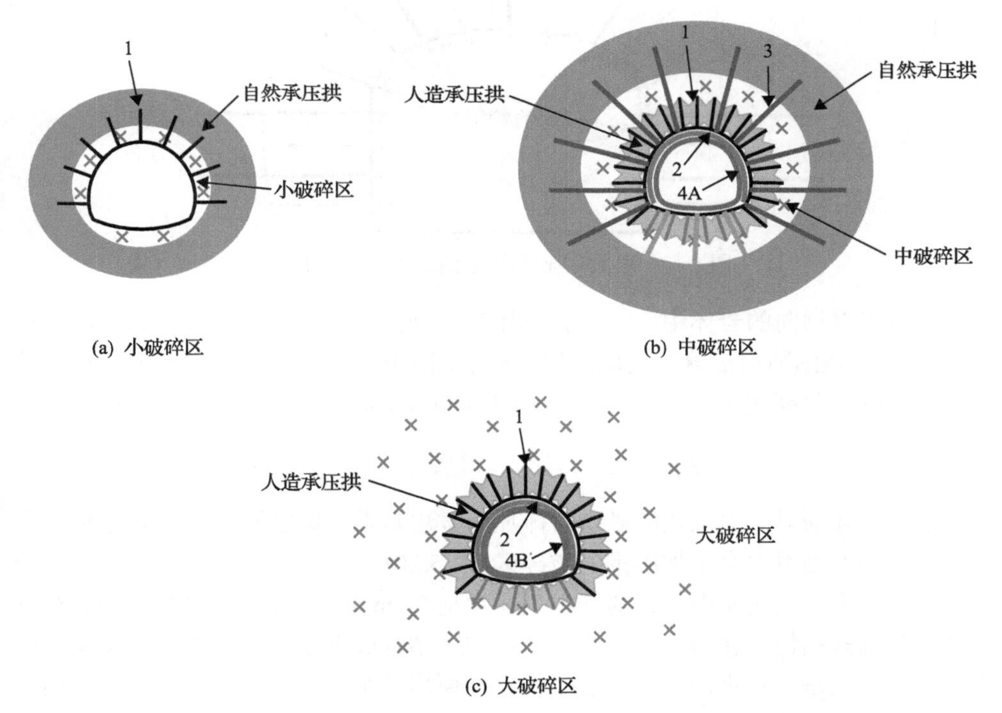

图 5.18　不同尺寸围岩破碎区中的岩体加固方法

群锚(或者称为系统锚杆，即等间距安装锚杆的方法)是现代岩体加固中普遍采用的方法。短间距群锚能有效地约束破碎岩体的变形，在破碎区构筑出一个人造承压拱。早在 20 世纪 60 年代 Lang（1961）就对人造承压拱的承载力进行了实物演示。Hoek（2007）也做了类似的演示。Li（2006a，2006b）曾介绍了一个利用人造承压拱概念进行岩体加固设计的例子。

1. 澳大利亚矿山岩体加固法

在挤压性岩体中，澳大利亚矿山采用的锚杆加固方法是，先用小间距缝式锚杆加固围岩破碎区，然后用锚索将锚杆加固区固定到破碎区后方的稳定岩层中，如图 5.19 所示。小间距缝式锚杆（2.4m 长）在破碎岩体中构筑一个人工承压拱，然后锚索将承压拱与深部的稳定地层结合在一起。巷道表面用金属网、网带和喷射混凝土网加固。

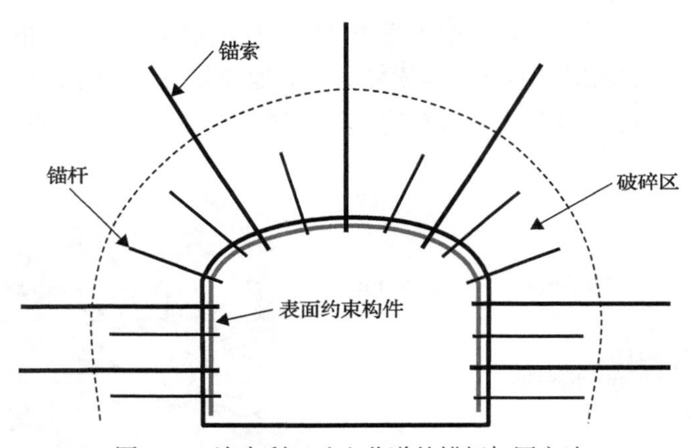

图 5.19　澳大利亚矿山巷道的锚杆加固方法

在有岩爆倾向的岩体中，加固系统由 2.4m 或 3m 长吸能锚杆和金属网或者纤维/金属网加强的喷射混凝土组成，据说该加固系统可以应对抛射速度达 5m/s 的岩爆，能够吸收高达 35kJ/m^2 的动能（Slade and Ascott，2007）。

2. 加拿大和斯堪的纳维亚矿山岩体加固法

加拿大和斯堪的纳维亚的矿山岩体加固方法是采用短锚杆、金属网或者纤维/金属网加强的喷射混凝土加固围岩破碎区（图 5.20）。

在加拿大的金属矿山中，锚杆类型通常是 2.4m 或 2.1m 长的全长树脂黏结钢筋锚杆和缝式锚杆，在易发生矿震的岩体中，增加吸能锚杆。在瑞典的金属矿山中，最常用的是全长水泥注浆钢筋锚杆。在斯堪的纳维亚地区的矿山中不使用缝式锚杆，但是会使用高强吸能锚杆对岩爆岩体进行加固，如瑞典铁矿山使用 D 锚杆加固岩爆岩体。岩石表面加固一般采用钢纤维喷射混凝土，但是在有岩爆倾向的岩体中，在喷射混凝土层外面增加一层金属网。

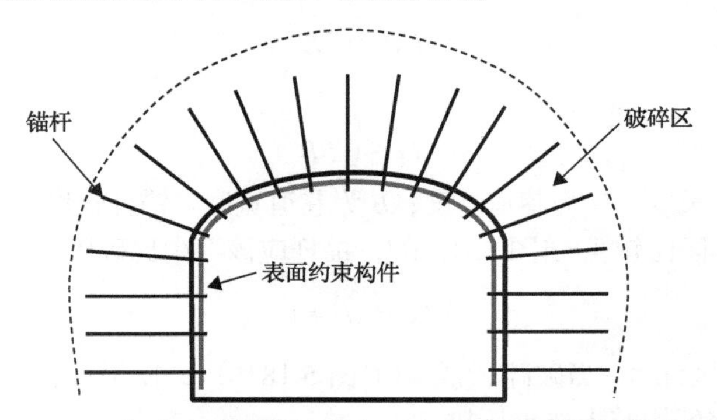

图 5.20　加拿大和斯堪的纳维亚地区深矿巷道锚杆加固法

3. 南非矿山岩体加固法

在南非有岩爆倾向的深部矿山巷道的岩体加固中，利用吸能锚杆和表面约束构件来消耗岩爆发生时岩体释放的能量。岩爆动能一部分被锚杆吸收，另一部分通过被表面加固构件约束的岩石破碎消耗掉。南非岩爆岩体加固系统中经常使用金属网和钢缆绳。

南非高地应力岩体中的深部矿山巷道通常采用吸能锥形锚杆、柔性缝式锚杆和锚索来加固。用 1.2m 长锚杆在围岩中构筑第一层加固环，用 2.4m 长锚杆构筑第二层加固环，巷道临空面上挂金属网、钢缆绳和 50mm 厚钢纤维或聚酯纤维喷射混凝土(图 5.21)，锚杆间距通常为 1m×1m。

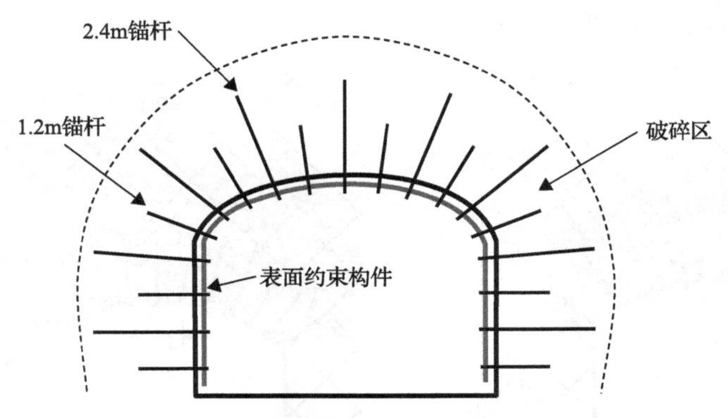

图 5.21　南非深部矿山巷道的锚杆加固方法

5.3.3　锚杆长度和间距

锚杆长度是锚杆设计中一个很难确定的参数。为便于安装，巷道拱顶中的锚杆长度应小于巷道高度的一半，边墙中的锚杆应小于巷道宽度的一半，即拱顶锚杆：

$$L_b \leqslant 0.5H \tag{5.1a}$$

边墙锚杆：

$$L_b \leqslant 0.5B \tag{5.1b}$$

式中，L_b为锚杆长度；H为巷道高度；B为巷道宽度。锚杆长度也与锚杆的锚固原理有关。当破碎区比较浅时[图 5.18(a)]，锚杆应该至少比破碎区深度长 1m，即

$$L_b \geqslant d_f + 1 \tag{5.2}$$

式中，d_f为破碎区深度。当破碎区很深时[图 5.18(b)(c)]，锚杆长度应该在 2～3m，用短锚杆在破碎区构筑人造承压拱。

对于在节理发育中等的硬岩岩体中开挖隧道，挪威公路管理局建议使用无预紧力锚杆把拱顶破碎区悬吊到自然承压拱上，如图 5.22(a)所示(Statens vegvesen，2000)。锚杆长度由式(5.3)确定

$$L_b = 1.40 + 0.184B \tag{5.3}$$

工程实践中，群锚锚杆的行距和行内间距相等。锚杆间距 s 一般在 1～2.5m，即

$$s = 1 \sim 2.5\text{m} \tag{5.4a}$$

另外，确定锚杆间距还应该考虑岩体中的岩石节理间距。根据经验，当岩石节理间距为 0.3～1m 时，锚杆间距应该是节理间距的 3～4 倍，即

$$s = (3 \sim 4)e \tag{5.4b}$$

式中，e 为岩石节理的平均间距。

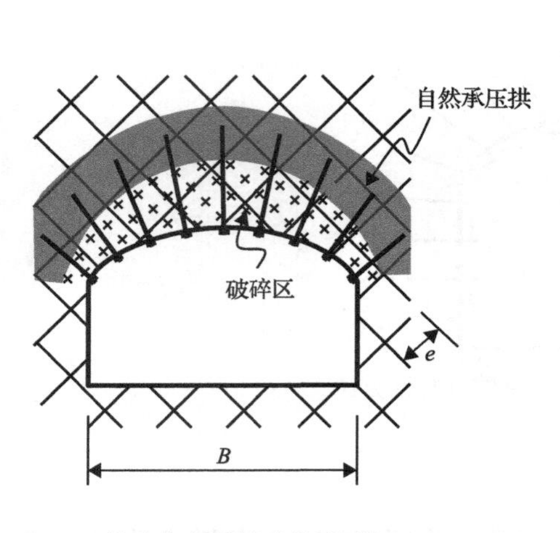

(a) 将破碎区悬吊在自然承压拱上

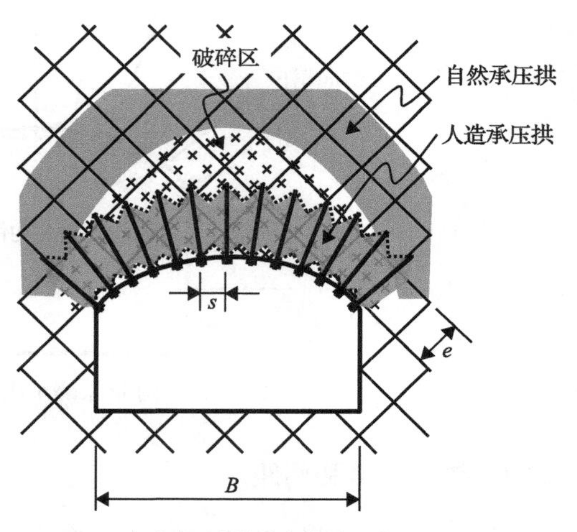

(b) 在破碎区内构建人造承压拱

图 5.22　两种不同岩体条件下的锚杆加固方法(Stillborg，1994)

当破碎区很深时[图 5.18(b)(c)],挪威公路管理局建议使用较短的预紧锚杆在破碎区构建人造承压拱，如图 5.18(b)所示。锚杆长度按式(5.3)估算，但是锚杆间距应该小于 3 倍节理间距，即

$$s \leqslant 3e \tag{5.5}$$

构建人造承压拱时，锚杆之间必须相互影响，以便在锚固区形成一个加固交叉区，即相互作用区(图 5.23)。假设单根锚杆的加固角为 90°，交叉区厚度 t 与锚杆长度(L_b)和间距(s)有如下关系

$$t = L_b - s \tag{5.6}$$

使用短锚杆进行这类锚杆加固，锚杆长度一般是 2～3m。交叉区厚度应该至少是锚杆长度的一半，即 $t>0.5L_b$，这样才能在破碎区建立起强度足够的人造承压拱。要满足这个要求，锚杆间距必须小于锚杆长度的一半，即

$$s \leqslant \frac{L_b}{2} \tag{5.7}$$

在地下岩体工程设计阶段，也经常采用经验方法进行锚杆加固设计。通过对大量地下工程实例的分析，Barton 等(1974)提出用隧道质量指标(简称 Q)来评价岩体质量。Q 由 6 个参数决定

$$Q = \frac{\text{RQD}}{J_n}\frac{J_r}{J_a}\frac{J_w}{\text{SRF}} \tag{5.8}$$

式中，RQD 为岩石质量指数；J_n 为岩石节理组指数；J_r 为节理粗糙度指数；J_a 为节理面风化变质指数；J_w 为含水量指数；SRF 为应力折减系数。RQD 等于长度大于 10cm 的岩心块总长与岩心段总长的百分比。例如，比值为 80%，则 RQD 为 80。其他参数值可以在附录 A 的表 A.1 中找到。

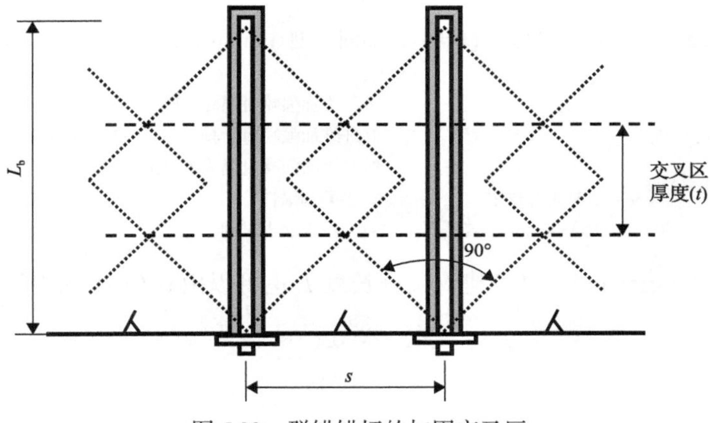

图 5.23　群锚锚杆的加固交叉区

为了将 Q 与岩体加固联系起来，Barton 等（1974）定义了一个地下空间等效尺寸 D_e，它等于开挖空间的直径（或者边墙高度）除以岩体加固指数（ESR），即

$$D_e = \frac{\text{开挖空间的直径(或者边墙高度)}}{\text{ESR}} \tag{5.9}$$

ESR 与地下空间的用途和对安全程度的要求有关，各种地下空间的 ESR 可以在附录 A 的表 A.2 中找到。

Barton 和 Grimstad（2014）构建了一个 D_e - Q 图提供加固岩体的建议方法（参见图 5.24），锚杆长度和间距可以根据岩体的 Q 值和地下空间的等效尺寸 D_e 在图中确定。譬如，在 Q 为 4 的岩体中开挖一个跨度 10m 的隧道，由表 A.2 查得，隧道的 ESR 为 1，隧道的等效尺寸 D_e 为 10m，从 D_e-Q 图中得到，锚杆长度 3m，使用喷射混凝土时锚杆间距为 2.1m，不用喷射混凝土时锚杆间距为 1.5m。

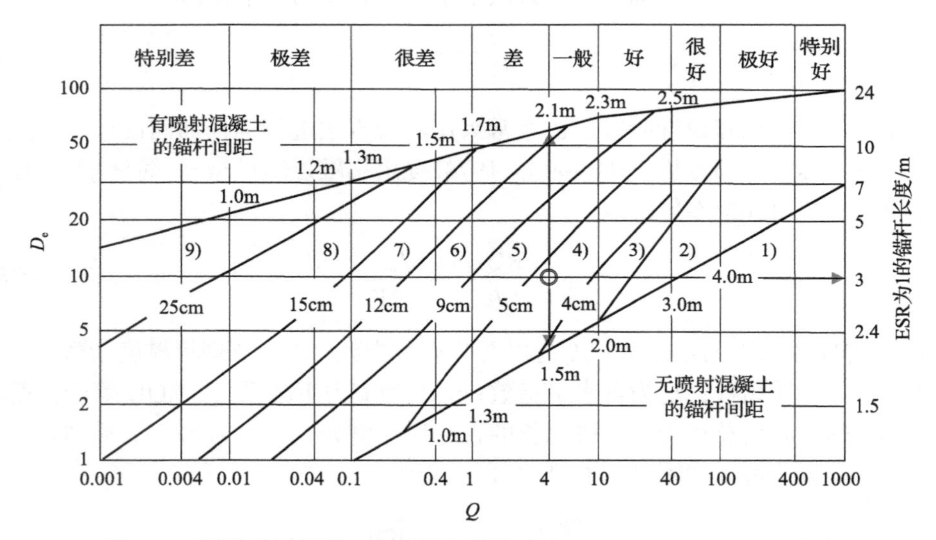

图 5.24　隧道质量指标 Q 与岩体加固类型（Barton and Grimstad，2014）

加固类型

1）无支护
2）点锚支护
3）群锚支护
4）40～100mm 普通喷射混凝土与群锚
5）纤维加强喷射混凝土（50～90mm），与锚杆
6）纤维加强喷射混凝土厚度（90～120mm），与锚杆
7）纤维加强喷射混凝土厚度（120～150mm），与锚杆
8）纤维加强喷射混凝土厚度（>150mm），喷射混凝土拱梁和锚杆
9）浇注混凝土衬砌

Barton 和 Grimstad（2014）建议锚杆长度 L 也可以由式（5.10）估算

$$L_b = \frac{2+0.15B}{\text{ESR}} \tag{5.10}$$

Bieniawski（1989）的岩体质量评级系统（RMR）也给出了锚杆加固的经验建

议。RMR 先对五个岩体参数打分，那五个参数分别是岩石单轴抗压强度、岩石质量指数(RQD)、岩石节理平均间距、节理表面状况及岩体含水量(见附录 B 中的表 B.1)。RMR 指数等于各个参数分数的和，变化范围从 0 到 100，岩体质量根据 RMR 指数分为五级。表 5.1 给出了在各级岩体中开挖隧道的岩体加固建议方法，也列出了建议的锚杆长度和间距。

表 5.1　10m 跨度隧道开挖和岩体加固建议方法(Bieniawski，1989)

RMR 等级	开挖方式	锚杆	喷射混凝土	钢架
Ⅰ级：很好 RMR：81～100	全断面开挖，每次爆破进尺 3m	除点锚外一般不需要其他方式的加固		
Ⅱ级：好 RMR：61～80	全断面开挖，每次进尺 1.5m，掌子面后方 20m 处完成永久岩体加固	局部加固，拱顶锚杆长 3m，间距 2.5m，偶尔挂金属网	根据需要喷混凝土，厚度 50mm	无
Ⅲ级：一般 RMR：41～60	上下台阶法开挖，上台阶开挖每次进尺 1.5～3m，每次爆破进尺后立即加固，掌子面后方 10m 处完成永久岩体加固	群锚，锚杆长度 4m，拱顶和边墙锚杆间距 1.5～2m，拱顶挂金属网	拱顶处厚度 50～100mm，边墙 30mm	无
Ⅳ级：差 RMR：21～40	上下台阶法开挖，上台阶开挖每次进尺 1～1.5m。开挖与岩体加固同时进行，掌子面后方 10m 处完成加固	群锚，锚杆长度 4～5m，拱顶和边墙锚杆间距 1～1.5m，挂金属网	拱顶处混凝土厚度 100～150mm，边墙 100mm	根据需要架设间距 1.5m 的轻型或中型钢架
Ⅴ级：很差 RMR：<20	多巷道开挖法，上台阶巷道开挖每次进尺 0.5～1.5m，开挖与岩体加固同时进行，每次爆破后立即喷射混凝土	群锚，锚杆长度 5～6m，锚杆间距 1～1.5m，挂金属网，用锚杆锚固反拱	拱顶处混凝土厚度 150～200mm，边墙 150mm，掌子面 50mm	中型或重型钢架，钢架间距 0.75m，根据需要加装钢板和采用超前加固；反拱闭合

5.3.4　加固安全系数

1. 重力落石的加固安全系数

如 5.2 节所述，在低地应力浅埋隧道中，拱顶岩石楔块可能会松动、掉落，这时施加到锚杆上的最大载荷是岩块的自重。在这种加载条件下，锚杆加固的安全系数(FS)定义为

$$\text{FS}=\frac{\text{锚杆最大承载力}}{\text{锚杆载荷}} \tag{5.11}$$

为了避免岩块掉落，锚杆上的载荷必须小于锚杆的最大承载力，也就是 FS＞1。锚杆加固设计一般要求安全系数在 1.5～3。

设计实例：假设重 40t 的岩块在重力作用下有掉落的风险，采用锚杆加固该岩块，每根锚杆的最大承载力是 200kN，当安全系数要求为 2 时，需要多少根锚杆才能防止该岩块掉落？

因为这是一个载荷控制问题，可以用式(5.11)进行设计。已知安全系数是 2，锚杆上的总载荷是 40×9.81 = 392kN，由式(5.11)确定所需的锚杆最大承载力为 FS×锚杆总载荷=784kN。所需锚杆数量为 784/200≈4 根锚杆。

2. 挤压大变形岩体的加固安全系数

在高地应力软岩中开挖的隧道，破碎区岩石严重破坏，围岩变形非常大。岩体变形的主要驱动力是开挖后岩体释放的应变能，释放的应变能大部分在破碎岩石过程中被消耗掉。在极端条件下，岩体大变形可能会导致坍塌。岩体对开挖过程的反应由图 5.25 所示的围岩响应曲线(GRC)描述。在大变形岩体中屈服锚杆比刚性锚杆有效，屈服锚杆与岩体一起变形直到岩体变形停止。图 5.25 中的虚线表示使用屈服锚杆加固的岩体 GRC。在挤压大变形岩体中，加固构件上的支护力不是常量，它随岩体变形量而变化，因此无法用式(5.11)确定加固安全系数，这时用变形量定义安全系数比用载荷和强度更合适。如果要保持挤压大变形岩体不坍塌的话，巷道壁的位移 u_{eq} 必须小于坍塌临界围岩位移 u_c。因此，防止巷道坍塌的安全系数 FS 定义为

$$\mathrm{FS}=\frac{u_c}{u_{eq}} \tag{5.12}$$

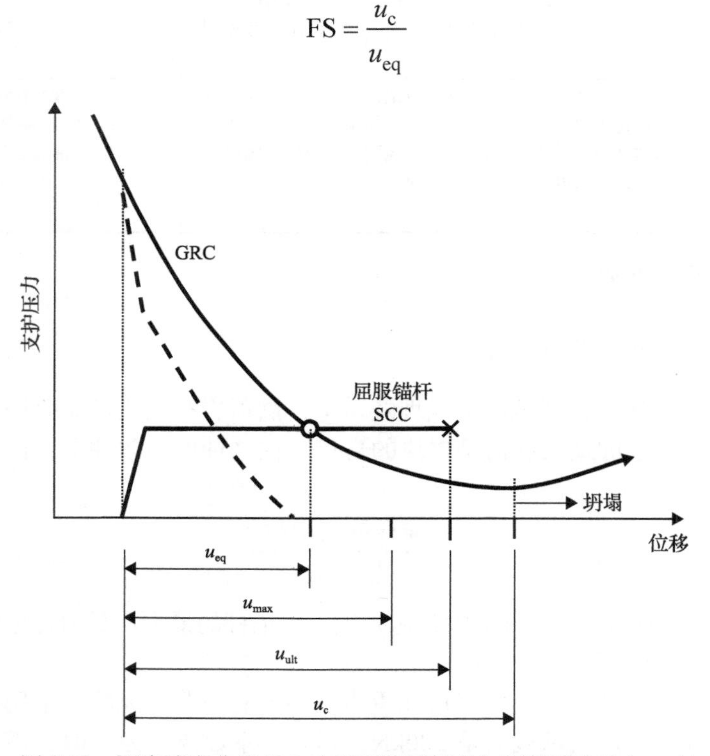

图 5.25　围岩响应曲线(GRC)和屈服锚杆的加固特征曲线(SCC)

从施工操作方面考虑，有些情况下巷道壁的位移不能超过一定值。例如，用隧道掘进机掘进时，为了避免机头被卡住，巷道壁的位移一般不能超过 150mm。因此，还存在一个操作安全系数 FS_{op}，它表示为

$$FS_{op} = \frac{u_{max}}{u_{eq}} \tag{5.13}$$

式中，u_{max} 为最大许可位移。为了避免锚杆被拉断，巷道壁位移 u_{eq} 必须小于锚杆的极限位移 u_{ult}。最后，锚杆加固的安全条件表示为

$$FS = \frac{u_c}{u_{eq}} > 1, \ FS_{op} = \frac{u_{max}}{u_{eq}}, \ u_{eq} < u_{ult} \tag{5.14}$$

多数情况下，我们没有现成的 GRC 可用，也就无法估算围岩稳定后的隧道壁位移 u_{eq}。需要时可以根据岩体的力学参数按照 4.5.2 节介绍的方法尝试建立 GRC，然后结合锚杆的加固特征曲线(SCC)确定响应的隧道壁位移 u_{eq}。

3. 岩爆岩体的加固安全系数

在高地应力硬岩中，岩体中的部分应变能可能会突然释放造成岩爆。采用吸能锚杆是加固有岩爆倾向性岩体的有效方法之一，岩爆岩体的加固设计原则是锚杆的吸收能量的能力必须大于岩爆体动能。岩爆加固安全系数需要根据锚杆的能量吸收能力和岩爆中释放的应变能来计算

$$FS = \frac{nE_{ab}}{E_{ej}} \tag{5.15}$$

式中，n 为锚杆数量；E_{ab} 为每根锚杆的吸能能力；E_{ej} 为岩爆体动能，它表达为

$$E_{ej} = \frac{1}{2}mV^2 \tag{5.16}$$

式中，m 为岩爆体质量；V 为抛射速度。岩爆发生后，锚杆加固的岩爆体被移动 u_{eq}(图 5.26)。如上所述，为保证施工顺利进行，最大许可位移 u_{max} 与巷道壁位移 u_{eq} 之比必须大于 1。另外，位移量 u_{eq} 必须小于锚杆的极限位移 u_{ult}。最后，岩爆岩体锚杆加固的安全系数表示为

$$FS = \frac{nE_{ab}}{E_{ej}} > 1, \quad FS_{op} = \frac{u_{max}}{u_{eq}} > 1, \quad u_{eq} < u_{ult} \tag{5.17}$$

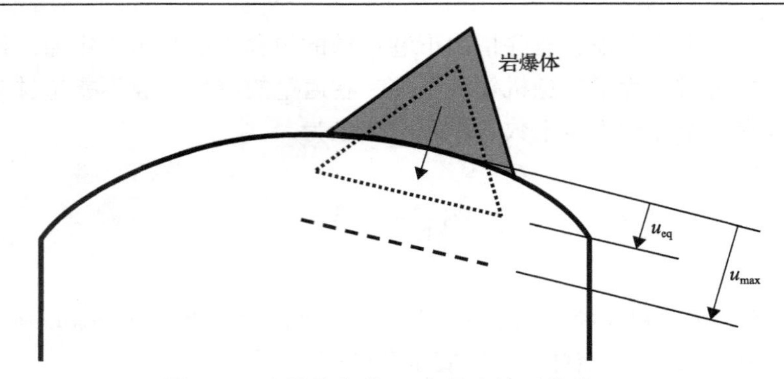

图 5.26 岩爆体位移 u_{eq} 和最大许可位移 u_{max}

设计实例：假设一个重达 10000kg 的岩爆体被抛入隧道空区，抛射速度是 5m/s，打算用吸能锚杆来控制该岩爆体的位移。每根锚杆的屈服强度（P_y）是 200kN，锚杆的极限位移量是 300mm，隧道壁最大许可位移是 150mm。当岩爆加固安全系数为 2 时，需要多少根屈服锚杆加固该岩爆体?

首先，巷道壁的位移 u_{eq} 必须小于最大许可位移 u_{max} = 150mm，假设隧道的最大设计位移是 u_{eq} = 100mm，则操作安全系数为 FS_{op} =150/100=1.5。当发生 100mm 位移时每根锚杆吸收的能量为

$$E_{ab} = P_y \times u_{eq} = 200 \times 100 = 20\text{kJ}$$

岩爆体动能为

$$E_{ej} = \frac{1}{2} mV^2 = \frac{1}{2} \times 10000 \times 5^2 = 125\text{kJ}$$

锚杆需要吸收的总能量为

$$nE_{ab} = \text{FS} \times E_{ej} = 2 \times 125 = 250\text{kJ}$$

根据式（5.15），所需要的锚杆数量为

$$n = \frac{\text{FS} \times E_{ej}}{E_{ab}} = \frac{250}{20} \approx 13\text{根}$$

5.3.5 加固构件之间的匹配

目前民用隧道的加固一般是在围岩中安装全长黏结钢筋锚杆，并且在岩石表面喷射混凝土或者浇注混凝土衬砌。在挤压大变形岩体中，衬砌层中嵌入屈服支护构件（Schubert，2001；Li，2012），以防止混凝土衬砌被过早压坏。图 5.27（a）是这种民用隧道岩体加固系统的概念示意图，它由岩体内的刚性加固构件（全长黏结钢筋锚杆）和衬砌层的屈服支护构件（位移补偿型混凝土衬砌）组成。在这样的加

固系统中，岩体内的刚性锚杆在很小的变形后就可能断裂，但是嵌入屈服支护构件的外部混凝土可以允许较大的岩体变形，这就造成了内部和外部加固构件在变形能力方面的不兼容。

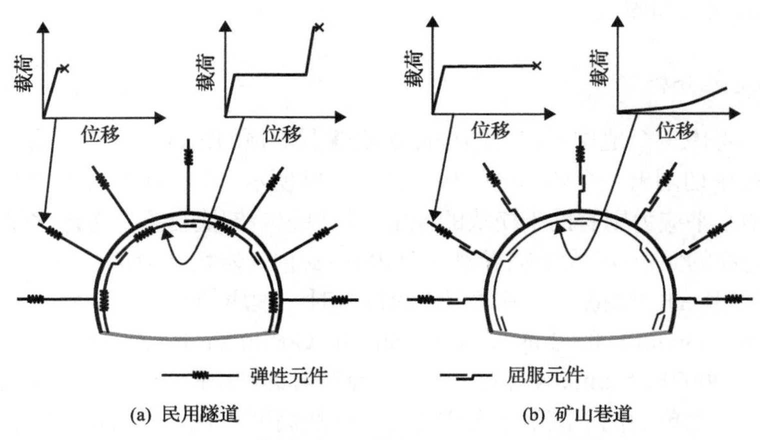

图 5.27　目前使用的岩体加固系统的概念示意图

在地下采矿中，人们习惯使用屈服锚杆和金属网应对过大的岩体变形。岩体的支护力主要由锚杆承担，金属网主要是抑制岩石表面的膨胀。图 5.27(b)是这种岩体加固系统的概念图。在这样的加固系统中，内部加固构件(锚杆)和外部构件(金属网)在变形方面似乎是兼容的，但是金属网的承载能力太低。

合理的岩体加固系统的内置和外置构件都应该是强度高并且可变形。换句话说，为了达到最佳的加固效果，内置和外置加固构件的承载力和变形能力都应该相互匹配，图 5.28 是这种加固系统的概念示意图。

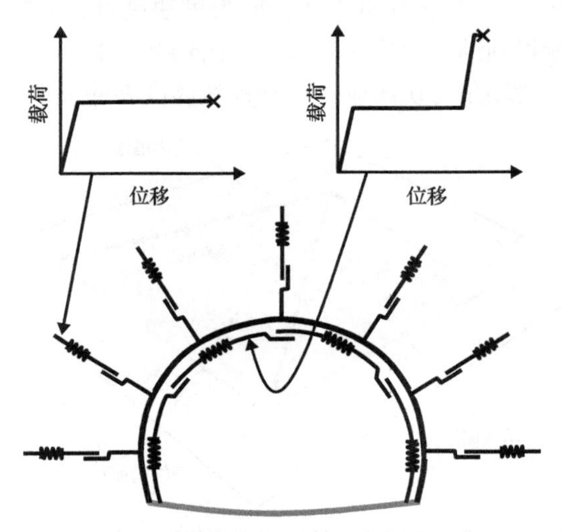

图 5.28　合理的岩体加固系统概念示意图

5.4 锚杆加固类型

5.4.1 拱顶楔块加固

1. 稳定性分析

让我们考虑三个地质不连续结构面切割隧洞拱顶的情况。这三个地质不连续结构面在顶板中切割出一个四面体楔块，如图 5.29 所示。楔块在重力作用下倾向于掉落，顶板中水平应力则有助于楔块的稳定。如果忽略楔块自重只考虑水平应力的影响，当结构面的倾角(α)大于临界滑动角($90°-\phi$)时，岩块会沿该结构面滑动，这里的ϕ是指结构面的内摩擦角。考虑楔块的自重时，楔块的临界滑动角是变化的。许多学者，如 Crawford 和 Bray(1983)，Shi 和 Goodman(1983)，Sofianos(1986)，Nomikos 等(2002)，Nomikos 等(2006)，已经对对称楔块的稳定性做过详细的研究。下面通过一个简单的例子演示当考虑重力时楔块高度对临界滑动角的影响，在这个例子中不考虑节理刚度的影响。让我们考虑巷道中一个纵向楔块，它是由两个走向平行于隧道的不连续结构面切割洞顶形成的，如图 5.30 所示。楔块上的作用力是洞顶切向应力σ_θ、楔块自重和结构面上的摩擦力。楔块在重力作用下倾向于掉落，但是摩擦力试图阻止楔块掉落。阻止楔块掉落的条件是结构面上的摩擦力要大于掉落剪切力。考虑楔块上的作用力和楔块几何形状和尺寸后，阻止楔块掉落的条件表达为

$$\left(\frac{4\sigma_\theta}{2\sigma_\theta+\rho gh}-1\right)\tan\phi>\sin2\alpha+\cos2\alpha\tan\phi \tag{5.18}$$

式中，ρ为岩石密度；g 为重力加速度；h 为楔块高度；α为结构面的倾角。令式(5.18)两边相等就得到结构面临界滑动角。令$\rho=2700\text{kg/m}^3$，$\phi=35°$，$g=10\text{m/s}^2$，由式(5.18)得到临界滑动角与切向应力σ_θ和楔块高度 h 的关系如图 5.31 所示。

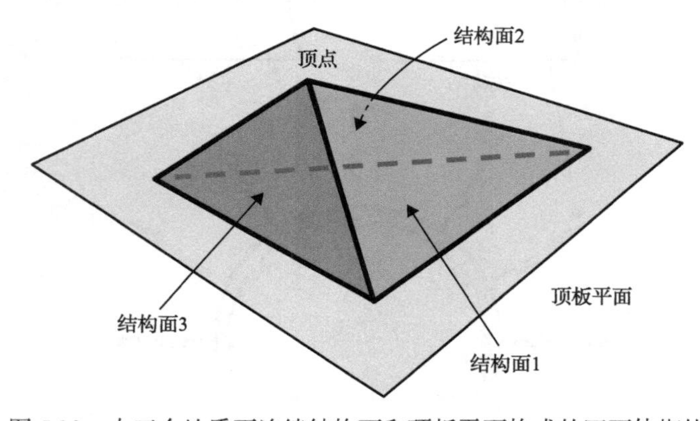

图 5.29 由三个地质不连续结构面和顶板平面构成的四面体楔块

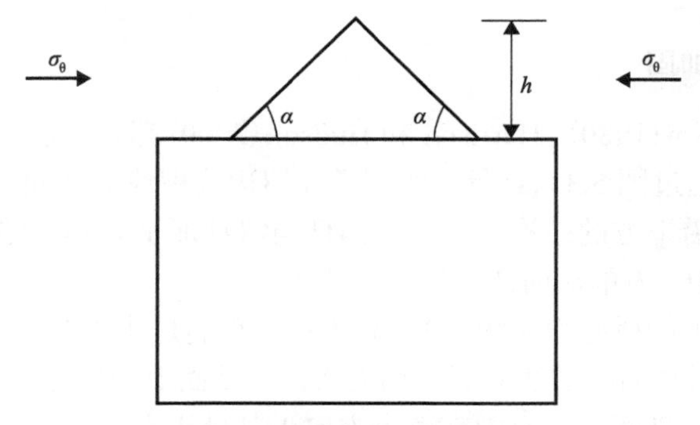

图 5.30　隧道顶板中的楔块

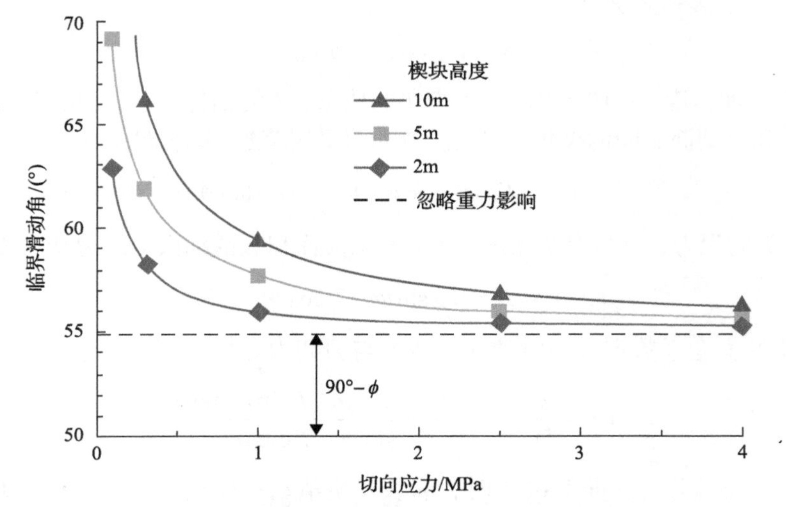

图 5.31　三种不同楔块高度的临界滑动角与切向应力的关系

2. 锚杆加固

图 5.32 是用锚杆加固拱顶岩块的示意图。锚杆上的最大载荷等于岩块自重，稳定岩块所需锚杆的数量 N_{bolt} 为

$$N_{\text{bolt}} = \text{FS} \times \frac{Wg}{P_{\text{ult}}} \tag{5.19}$$

式中，FS 为安全系数；W 为岩块质量；g 为重力加速度；P_{ult} 为锚杆最大承载力。对于全长注浆锚杆，锚杆在楔块后方稳定岩层中的长度至少要 1m。

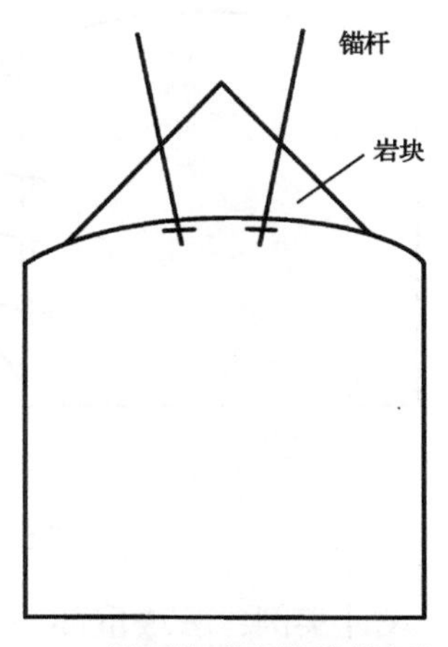

图 5.32　拱顶楔形岩块的锚杆加固

5.4.2 边墙楔块加固

Hoek 和 Brown（1980）、Harrison 和 Hudson（2000）都介绍过用锚杆加固边墙楔块的原理。下面通过图 5.33（a）所示的例子介绍边墙楔块的加固。假设边墙中的楔块在重力作用下沿下方的结构面滑动，锚杆与滑动面呈 α 角。锚杆提供的总加固力为 $T=\Sigma t$，其中 t 为单根锚杆的最大承载力。

施加在楔块上的所有力如图 5.33（b）所示，它们是作用在楔块上的重力 Wg，总的锚杆力 T，滑动面上的法向反作用力 N，滑动面上的抗剪力 R。临界状态下，沿滑动面发生剪切破坏，所有力在各个方向上都处于平衡状态。通过力的平衡，得到法向力的表达式为

$$N = Wg\cos\psi + T\sin\alpha$$

式中，重力加速度 $g=10\text{m/s}^2$；W 为楔块的质量；T 为锚杆力；ψ 为滑动面的倾角；α 为锚杆和滑动面之间的夹角。假设沿滑动面采用莫尔-库仑准则，则抗剪力表示为

$$R = cA + (Wg\cos\psi + T\sin\alpha)\tan\phi$$

式中，c 为内聚力；ϕ 为内摩擦角；A 为滑动面面积。滑动面上的剪切力 D 表达为

$$D = Wg\sin\psi - T\cos\alpha$$

楔块的安全系数定义为滑动面抗剪力与剪切力之比，即

$$\text{FS} = \frac{R}{D} = \frac{cA + (Wg\cos\psi + T\sin\alpha)\tan\phi}{Wg\sin\psi - T\cos\alpha} \tag{5.20}$$

安全系数小于 1，即 FS≤1 时，岩块发生滑动；而当 FS＞1 时，岩块稳定。锚杆加固设计采用的安全系数通常为 1.5～2。

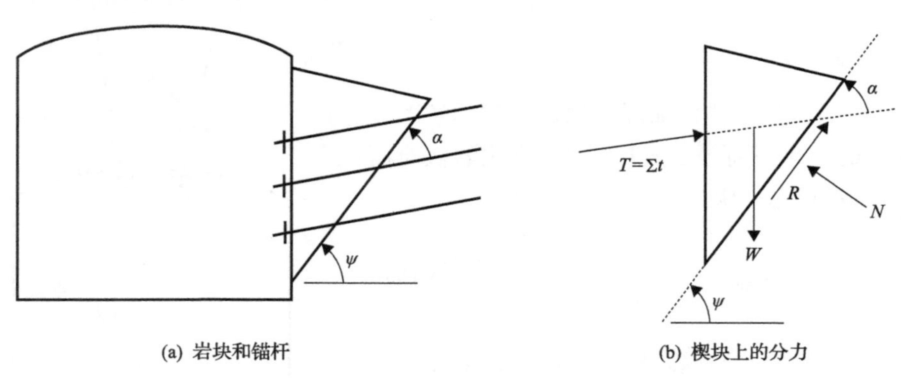

(a) 岩块和锚杆　　(b) 楔块上的分力

图 5.33　用锚杆稳定巷道边墙中的楔块

设计实例：一块重 200t 的岩块由五根锚杆加固，滑动结构面的倾角为 60°，锚杆水平安装。假设滑动面上的内聚力为零，内摩擦角为 30°，单根锚杆的最大

承载力为 t=200kN。①当前锚杆加固的安全系数是多少？②需要多少根锚杆才能达到安全系数 2?

已知数据是：

$Wg = 200 \times 10 = 2000\text{kN}$,

$\alpha = \psi = 60°$,

$T = 5 \times 200 = 1000\text{kN}$,

$t = 200\text{kN}$,

$c = 0$,

$\phi = 30°$。

(1)当前锚杆加固的安全系数为

$$\text{FS} = \frac{cA + (Wg\cos\psi + T\sin\alpha)\tan\phi}{Wg\sin\psi - T\cos\alpha} = 0.87$$

安全系数小于 1，说明需要增加锚杆数量才能使岩块稳定。

(2)令 FS=2，将其他相关量代入式(5.20)中，得到安全系数为 2 时所需的总加固力为

$$T = Wg\frac{\text{FS}\sin\psi - \cos\psi\tan\phi}{\text{FS}\cos\alpha + \sin\alpha\tan\phi} = 1920\text{kN}$$

所需的锚杆数是 $T/t = 10$ 根。

锚杆总加固力 T 使不连续结构面上的法向力增大，从而提高了滑动面上的摩擦力。总加固力对剪切力的影响有可能增加也可能减小，这取决于安装角α(即锚杆与滑动面的夹角)。理论上存在一个最佳安装角α_c，以该角度安装锚杆对岩块的加固最有效。令式(5.20)中的安全系数 FS = 1，这是岩块开始滑动的临界状态。此刻的锚杆加固力为

$$T = Wg\frac{\sin\psi - \cos\psi\tan\phi}{\cos\alpha + \sin\alpha\tan\phi} \tag{5.21}$$

当$\partial T / \partial\alpha = 0$时，平衡该岩块所需的锚杆加固力最小。将式(5.21)对α求导，并令其等于零，得到最佳安装角为

$$\alpha_c = \phi \tag{5.22}$$

换言之，当锚杆以ϕ的角度安装时，其加固效果最佳。

5.4.3　锚杆成拱加固

图 5.34 描述了岩块在洞顶搭接成拱的情形，它形象地解释了围岩中自然承压拱的概念。顶板岩层中的三个垂直结构面切割出两个悬顶岩块，由于结构面上有摩擦阻止了岩块沿边墙两侧的结构面下滑，两岩块在重力作用下相向转动，在中

间结构面的上缘顶在一起，与此同时，岩块边墙结构面下缘顶到边墙上，这样从岩块边墙下缘支撑点到中间结构面的上缘挤压点在两岩块内形成一个承压拱，岩块的重量及上覆地压通过这个拱传递给边墙围岩。

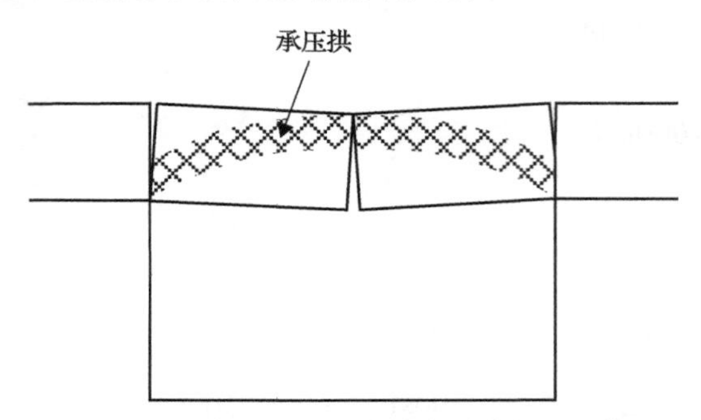

图 5.34　在两个悬顶岩块中形成的承压拱

当地下硐室围岩破碎区很大时，围岩中的自然承压拱会距离硐室较远。在这种情况下，可以通过群锚在破碎区内建立人造承压拱，以防止破碎的岩石垮落。Lang（1961）和 Hoek（2007）的物理模型表明，在群锚锚杆的相互作用区内可以形成如图 5.35 所示的人造承压拱，承压拱的承载力可由式（5.23）估算

$$\sigma_{\max} = k\sigma_{\mathrm{c}}\left(\frac{t}{B}\right)^2 \tag{5.23}$$

式中，$\sigma_{\max}$ 为承压拱可以承受的最大围岩压力；σ_{c} 为岩体单轴抗压强度；B 为硐室跨度；t 为锚杆加固交叉区厚度。系数 k 与承压拱中的力矩臂长度成正比，Wright（1973）根据试验数据反演得到 k 大约等于 0.9。

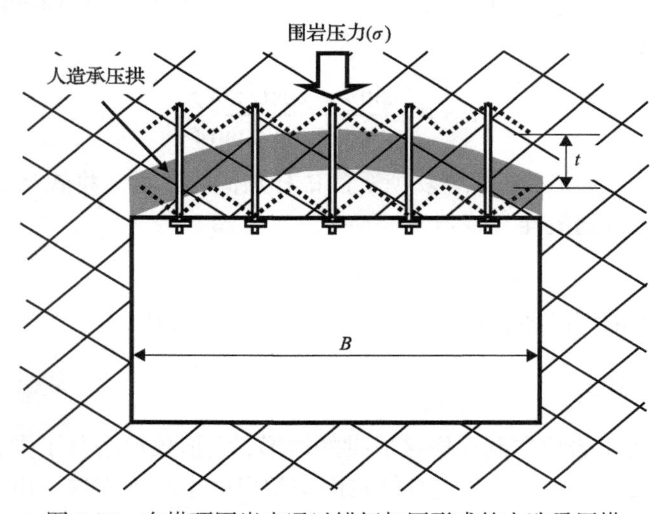

图 5.35　在拱顶围岩中通过锚杆加固形成的人造承压拱

5.4.4　锚杆约束加固

约束加固通常用于防止岩柱解体。使用这种加固方法，锚杆通常等距分布、横穿岩柱，并施加较高的预紧力，如图 5.36 所示。需要注意的是，锚杆约束加固并不是为了提高岩柱的峰值强度、避免岩柱破坏，而是为了一旦岩柱发生破坏防止其解体。根据莫尔-库仑准则，围压σ_3对岩石强度的增加值是

$$\Delta\sigma_1 = \tan^2\left(45° + \frac{\phi}{2}\right)\sigma_3 \tag{5.24}$$

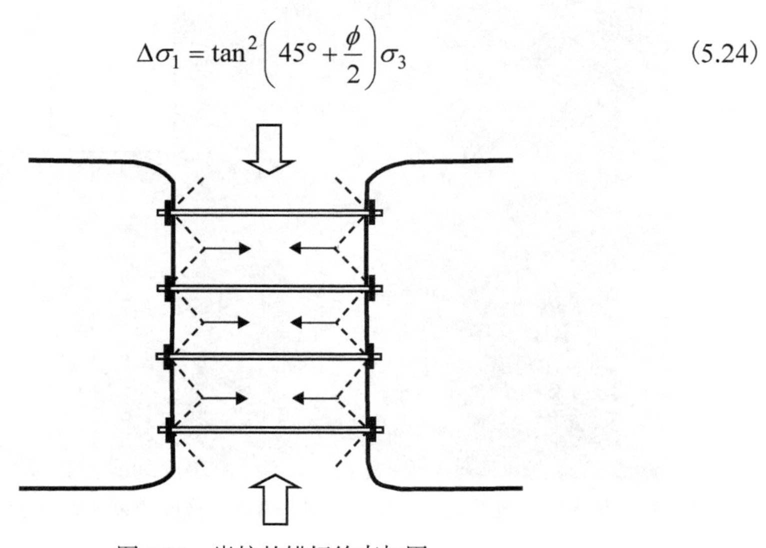

图 5.36　岩柱的锚杆约束加固

式中，ϕ为岩石的内摩擦角。以锚杆间距为 1m 的群锚约束加固的岩柱为例，假设单根锚杆的最大承载力为 200kN，每根锚杆对岩柱提供的最大平均围压是$\sigma_3 = 200\text{kN}/(1\times1)\text{m}^2 = 0.2\text{MPa}$。假设峰值和残余内摩擦角分别为 40°和 30°，由式(5.24)可以得到岩石的峰值和残余强度增加量为

峰值强度增量：$\Delta\sigma_1 = \tan^2\left(45° + \dfrac{40°}{2}\right)\times 0.2 = 0.9\text{MPa}$

残余强度增量：$\Delta\sigma_1 = \tan^2\left(45° + \dfrac{30°}{2}\right)\times 0.2 = 0.6\text{MPa}$

岩石的单轴抗压强度通常大于 50MPa，与岩石的固有强度相比，峰值强度的增加值 0.9MPa 可以忽略不计。但是，大多数岩石的单轴残余强度都比较低，所以残余强度增加 0.6MPa 能够显著改善岩柱破坏后的变形特性。

图 5.37 是某水电站地下机房边墙上两个壁龛之间的岩柱，岩柱宽 6m，深 8m。开挖壁龛期间岩柱中出现了劈裂破坏。用承载力 1000kN 的锚索对该岩柱进行了

横向约束加固，锚索间距 2m，预紧力 400kN。安装锚索前在岩柱两侧浇筑了 300mm 厚的混凝土衬砌，以便有效地将锚索载荷传递给岩柱。使用方形 200mm×200mm 锚索托盘，该托盘刚度大。锚索给岩柱能够提供的最大围压大约是 1000/(2×2) = 0.25MPa，岩柱强度增加大约 0.75MPa(假设岩石内摩擦角为 30°)，这相当于该岩柱的承载能力增加了 36MN。

图 5.37 某水电站地下机房壁龛岩柱用锚索进行横向约束加固(J. Mierzejewski 供图)

5.4.5 锚杆悬吊加固

煤矿很多巷道的直接顶板是一层软弱岩石，可以用锚杆将这一层软岩悬吊加固到深处的稳定岩层上，如图 5.38 所示。这层软岩施加给锚杆的载荷是岩层自重，因此锚杆加固设计只考虑岩层厚度和锚杆间距就可以。锚杆需要提供的承载力由式(5.25)计算

$$P_{\text{ult}} = \text{FS} \times (l \times s \times c) \times \rho \times g \tag{5.25}$$

式中，FS 为安全系数；l 为被加固的岩层厚度；s 为锚杆行内间距；c 为锚杆行间距；ρ 为岩石密度；g 为重力加速度，10m/s^2。锚杆最小长度 $L_{\min}$ 应该是

$$L_{\min} = l + \text{锚固段长度} \tag{5.26}$$

使用全长黏结锚杆加固时，锚杆在稳定地层内的黏结长度，即锚固段长度，至少要 1m。基本原则是，锚固段长度必须是锚杆临界黏结长度的 2～4 倍。

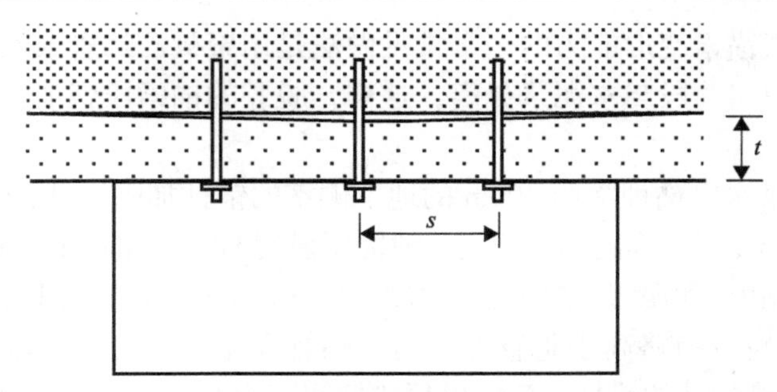

图 5.38　锚杆悬吊加固

5.4.6　锚杆穿层加固

当顶板是薄层沉积岩时，可以用锚杆把薄岩层缝合在一起，形成更厚、强度更高的顶板梁，如图 5.39 所示。这种穿层锚杆加固的力学机理是增加岩层之间的摩擦力，以便减少岩层之间的相对移动和岩层挠曲。

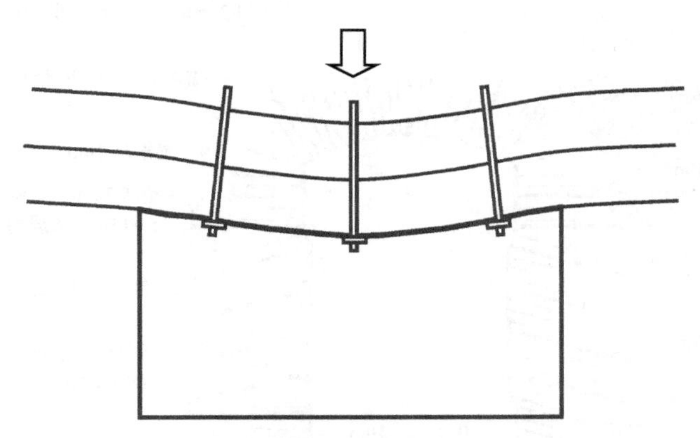

图 5.39　锚杆穿层加固

5.4.7　大型地下硐室中的锚杆加固

大型地下硐室开挖后，围岩破坏区会延伸到很深处。岩石表面的衬砌、喷射混凝土和金属网等加固构件只能被动地对岩体变形做出反应，因此在大型地下硐室的岩体加固系统中，锚杆和锚索起着至关重要的作用。当岩体质量较差，地应力较大时，破碎区可能大到超出锚杆长度，以至于锚杆加固的围岩继续向硐室移动。在这种情况下，岩体加固用小间距的全长注浆短锚杆（3～7m）与长锚索（10～25m）相结合的方法。使用短锚杆群锚的目的是要在紧挨硐室墙壁的围岩中建立一个锚杆加强的岩石“护盾”，而长锚索把这个“护盾”固定到破碎区后面的稳定岩层上。采用这种加固方法，要求锚索必须能承受大变形，否则它会过早失效，不能发挥设计功能。提高锚索变形能力的一个常见做法是用聚氯乙烯管或其他类型的塑料聚合物将锚索中间一段与水泥浆分离，这样，脱黏的锚索段就能在注浆体中自由伸长了。

图 5.40 为某水电站埋深约 400m 的地下硐室的锚杆加固设计，硐室跨度 25m，高 45m，长 120m，主要岩性是砂岩(单轴抗压强度 80～150MPa)、粉砂岩(单轴抗压强度 40～60MPa)和泥岩(单轴抗压强度 20～50MPa)，岩层向上游倾斜，倾角为 30°，岩体水平地应力略高于垂直地应力。估计硐室的最终岩壁收敛量是 200～300mm。全长注浆黏结的锚杆长 7m，拱顶锚杆间距为 1m×1m，边墙为 1.3m×1.3m，每根锚杆的最大承载力为 300kN。每根锚索的最大承载力为 1000kN。拱顶的中间 3 根锚索长 15m，其余长 10m，间距为 4m×4m。边墙中的锚索长 15m，间距为 5m×5m。下游一侧边墙下部附近的岩体中有硐室开挖，为了加强那里的围岩安装了 3 根长 20m 的锚索。

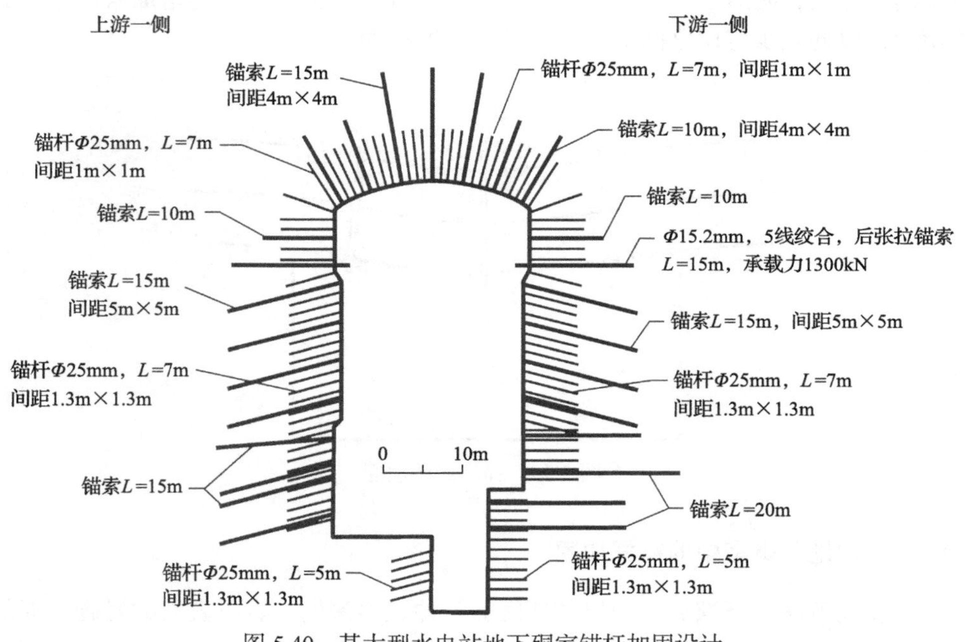

图 5.40　某大型水电站地下硐室锚杆加固设计

5.4.8　超前支护

在极不稳定岩体中，隧道掘进过程中在掌子面前方顶板岩层上安装小倾角支护桩对岩层进行预加固，这就是所谓的超前支护，如图 5.41 所示。超前支护桩类型包括钢筋锚杆、自钻锚杆、钢管和钢板。

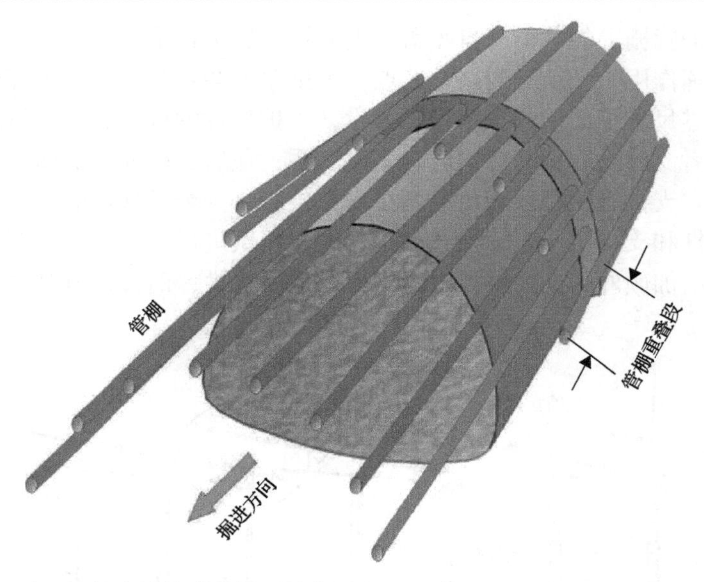

图 5.41　采用超前支护的隧道施工示意图(Hoek，2015；Aksoy and Onargan，2010)

在块状破碎节理岩体中，钢筋锚杆和钢管安装在注浆钻孔中。如果是软土层，可直接把钢筋锚杆和钢管打入土层。

自钻锚杆超前支护就是在钻完孔后把钻杆留在地层中做加固件，钻头要么留在地层中，要么从钻孔中取出。自钻超前支护适用于极差岩体和固结土层。

钢板超前支护特别适用于不稳定、松散无黏性的土层。这类钢板桩长 1.25～3m，宽约 220mm，板厚 3～6mm(DSI，2015)。钢板桩可由液压凿岩机打进土层中。

钢筋锚杆超前支护的杆件安装通常是在每次进尺后进行，钢筋锚杆长度一般不超过 6m。钢管超前支护，也就是所谓的管棚支护，通常使用 12m 或 15m 长的钢管(Volmann and Schubert，2009)。由于管棚很长，可以一次安装多次进尺。对于在软岩中开挖某 12m 跨度隧道的超前预加固，Hoek(2015)提出以下方案：超前支护使用钢管，注浆安装，管长 12m，直径 114mm，间距 0.3～0.6m，每进尺 8m 安装下一段管棚，各段管棚之间至少重叠 4m。

最常用的超前支护桩技术参数见表 5.2。

表 5.2　超前支护桩技术参数

(DSI，2015；Bang，1984；Volmann and Schubert，2009；Ocak，2008；Hoek，2015)

超前支护桩	直径/mm	长度/m	间距/m	安装倾角/(°)
钢筋锚杆桩	20～50	4.6～6.1	0.5～1.5	6～10
钢管桩	38～200	9～15	0.3～0.6	6～10
自钻锚杆桩	32～51	—	—	6～10

超前支护管棚上的载荷来自覆盖其上的松动岩土自重。为了使支护管棚按照设计要求发挥作用，必须做到以下三点，参见图 5.42：首先，支护杆件远端必须安装到下一进尺掌子面前方几米处；其次，支护杆件的近端必须跟隧道内加固岩体的锚杆或者支撑拱或者两者同时建立起联系；最后，超前支护前后两个管棚必须有重叠段。支护管棚必须至少有两个支撑位置，一个是远端的掌子面，另一个是近端的锚杆和支撑拱。当管棚长度远远大于每次进尺长度时，需要在管棚近端和远端之间增加额外的支撑拱。支撑拱可以是桁架梁、钢梁、喷射混凝土拱等。

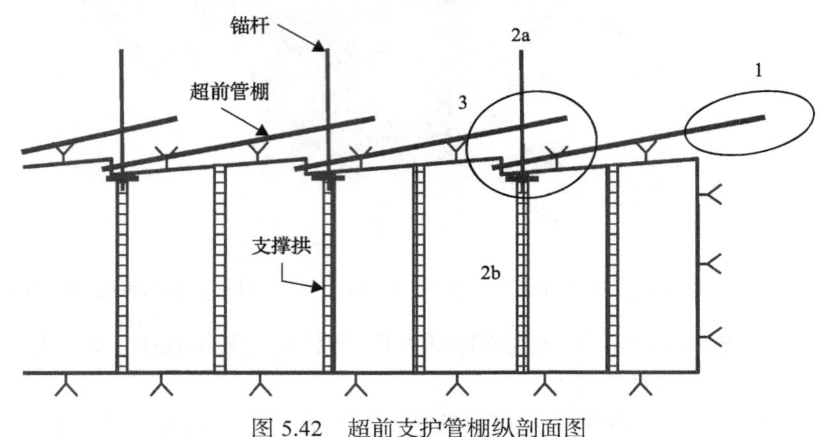

图 5.42　超前支护管棚纵剖面图

1-掌子面前方的管棚部分；2-管棚支撑构件，2a-锚杆，2b-支撑拱；3-管棚重叠段

根据杆的弯曲特性，一个下方有多个支撑拱的长超前支护管棚可以分为 A 和 B 两个区域(图 5.43)。每根杆件上的均布载荷用 qs 表示，其中 q 是围岩压力，s 是管棚中的杆间距。A 区两个支撑拱之间的超前支护杆杆段可以简化为悬臂梁。根据梁理论，杆段的最大挠度 $\delta_{A,\mathrm{m}}$ 表示为

$$\delta_{A,\mathrm{m}} = 5.4\frac{qs}{EI}l^4 \times 10^{-3} \tag{5.27}$$

式中，l 为拱间距；E 为杆材料的杨氏模量；I 为杆的弯矩。在 B 区，相邻两拱之间的超前支护杆杆段可以简化为固定端梁。固定端梁的最大挠度 $\delta_{B,\mathrm{m}}$ 表示为

$$\delta_{B,\mathrm{m}} = 2.6\frac{qs}{EI}l^4 \times 10^{-3} \tag{5.28}$$

比较式(5.27)和式(5.28)可知，B 区杆的最大挠度大约是 A 区杆的一半，因此，超前支护杆的近端挠度最大。如果在超前支护杆的近端只设置一个支撑拱[图 5.44(a)]，则每根杆都相当于一个悬臂梁。由式(5.27)可知，杆的最大挠度表示为

$$\delta_{A,\mathrm{m0}} = 5.4\frac{qs}{EI}L^4 \times 10^{-3}$$

式中，L 为隧道掘进进尺长度。如果在距离 L 中间增加一个支撑拱[图 5.44(b)]，超前支护杆的挠曲刚度变得很大，近端处的最大挠度减小到了之前的 1/16，即

$$\delta_{A,\mathrm{m1}} = \frac{1}{16}\delta_{A,\mathrm{m0}}$$

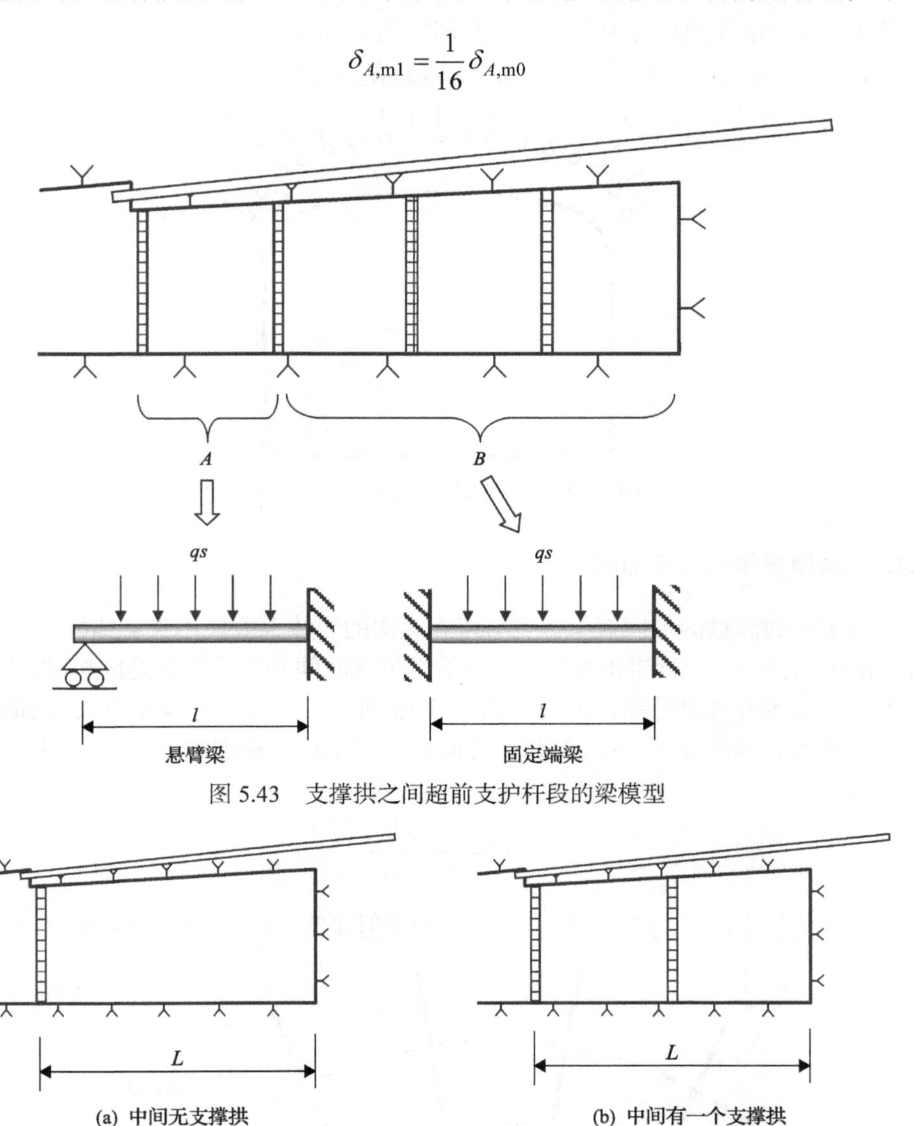

图 5.43　支撑拱之间超前支护杆段的梁模型

图 5.44　超前支护管棚

下面是一个在金属矿山的挤压破碎岩体中采用的超前支护实例。根据岩体破碎程度，支护构件可以选择钢筋锚杆或者自钻锚杆。巷道爆破每次进尺 4m，使用钢筋通锚杆做超前支护杆件时，锚杆长度至少 6m，用水泥全长黏结在钻孔中。当使用自钻锚杆时，必须钻进到下一进尺掌子面前方至少 1m 处。无论使用何种类

型的支护杆件，其长度都必须大于掘进进尺长度。

支护管棚的钻孔布置如图 5.45 所示，支护杆钻孔位于巷道拱顶边线爆破孔上方约 1m 处，钻孔仰角为 10°～15°，杆间距为 0.3m。

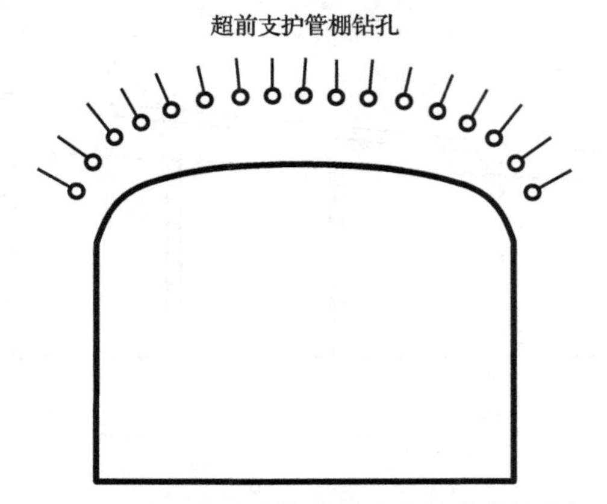

图 5.45　矿山破碎岩体巷道中的超前支护管棚

5.4.9　岩爆岩体的锚杆加固

为了达到满意的加固效果，在有岩爆倾向的岩体上应使用吸能锚杆，如 D 锚杆、锥体锚杆等，进行岩体加固。岩爆的发生在时间和位置上都是随机的，因此，一般采用群锚方式进行锚杆加固，如图 5.46 所示。假设岩爆深度为 t，则锚杆长度应至少比岩爆深度长 1m。如果以等间距安装锚杆，根据式(5.15)，锚杆间距 s 应该是

$$s^2 = \frac{1}{\mathrm{FS}} \frac{2E_{\mathrm{ab}}}{t\rho v^2} \tag{5.29}$$

式中，FS 为安全因子；ρ为岩体的密度；v 为抛射速度；E_{ab} 为每根锚杆的吸能能力。

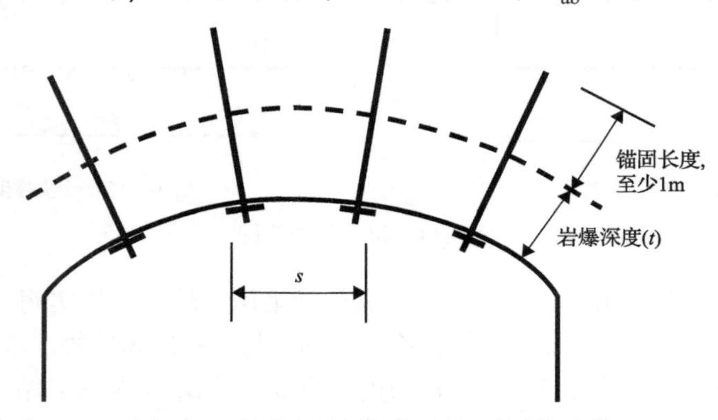

图 5.46　具有岩爆倾向的岩体中锚杆加固

锚杆与表面约束构件(如金属网和网带)的牢固连接至关重要，这样才能将表面约束构件上的载荷传递到锚杆上。

参 考 文 献

Aksoy, C.O., Onargan, T., 2010. The role of umbrella arch and face bolt as deformation preventing support system in preventing building damages. Tunnelling and Underground Space Technology 25, 553-559.

Bang, S., 1984. Limit analysis of spiling reinforcement system in soft ground tunneling. Tunnel 3/84, 140-146.

Barton, N., Grimstad, E., 2014. Tunnel and cavern support selection in Norway, based on rockmass classification with the Q-system. In: Norwegian Tunelling Technology. Norwegian Tunelling Society, Oslo, pp. 45-77. Publication No. 23.

Barton, N., Lien, R., Lunde, J., 1974. Engineering classification of rockmasses for the design of tunnel support. Rock Mech. 6(4), 189-239.

Bieniawski, Z.T., 1989. Engineering Rockmass Classifications, Wiley, New York.

Choquet, P., Hadjigeorgiou, J., 1993. The design of support for underground excavations. In: Hudson, J.A.(Ed.), Excavation, Support and Monitoring. Comprehensive Rock Engineering – Principles, Practice and Projects, Vol. 4. Pergamon Press, pp. 313-348.

Coates, D.F., Cochrane, T.S., 1970. Development of design specifications for rock bolting from research in Canadian mines. Research Report R224, Mining Research Centre, Energy, Mines and Resources Canada.

Crawford, A.M., Bray, J.W., 1983. Influence of the in situ stress field and joint stiffness on rock wedge stability in underground openings. Can. Geotech. J., 20, 276-287.

Crawford, A.M., Ng, L., Lau, K.C., 1985. The spacing and length of rock bolts for underground openings in jointed rock. In: Einsenstein, Z. (Ed.), Proc. 5th Int. Conf. Numerical Methods in Geomechanics, Nagoya, Japan, pp. 1293-1300.

DSI, 2015. Spiles and Forepoling Boards. Product catalog. DWIDAG-System International.

Farmer I. W., Shelton, P.D., 1980. Factors that affect underground rockbolt reinforcement systems design. Trans. Inst. Min. Metall. 89, A68-A83.

Harrison, P., Hudson, J., 2000. Engineering Rock Mechanics part 2: Illustrative Worked Examples. Pergamon.

Hoek, E. 2007. Model to demonstrate how bolts work, In: Practical Rock Engineering. https://www.mysciencework.com/publication/show/36c36e 6397ad9081757c2cacdd0af03f.

Hoek, E., 2015. Numerical modelling for shallow tunnels in weak rock. https://www.rocscience.com/documents/pdfs/rocnews/Spring2003/ShallowTunnels.pdf.

Hoek, E., Brown E.T., 1980. Underground Excavations in Rock., IMM, London.

Kaiser, P.K., Tannant, D.D., McCreath, D.R., 1996. Canadian Rock Burst Support Handbook. Geomechnaics Research Center, Sudbury, Ontario, 385p.

Krauland, N., 1983. Rockbolting and economy. In: Stephansson, O.(Ed.), Rockbolting—Theory and Applications in Mining and Underground Construction. Balkema, Rotterdam, pp. 499-507.

Lang, T.A., 1961. Theory and practice of rockbolting. Trans. of Amer. Inst. of Mining, Metall. Pet Eng. 220, 333-348.

Lang, T., 1972. Rock reinforcement. Bull. Assoc. Eng. Geol. 9, 215-239.

Li, C.C. 2006a. Rock support design based on the concept of pressure arch. Int. J. Rock Mech. Min. Sci. 43(7), 1083-1090.

Li, C.C. 2006b. Evaluation of the state of stress in the vicinity of a mine drift through core logging. 4th Asian Rock Mechanics Symposium, Nov. 8-10, Singapore. World Scientific, New Jersey. 8p.

Li, C.C. 2012. Design principles of rock support for underground excavations. In: Eurock 2012, 28-30 May 2012, Stockholm, Sweden. 18p.

Li, C.C., Marklund, P.-I., 2005. Field tests of the cone bolt in the Boliden mines. In: Bergmekanikdag 2005, SveBeFo, Stockholm, pp. 33-44.（in Swedish）.

Nomikos, P.P., Sofianos, A.I., Tsoutrelis, C.E., 2002. Symmetric wedge in the roof of a tunnel excavated in an inclined stress field. Int. J. Rock Mech. Min. Sci. 39, 59-67.

Nomikos, P.P., Yiouta-Mitra, P.V., Sofianos, A.I., 2006. Stability of asymmetric roof wedge under non-symmetric loading. Rock Mech. Rock Eng. 39, 121-129.

Ocak, I., 2008. Control of surface settlements with umbrella arch method in second stage excavations of Istanbul Metro. Tunnelling and Underground Space Technology 23, 674-681.

Panek, L.A., 1964. Design for bolting stratified roof. Trans. Soc. Min. Eng. AIME, 229: 113-119.

Schach, R., Garschol, K., Heltzen, A.M., 1979. Rock Bolting: A Practical Handbook. Pergamon, Oxford.

Schubert, W., 2001. Recent experience with squeezing rock in Alpine tunnels. In: Allan, C.（Ed.）, CUC – Rock Support in Medium to Poor Rock Conditions, Proc. Int. Symp. Sargans.

Shi, G., Goodman, R, E., 1983. Keyblock bolting. In: Stephansson, O.（Ed.）, Rockbolting—Theory and Applications in Mining and Underground Construction, Balkema, Rotterdam, pp, 143-167.

Simser, B., 2001. Geotechnical Review of the July 29th, 2001: West ore zone mass blast and the performance of the Brunswick/NTC rockburst support system. Technical report, 46p.

Sinha, R.S., 1989. Rock reinforcement. Underground Structures—Design and Instrumentation. Elsevier, Amsterdam, pp. 129-158.

Slade, J., Ascott, B., 2007. Impact of rockburst damage upon a narrow vein gold desposit in the Easter Goldfields, West Australia. In: Potvin, Y., Hadjigeorgiou, J., Stacey, D.（Eds.）, Challenges in Deep and High Stress Mining. Australian Centre for Geomechanics, Perth, pp. 247-256.

Sofianos, A.I., 1986. Stability of wedges in tunnel roofs. Int. J. rock Mech. Min. Sci. & Geomech. Abstr. 23（2）, 119-130.

Statens vegvesen, 2000. Fjellbolting. Håndbok 215. Trykkpartner AS, Oslo. 103 p.

Stillborg, B. 1994. Professional Users Handbook for Rockbolting. Trans Tech Publications.

Volkmann, G.M., Schubert, W., 2009. Effects of pipe umbrella systems on the stability of the working area in weak ground tunneling. In: Sinorock - International Symposium on Rock Characterisation, Modelling and Engineering Design Methods, 5 p.

Wright, F.D., 1973. Roof control through beam action and arching. In: SME Mining Engineering Handbook; vol. 1. Society of Mining Engineers, New York, NY, pp. 80-96. Chapter 13.

Zhang, C., Feng X.T., Zhou. H., Qiu, S., Wu, W., 2012. Case histories of four extremely intense rockbursts in deep tunnels. Rock Mechanics and Rock Engineering, 45, 275-288.

第6章　锚杆安装

6.1　引　　言

锚杆安装是为了将锚杆与岩体牢固地耦合到一起。安装方法取决于锚杆的锚固机制。对于机械锚杆，安装时必须保证锚杆远端的膨胀壳紧紧地压在钻孔孔壁上，但压力又不能使孔壁岩石破坏；对于全长注浆钢筋锚杆，钻孔必须注满水泥或者树脂黏结剂，使用树脂药卷安装的话，树脂药卷内的两种浆液必须在钻孔中搅拌均匀；对于缝式锚杆，必须使锚杆和钻孔孔壁间建立起压应力；对于水胀式锚杆，钻孔孔壁必须足够粗糙，以便安装完成后锚杆管能机械地锁定在钻孔中。

隧道边墙中锚杆孔应该有 2°～5°的仰角，以便孔内积水自然流出。钻孔成孔后最好立即安装锚杆，以防塌孔，尤其是在破碎岩体中一定要这样做。全机械化锚杆安装通常采用钻孔与安装一体化方式，但人工安装时，钻孔和锚杆安装一般是由不同班组分别执行的。即使是机械化安装，当钻机和锚杆安装机是独立设备时，也必须在钻孔数小时后才能安装锚杆，在成孔后的等待时间里孔壁碎块可能会掉到孔内，导致锚杆不能顺利插入。当钻孔和锚杆安装在不同时间进行时，安装前要用高压水冲洗钻孔，清除孔内碎石块。

6.2　机 械 锚 杆

机械锚杆的安装如图 6.1 所示。把锚杆插入孔内后，先旋转杆体，锚杆端部的楔块被拉向孔口方向，膨胀壳壳片张开压到孔壁上产生少许摩擦力，然后旋转螺母将托盘压紧到岩石表面上，直至杆体中产生 30～50kN 的预紧力。安装完成后锚杆立即起作用。

机械锚杆安装时应该特别注意控制钻孔直径。膨胀壳的张开度有限，孔径过大，壳片张开后接触不到孔壁就无法固定锚杆。另外，在极软的岩石中，膨胀壳下面的岩石有可能被压坏，摩擦力消失，导致锚杆安装失败。因此，在软岩中，施加在锚杆杆体上的扭矩大小应与岩体质量相匹配。在硬岩中，锚固效果受扭矩的影响不大。

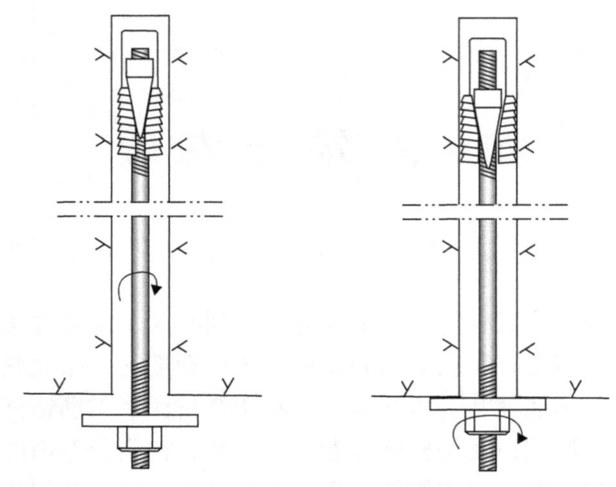

图 6.1　机械锚杆的安装

6.3　缝 式 锚 杆

缝式锚杆的钻孔直径应比锚杆直径小 1～4mm。安装时，用凿岩台车的台臂将锚杆推入钻孔中，直到锚杆托盘接触到岩石表面为止，如图 6.2 所示。安装完成后锚杆立即起作用。

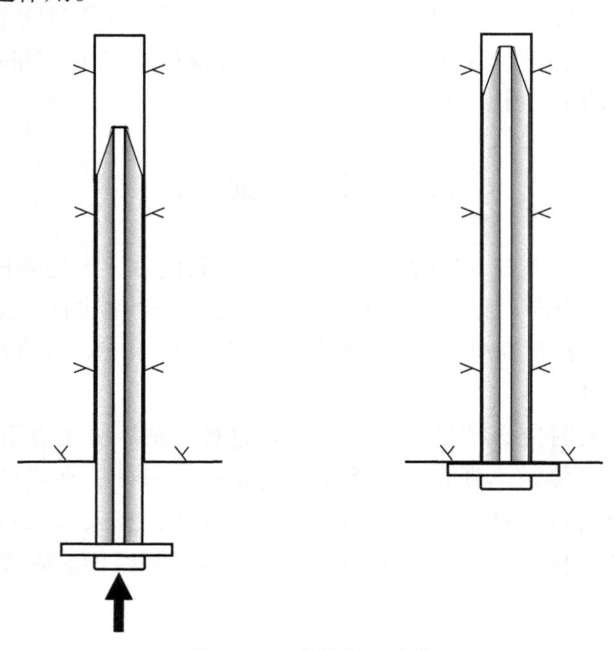

图 6.2　缝式锚杆的安装

控制钻孔直径是缝式锚杆安装成功的关键因素，过小的钻孔会导致锚杆在插入一段后就卡在孔内，如果加大推力会导致杆体挠曲，安装失败；如果钻孔太大，锚杆和孔壁之间的接触力过低或根本无接触力，这样就导致太小的摩擦力或者摩擦力为零。缝式锚杆的长度一般不超过 3m。

6.4　水胀式锚杆

水胀式锚杆的安装以 Swellex 锚杆的安装为例做说明，如图 6.3 所示。首先将锚杆插入钻孔，然后通过连接在锚杆端部套管上的接头将水泵入 Swellex 锚杆杆管内，折叠的杆管在水压下展开，并在几分钟内完全充满钻孔，当水压达到预设安装压力(24～30MPa)时，停泵卸压，安装完成。安装后锚杆立即起作用。

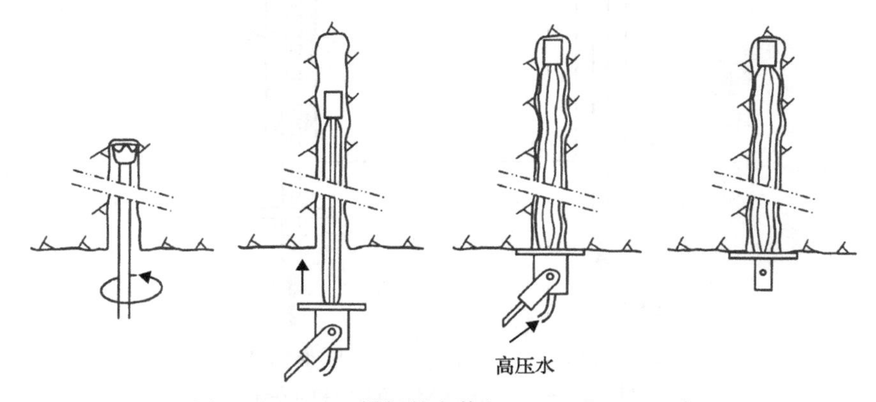

图 6.3　Swellex 锚杆的安装(Atlas Copco，2016)

水泵的压力是安装成功的关键因素，它不仅使折叠的杆管张开，而且把钢管压到粗糙的钻孔孔壁上使钢管表面产生凹凸塑性变形。这种凹凸变形有助于增加杆体的锚固力。泵压过低，钢管可能不会发生凹凸塑性变形，这样锚杆与岩石之间就不能形成机械互锁，锚杆的摩擦力就非常有限。另外，泵压过高会使孔壁上的压力过高，在软岩中有可能发生钻孔径向拉伸破裂。

6.5　全长注浆钢筋锚杆

6.5.1　全长水泥注浆钢筋锚杆

注浆锚杆用的水泥浆水灰比一般在 0.35～0.4，这种水灰比的水泥浆表面张力足以阻止垂直孔中的锚杆坠落。短锚杆(<4m)的安装工艺是先将水泥浆泵入钻孔[图 6.4(a)]，然后将锚杆推入孔中[图 6.4(b)]。水泥注浆锚杆在安装后不能立即施

加预紧力。安装后，锚杆托盘与岩石表面之间可能存在间隙，尤其是顶板垂直孔中的锚杆。岩体变形会逐渐使间隙闭合，间隙闭合后托盘才提供支护功能。如果需要对锚杆施加预紧力，则必须在注浆后至少 24h 才能拧紧托盘加预紧力，这时水泥浆已固结，具有了一定的初期强度。工程实践中，水泥注浆的短锚杆通常不施加预紧力。

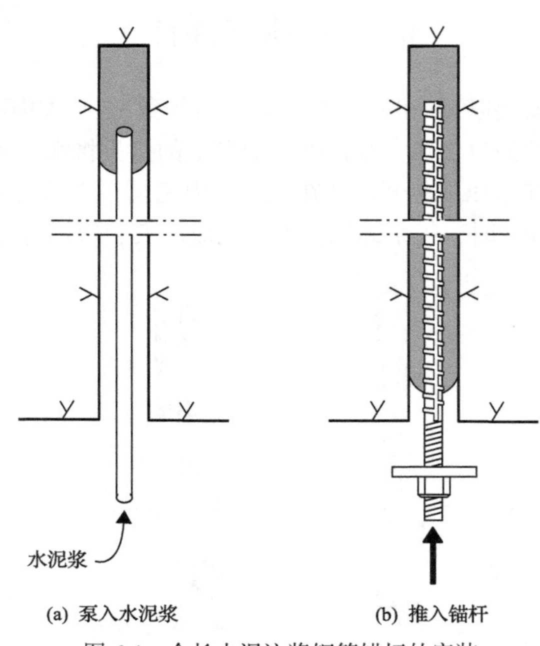

图 6.4　全长水泥注浆钢筋锚杆的安装

由于水泥浆有一定黏度，把长锚杆(＞4m)推入注浆钻孔比较困难。如果强力推进，锚杆可能会发生屈曲，无法推入孔中。因此，安装长锚杆最好用图 6.5 所示的后注浆法。首先将锚杆插入钻孔中，密封孔口，然后通过注浆管将水泥浆泵入孔中，当浆液从回浆管回流到出口处时就表示钻孔已经注满，停泵，安装完成。

6.5.2　全长树脂黏结钢筋锚杆

树脂黏结剂的固化时间从 10s 到 30min 不等。根据固化速度，树脂黏结剂分为快速型和慢速型两种。安装长度小于 3m 的锚杆最常用的树脂黏结剂固化时间是：快速树脂为 10～20s，慢速树脂为 2～4min，极慢速树脂为 30min。

用药包式树脂黏结剂安装锚杆的步骤如下：第 1 步，将树脂药包投入钻孔中[图 6.6(a)]；第 2 步，将锚杆推入钻孔中，快速旋转锚杆杆体约 20 圈，使树脂均匀混合[图 6.6(b)]；第 3 步，保持锚杆杆体静止 20～30s，等待树脂固化[图 6.6(c)]；第 4 步，拧紧螺母，将承压托盘推压到岩石表面上[图 6.6(d)]。第 2 步的搅拌时间

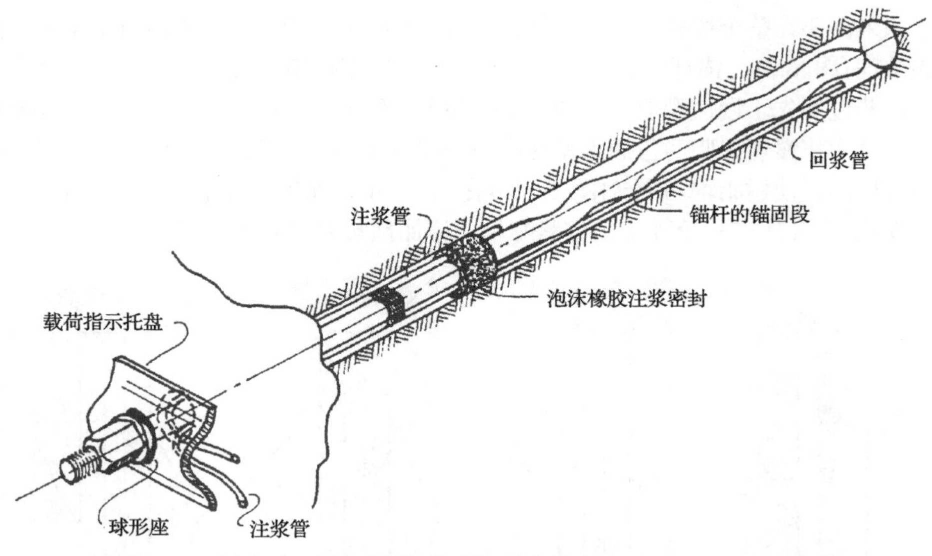

图 6.5　民用地下工程中水泥注浆锚杆的安装(Hoek and Brown，1980)

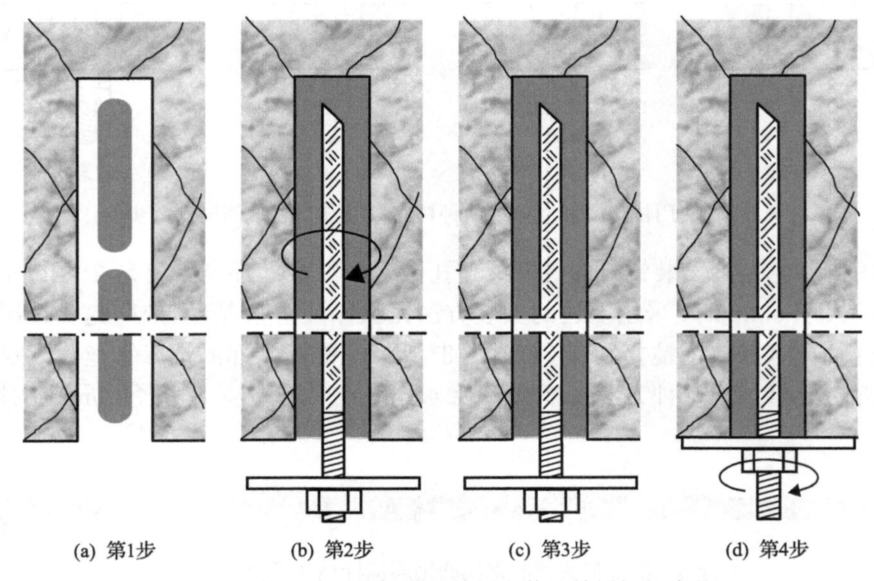

图 6.6　使用药包式树脂黏结剂安装钢筋锚杆的步骤

不能太长，转数也不能太多，应该在树脂浆初凝前停止旋转。第 2 步停止以后绝对不能再转动锚杆杆体，否则硬化的树脂会遭受损坏。预紧力在第 4 步施加，但是应该注意到，在第 4 步时树脂浆已经固化，预紧力仅仅作用在孔口有限长的锚杆杆段上。树脂黏结锚杆的远端被锯成 45°角，这样便于锚杆插入孔内时切破树脂药包。

如果需要在整个锚杆长度上施加预紧力，则必须使用快、慢两种固化速度的树脂黏结剂(图 6.7)，锚杆的安装步骤与使用单一类型树脂时类似，不同之处是快速型树脂药包要先于慢速型放入孔内，步骤如下：第 1 步，将一卷快速树脂药包插到孔底，然后将慢速树脂药包插入钻孔内[图 6.7(a)]；第 2 步，将锚杆推入孔中，旋转锚杆杆体，使树脂均匀混合[图 6.7(b)]；第 3 步，保持锚杆不动 20～30s，等待树脂固化[图 6.7(c)]；第 4 步，拧紧螺母，施加预紧力(30～50kN)[图 6.7(d)]。

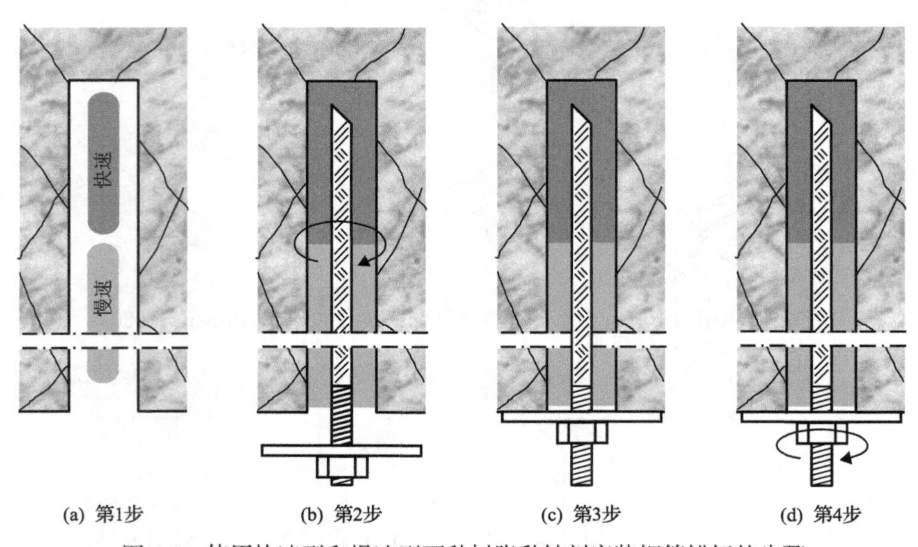

图 6.7 使用快速型和慢速型两种树脂黏结剂安装钢筋锚杆的步骤

用树脂黏结剂安装锚杆时，锚杆与孔壁之间的最佳环空距离是 2～4mm。环空距离大于 8mm 时，采用上述的安装方法无法保证树脂混合均匀。这种情况下，在锚杆端部增加一个搅拌装置(如图 6.8 所示的锚杆端部的螺旋钢丝)能改善树脂的混合质量。用这种方法可以在直径 45mm 的钻孔中安装直径 20mm 的钢筋锚杆。

图 6.8 端部加装螺旋钢丝的钢筋锚杆(Vik Ørsta，2015)

6.5.3 端部树脂黏结锚杆

有的时候，特别是在某些金属矿山，人们经常用树脂黏结剂仅仅对锚杆端部进行端锚，这时应该使用快速型树脂。锚杆端锚的安装步骤与全长注浆钢筋锚杆相同，等树脂固化后，应立即施加最高 50kN 的预紧力，以便压紧围岩中的松动岩块。

6.6　CT 锚 杆

CT 锚杆的钻孔孔径是 44～48mm。安装锚杆时首先把锚杆端部的膨胀壳张开锁定在孔中[图 6.9(a)]，然后将注浆管喷嘴插入锚杆杆头处的球形座圆孔中注水泥浆。水泥浆在聚乙烯套管内向上流动，然后从套管顶部回流到套管和孔壁之间的环空中[图 6.9(b)]，当水泥浆出现在钻孔孔口时，就表示钻孔已经注满，停泵，安装完成[图 6.9(c)]。

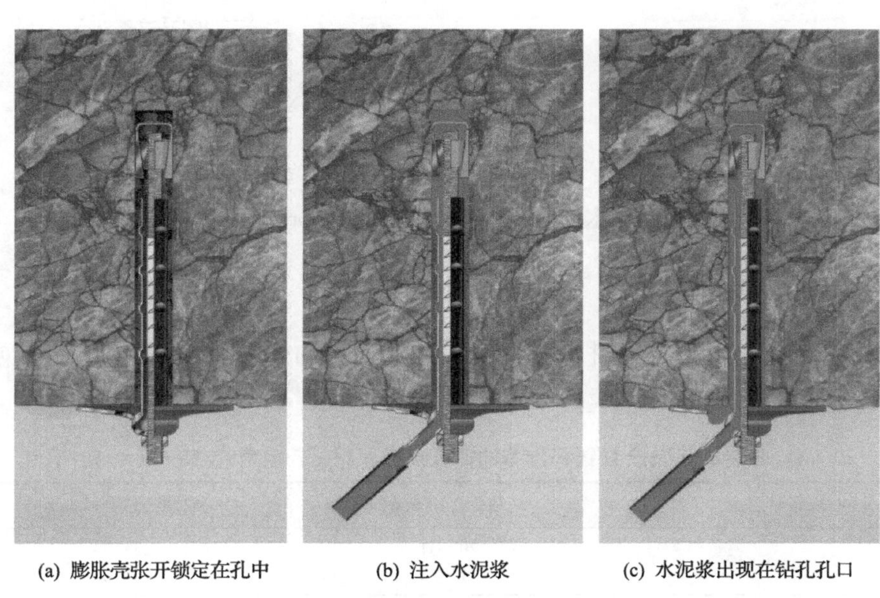

(a) 膨胀壳张开锁定在孔中　(b) 注入水泥浆　(c) 水泥浆出现在钻孔孔口

图 6.9　CT 锚杆的安装(Ørsta Stål，2004)

6.7　D 锚 杆

6.7.1　水泥注浆型

当使用水泥浆安装时，推荐的 D 锚杆钻孔直径如下：直径 20mm 的锚杆用 29～35mm 的钻孔，直径 22mm 的锚杆用 32～38mm 的钻孔(Normet，2014)。注浆体固化 28 天后的单轴抗压强度应至少达到 35MPa。安装锚杆时，将水泥浆泵入钻孔内[图 6.10(a)]，然后将锚杆推入孔中直到托盘接触岩石表面。锚杆到位后，孔内水泥浆必须有少量溢出孔口，这样就能保证钻孔注满。

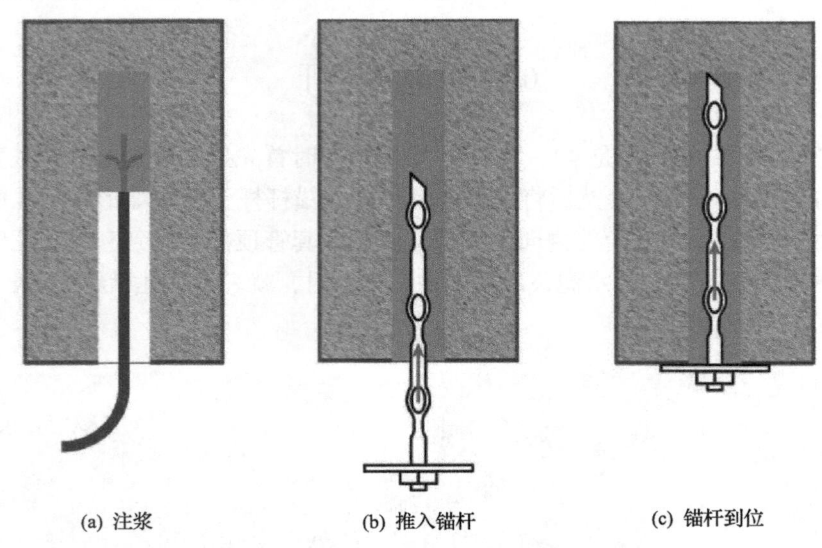

(a) 注浆　(b) 推入锚杆　(c) 锚杆到位

图 6.10　用水泥浆安装 D 锚杆的步骤(Normet，2014)

6.7.2　树脂黏结型

表 6.1 给出了安装 D 锚杆推荐使用的钻孔直径和树脂黏结剂药包直径。使用快速、慢速两种树脂药包时，锚杆的安装步骤如下。

表 6.1　安装树脂黏接 D 锚杆推荐的钻孔直径和树脂药包直径(Normet，2014)

D 锚杆直径	钻孔直径/mm	树脂药包直径/mm
*Φ*20mm/0.8125"	29～31 31～33	22～24 24～28
*Φ*22mm/0.875"	32～34 34～36	26～28 29～31

第 1 步，将一个或两个快速树脂药包插到钻孔底部，然后插入慢速树脂药包，如图 6.11(a)所示。

第 2 步，将锚杆插入钻孔的同时旋转锚杆，如图 6.11(b)所示。从孔口到孔底的最短插入时间推荐值可以在图 6.12 中查到。

第 3 步，锚杆到达孔底后，继续旋转锚杆 5～10 圈，相当于锚杆安装机转动 1～3s，可手持安装设备转动 3～4s。

第 4 步，停止旋转 20～30s，等待树脂固化，如图 6.11(c)所示。

第 5 步，拧紧螺母，施加预紧力，如图 6.11(d)所示。

图 6.12 中的最短锚杆插入时间与锚杆长度和旋转速度有关。例如，2.4m 长的 D 锚杆在转速为 300r/min 时的最短插入时间大约为 8s。

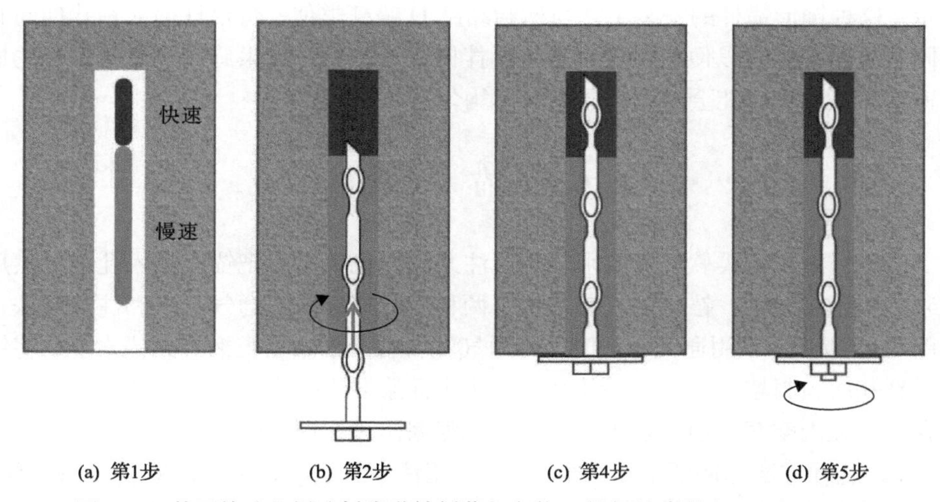

图 6.11 使用快速和慢速树脂黏结剂药包安装 D 锚杆的步骤(Normet，2014)

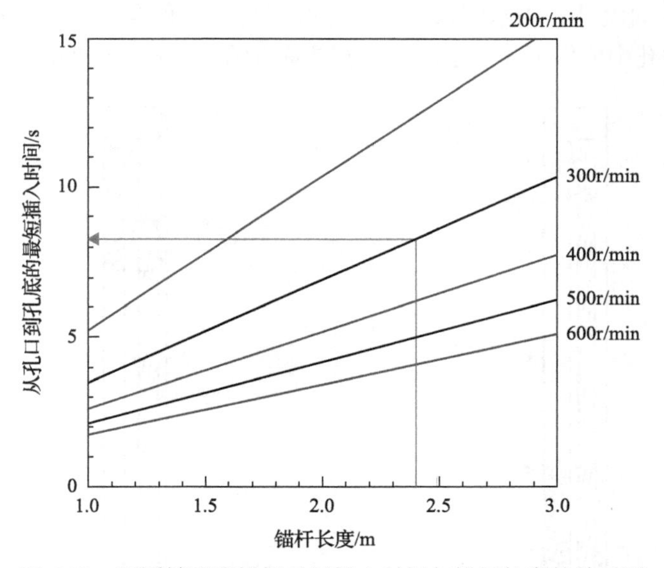

图 6.12 不同转速下锚杆最短插入时间与锚杆长度的关系图

6.8 锥 形 锚 杆

水泥注浆锥形锚杆的锥体形状如图 2.20(a)所示，安装工艺与水泥注浆钢筋锚杆相同，安装后不能立即施加预紧力。

树脂黏结锥形锚杆的锥体底部增加了一个用于搅拌树脂的薄板，如图 2.20(b)

所示。这种锥形锚杆的安装工艺与树脂黏结 D 锚杆类似，将锚杆插入钻孔期间必须同时旋转杆体，以便在插入过程中搅拌树脂。注意，如果旋转速度与锚杆的插入速度不匹配，可能会导致树脂混合不均匀。

6.9 锚　索

由于锚索长而柔软，安装须采用后注浆法，也就是先把锚索插入孔内，然后注浆。工程实践中，锚索的安装采用了两种后注浆方法：通气管法和注浆管法，如图 6.13 所示。采用通气管法时，将通气塑料管沿锚索全长捆绑到锚索上，将锚索插到孔底，封堵孔口，然后从孔口处将水泥浆泵入孔中，浆液从孔口处往上流向孔底，孔内空气从通气管中流出。当水泥浆出现在通气管出口处时，停泵，安装完成。这种方法能保证钻孔完全注满。采用注浆管法时，将注浆管（比通气管粗）捆绑到锚索上，将锚索插到孔底，然后将水泥浆通过注浆管泵至孔底，浆液从孔底向钻孔口方向流动，当水泥浆出现在钻孔口处时，停泵，安装完成。采用这种方法，水平钻孔中能保证充满水泥浆，但是垂直钻孔内就不能保证完全充满。当水

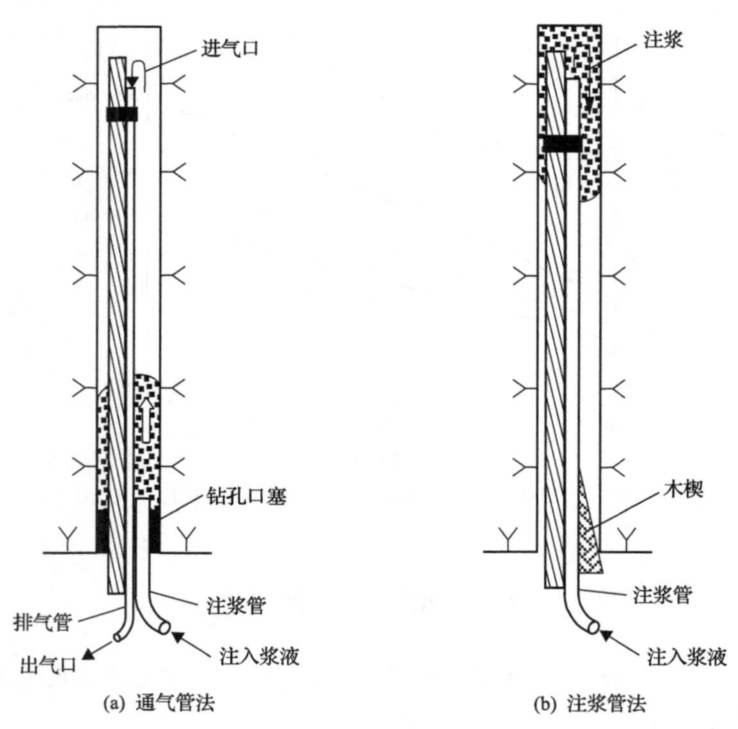

(a) 通气管法　　(b) 注浆管法

图 6.13　锚索的两种安装方法(Hoek and Brown，1980)

灰比太高时，水泥浆稀释严重容易流动，垂直孔中浆液沿锚索的流动可能比沿孔壁快，因此当浆液出现在孔口时，有可能钻孔尚未完全充满。

6.10 机械化锚杆安装

现在半机械或全机械化锚杆安装机已经广泛应用于地下工程中。全机械化锚杆机配备定位、钻孔和锚杆安装的控制系统，以及液压钻机和锚杆仓。使用全机械化锚杆机，可在完成钻孔后立即安装锚杆，这种安装工艺对破碎岩体尤其有利，因为它可以降低钻孔坍塌的风险。

图 6.14 是一台叫作 Atlas Copco Boltec 的全机械化锚杆机，它正在一个深部金属矿山中安装水泥注浆锚杆和金属网。该设备配有两个台臂，一个台臂用于挂金属网，另一个台臂用于钻孔、注浆和安装锚杆。安装锚杆的台臂上配备一个锚杆仓以储备锚杆供安装用。图 6.15 是另一台用于安装水泥注浆锚杆的全机械化锚杆机。

图 6.16 是使用全机械化锚杆机 Atlas Copco Boltec 进行树脂黏结锚杆的安装。除了钻机和锚杆仓外，该机台臂上还配备了一个射弹喷嘴和一根输送树脂药包的软管。树脂药包通常长 450～600mm，放置在专用储存箱中。树脂药包先经由一个机械装置从储存箱送入输送管，然后从输送管末端的喷嘴被高压空气喷入钻孔中。

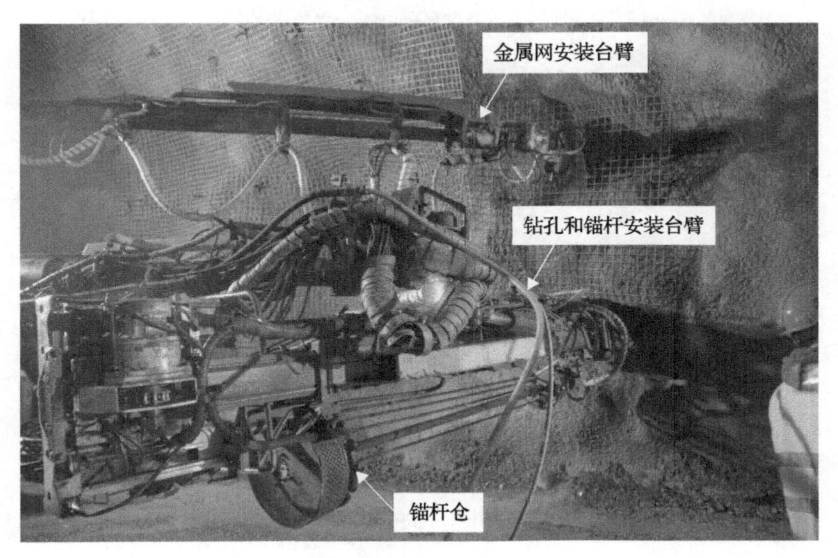

图 6.14 用于安装金属网和水泥注浆锚杆的全机械化锚杆机——Atlas Copco Boltec

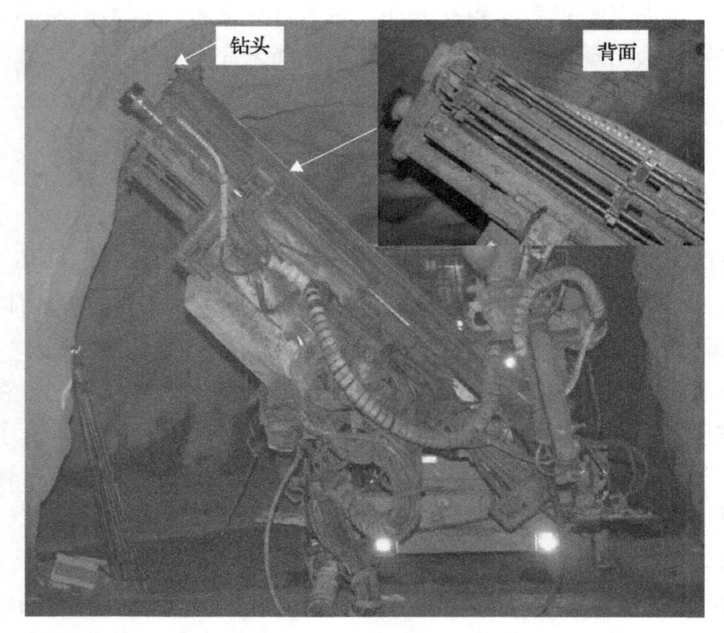

图 6.15　用于安装水泥注浆锚杆的全机械化锚杆机——Tamrock Bolter

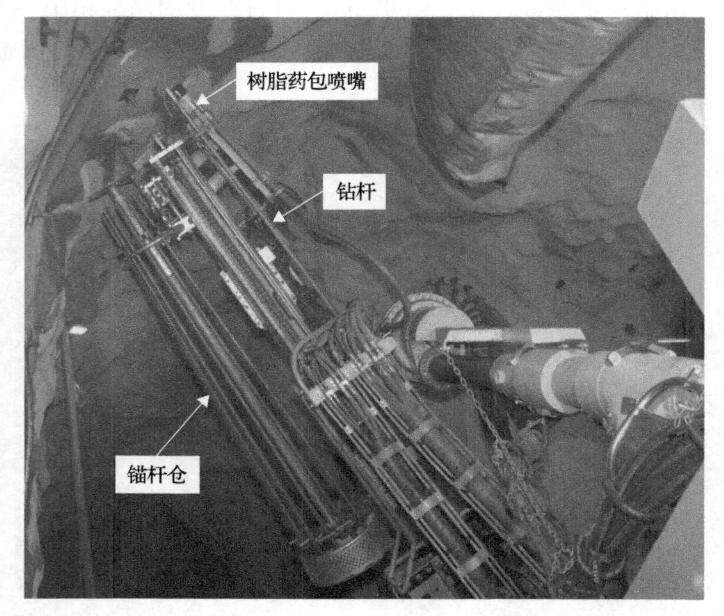

图 6.16　全机械化锚杆机 Atlas Copco Boltec 正在安装树脂黏结锚杆

参考文献

Atlas Copco, 2016. Product brochure —Swellex Rock bolts. 12p.

Hoek, E., Brown, E.T., 1980. Underground Excavations in Rock. Institution of Mining and Metallurgy. London.

Normet, 2014. Rock Reinforcement – product brochure.

Ørsta Stål, 2004. CT-Bolt, product brochure.

第 7 章　锚杆加固质量控制

7.1　引　　言

锚杆的质量控制从采购阶段开始。采购过程中，应定期检查锚杆、螺母和托盘用钢的化学成分和机械性能。对于经防腐蚀处理的锚杆，还要定期在实验室检查锚杆防腐保护层的质量。锚杆安装应严格遵守安装工艺，检查锚杆的安装角度，以及螺母、托盘与岩石表面的接触情况。对于注浆锚杆，应现场检测锚杆注浆体之间的黏结强度。对部分锚杆进行现场拉拔试验，以检验锚固质量。当怀疑注浆锚杆存在注浆质量问题时，可以通过套钻取心对注浆体质量进行检验。

7.2　拉 拔 试 验

拉拔试验通常用于控制现场锚杆的安装质量。拉拔试验装置由一个液压千斤顶和配件组成。试验时通过一个实心连接杆将千斤顶连接到锚杆上，千斤顶下面放置一个可调式支撑架，以便在不平整岩石面上调整支撑架状态，如图 7.1 所示。在锚杆杆头处将锚杆拉拔至预定的载荷水平，最大拉拔载荷不能超过锚杆屈服载荷的 80%。室内拉拔试验表明，全长水泥注浆钢筋锚杆的临界黏结长度为 0.25～0.4m（Li et al.，2016），临界黏结长度与水灰比（或黏结强度）有关。这意味着对于

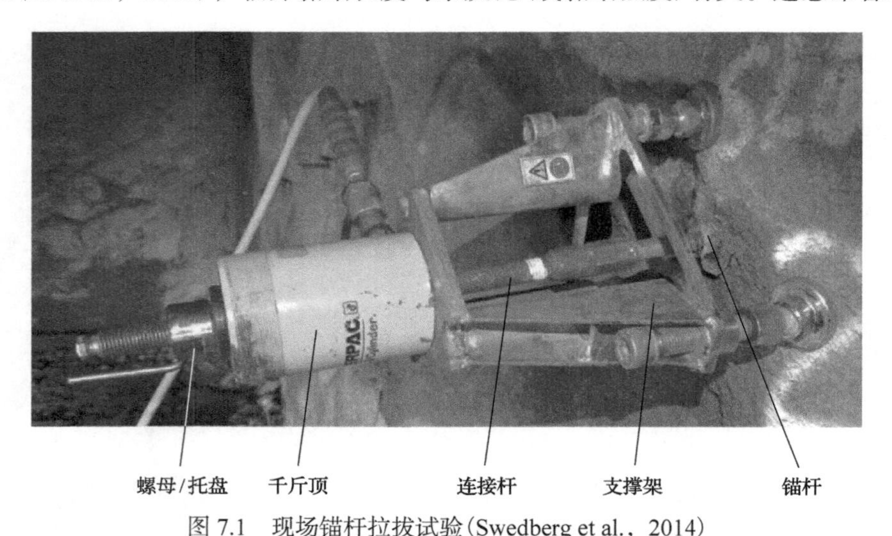

图 7.1　现场锚杆拉拔试验（Swedberg et al.，2014）

正常的注浆锚杆，现场拉拔试验只能检查孔口处0.25～0.4m长锚杆段的黏结情况，但不能提供超过该深度黏结质量的任何信息。当拉拔力小于屈服载荷时，黏结质量好的全长水泥注浆钢筋锚杆的载荷-位移关系可以用一条直线来描述，如图7.2中的曲线1所示。如果曲线出现图7.2中曲线2所示的非线性，则说明注浆体的黏结强度过低(即注浆质量差)，或者是锚杆-注浆体界面脱黏了。

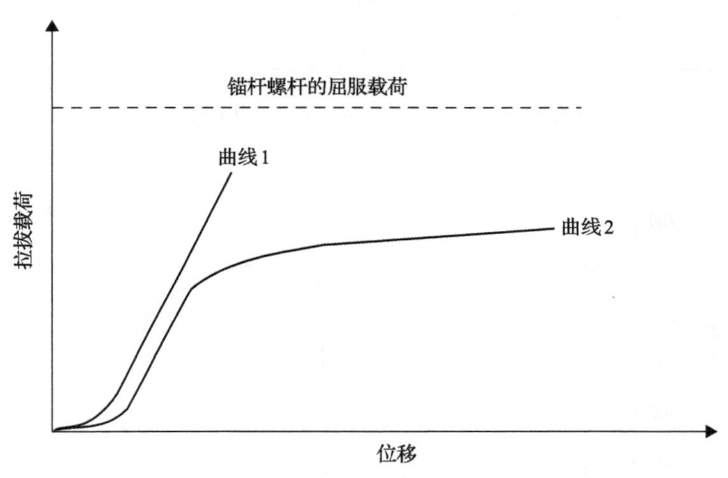

图7.2　锚杆拉拔试验载荷-位移曲线

曲线1-锚固良好(注浆质量良好)；曲线2-注浆质量差或锚杆-注浆体界面脱黏

7.3　质量控制试验

质量控制试验是为了检验锚杆及其配件的机械性能是否满足设计要求，检测内容包括锚杆杆体钢筋、螺母、垫圈、托盘和注浆体的强度试验。

7.3.1　锚杆杆体钢筋试验

锚杆的机械性能参数是锚杆钢筋材料的屈服强度(R_e)、抗拉强度(R_m)和延伸率(A_5)(定义见2.1节)。这些参数在锚杆供应商提供的锚杆技术规格表中列出，应通过室内试验对其进行抽样检查。

钢筋材料的力学性能通常是用狗骨形圆柱试件进行拉伸试验获得。图7.3给出了这种试件的尺寸，试件中间细长部分的长度必须大于其直径的5倍，试样中间部分的直径为12mm，长度为80mm(长度大于直径的5倍)。图7.4为B500C级钢筋锚杆材料的拉伸应力-应变曲线，屈服强度(R_e)、抗拉强度(R_m)和延伸率(A_5)如图7.4所示。

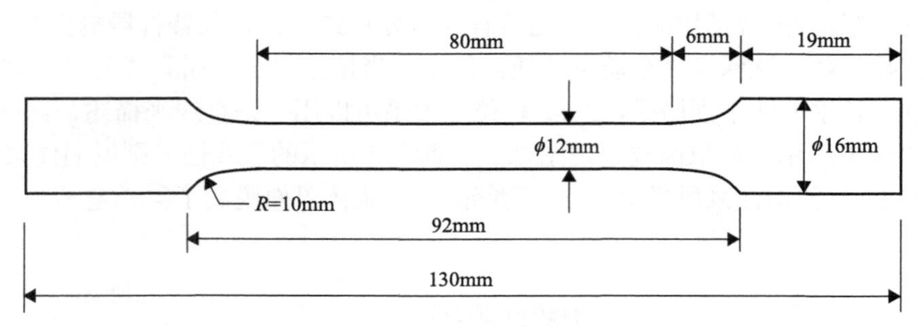

图 7.3　拉伸试验用钢制试件的尺寸(非比例)

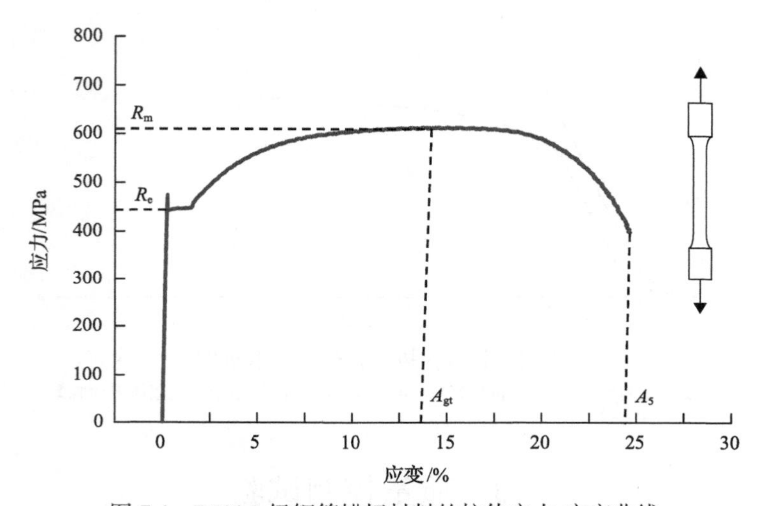

图 7.4　B500C 级钢筋锚杆材料的拉伸应力-应变曲线

7.3.2　螺母试验

螺母的强度必须高于锚杆的抗拉强度,以避免出现如图 2.30 所示的脱扣现象。螺母强度测试的建议方法如图 7.5 所示。

7.3.3　托盘试验

锚杆托盘的强度应高于锚杆的抗拉强度。托盘有两种失效方式，一种是严重挠曲后开裂折断，另一种是螺母和垫圈贯穿托盘孔。在钻孔孔口无注浆体时，钻孔孔径对托盘强度有影响。机械锚杆的钻孔是不注浆的，很多时候全长注浆锚杆的注浆也没有注满到孔口，在这些情况下，当钻孔直径太大时，在锚杆拉力作用下托盘很容易向孔内弯曲。托盘强度的试验方法如图 7.6 所示，建议托盘下的孔径约为锚杆直径的 3 倍。

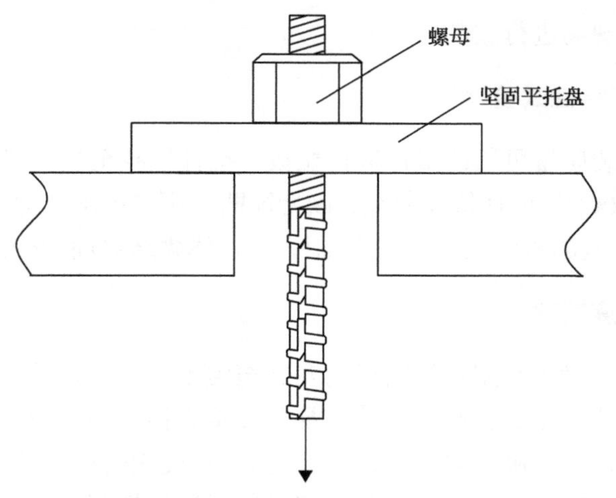

图 7.5　螺母试验方法

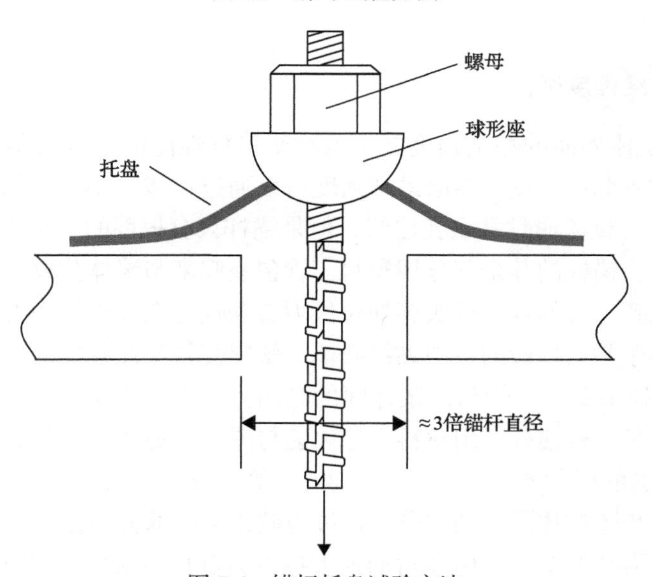

图 7.6　锚杆托盘试验方法

7.3.4　注浆体强度试验

固化后的水泥注浆体的单轴抗压强度可在养护 7 天后测试，使用立方体试样，试样尺寸为 100mm×100mm×100mm。注浆体的单轴抗压强度必须大于 35MPa。

7.4　设计验证试验

设计验证试验是为了检验锚杆及其配件的性能是否满足设计要求，此类试验可在实验室或者现场进行。

7.4.1 载荷-位移特性试验

在现场对安装质量可靠的锚杆进行拉拔，锚杆加载至验证载荷水平(见第 7.5 节的定义)，获取载荷-位移特征曲线，该特征曲线用作衡量其他锚杆性能的标准。载荷-位移特征曲线的直线段斜率代表锚杆-注浆体黏结界面的变形模量。

7.4.2 水泥浆黏度试验

水泥浆的黏度对于注浆锚杆的成功安装至关重要，薄浆易于泵送，但在重力作用下可能会自流出垂直钻孔；稠浆容易留在垂直钻孔中，但是泵送困难。第一次注浆前应该通过试验确定浆液的合适黏度。现场使用时根据钻孔直径和泵功率，对水泥浆黏度进行适当调整，浆液的黏度必须保证锚杆不会在重力作用下从垂直钻孔中滑出。

7.4.3 界面黏结强度试验

锚杆-注浆体界面的黏结强度是影响注浆锚杆性能的最重要参数，它直接决定了锚杆的临界黏结长度。界面黏结强度可以通过拉拔一小段黏结杆体获得，如图 7.7(a)所示。试验时钻孔全孔注浆，但是锚杆只有根部的一小段(约 0.2m 长)黏结在浆体中，锚杆的其余部分用塑料套管包裹起来与浆体分离。等注浆体完全固结后，在钻孔外边的锚杆杆头施加拉拔力直到锚杆在注浆体中发生滑动，最大拉拔力就约等于黏结杆段的极限黏结载荷。塑料套管与注浆体的黏结力很小，通常忽略不计。如果塑料套管与注浆体间的黏结力较大，可以通过图 7.7(b)所示的方法测量。取另一根锚杆，用塑料套管包裹与图 7.7(a)中锚杆包裹长度相同的杆段，将完全包裹的杆段插入相同的注浆液中。等浆液完全固化后，采用与图 7.7(a)中锚杆相同的步骤拉拔，得到的最大拉拔力就是套筒部分的黏结力。图 7.7(a)获得的最大拉拔力减去图 7.7(b)获得的最大拉拔力就是黏结杆段的极限黏结载荷。该载荷除以杆段的表面积就是锚杆-注浆体界面的黏结强度

$$s = \frac{P_{\mathrm{amax}} - P_{\mathrm{bmax}}}{\pi d_{\mathrm{b}} l_0} \tag{7.1}$$

式中，s 为黏结强度，单位为 MPa；P_{amax} 是带黏结杆段锚杆的最大拉拔力；P_{bmax} 是无黏结杆段锚杆的最大拉拔力；d_{b} 为锚杆直径；l_0 为锚杆黏结杆段锚杆长度。

注浆钢筋锚杆的黏结强度应该大于 10MPa。对应于最小黏结强度 10MPa，直径 20mm 钢筋锚杆的临界黏结长度大约是 0.3m。

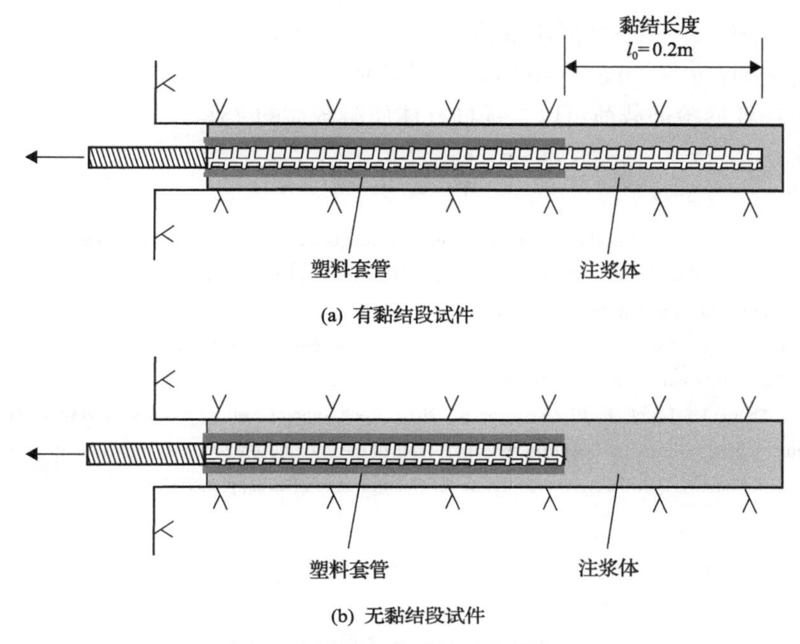

图 7.7　测量注浆黏结强度的方法

7.4.4　钻孔检查

安装锚杆前应该检查钻孔的方向和直径，钻孔轴线与岩石表面法线的夹角不能大于 20°，如图 2.31 所示。

超径钻孔有可能导致锚杆安装失败，如摩擦锚杆与岩石界面上无接触力；注浆锚杆的水泥注浆流出孔外，钻孔不能注满；或者树脂药包搅拌不均匀，树脂不能固化。

7.5　安装验证试验

对现场已安装就绪的锚杆进行验证拉拔试验，检验其承载力。大多数情况下，常规锚杆最大验证载荷受制于杆体的承载力。对于土木工程使用的锚杆，建议按照式(7.2)确定验证载荷(T_{p})(British Standard，1999)。

$$\text{永久加固：} T_{\mathrm{p}} = 1.5T_{\mathrm{w}}$$

$$\text{临时加固：} T_{\mathrm{p}} = 1.25T_{\mathrm{w}} \tag{7.2}$$

式中，T_{w}为允许的最大工作载荷。

在土木工程中，允许的最大工作载荷(T_{w})建议如下(British Standard，1999)。

永久加固：T_W＜0.5×屈服载荷；

临时加固：T_W＜（0.625～0.7）×屈服载荷。

矿山锚杆的验证载荷可以是锚杆杆体屈服载荷的75%。

参 考 文 献

British standard, 1999. Use of Rockbolts. Design Manual for Roads and Bridges Vol 2 Sec 1 Part 7, BA 80/99. The Highways Agency. The Scottish Office Development Department, The Welsh Office Y Swyddfa Gymreig, The Department of the Environment for Northern Ireland.

Li, C.C., Kristjansson, G., Høien, A.H., 2016. Critical embedment length and bond strength of fully encapsulated rebar rockbolts. Tunnelling and Underground Space Technology 59, 16-23.

Swedberg, E., Thyni, F., Töyrä, J., Eitzenberger, A., 2014. Rock support testing in Luossavaara-Kirunavaara AB's underground mines, Sweden. In: DeepMining 2014 – Proc. of the 7th Int. Conf. on Deep and High Stress Mining, 16 – 18 Sept. 2014, Sudbury, Canada. Australian Centre for Geomechanics. Perth, pp. 139-150.

第8章 数值模拟

8.1 引 言

在各种岩土工程中，目前人们广泛利用数值模拟研究锚杆加固的岩体力学特性。普遍使用的数值模拟方法有有限元法(FEM)、边界元法(BEM)、有限差分法(FDM)和离散元法(DEM)。无论采用哪种方法，计算程序中都必须包含锚杆与岩体耦合的本构模型。

人们在建立锚杆数值模型方面已经进行了大量的研究。Coates 和 Yu(1970)用有限元法研究过安装在孔内的锚杆受拉、受压的特性，他们的研究没有考虑注浆体和孔壁对锚杆的影响。Hollingshead(1971)研究了同样的问题，他同时考虑了锚杆、注浆体和岩石允许材料遵循 Tresca 准则发生屈服，但该模型未考虑三种相关材料界面的影响。John 和 Van Dillen(1983)在他们的模型中通过单元连接考虑了锚杆-注浆体界面和注浆体-岩石界面的影响；Peng 和 Guo(1992)采用边界元法与有限元法结合的方法，分析了锚杆应力和变形；Marence 和 Swoboda(1995)提出了锚杆-节理单元(BCJ)来模拟锚杆加固后岩石节理的特性。

一般来说，对安装在岩体中的锚杆的数值模拟分为两类。一类是模拟锚杆在其穿过的岩石不连续面附近的性能。在这类模型中，锚杆，尤其是全长黏结注浆锚杆，对岩体的加固作用只表现在不连续面附近，这就是所谓的锚杆对岩体的局部加固。另一类是模拟安装在连续变形岩体中的锚杆性能。在这类模型中，锚杆上的载荷不是局部的，而是沿整个锚杆长度连续分布，锚杆上的每一个点都约束岩体的变形，因此，这种加固方式被称为整体加固。

除了研究单根锚杆在岩体中的性能外，还可以用数值方法研究群锚对岩体的整体加固效果，这类模拟的关键是如何在算法中处理锚杆单元。

本章介绍锚杆加固的局部加固和整体加固模型，以及群锚加固岩体的数值模型。本章介绍的只是有限几个在岩石力学和岩石工程中应用的模型。

8.2 锚杆的局部加固模型

数值模拟中的局部加固模型仅考虑穿过岩石原生不连续面时的局部加固效果(Itasca，2011)。锚杆局部加固的模拟方法有两种：一种是考虑模型中所有相关组件(即锚杆、黏结剂和岩体)的力学特性，这是所谓的力学模型；另一种是将锚杆简化为弹簧元件进行模拟，这称为概念模型。

8.2.1 力学模型

建立锚杆的局部加固力学模型，需要明确锚杆、注浆体和岩体的力学性能及其破坏准则。力学模型包括锚杆钢材、注浆体和岩体三种材料，还有锚杆-注浆体和注浆体-岩石两个界面。有限元法被认为是一种适合于评估力学模型中的锚杆、注浆体和岩体特性的计算方法，模型中的三种材料都必须离散为小单元(称为网格划分)进行计算。

Jalalifar 和 Aziz(2012)构建了一个如图 8.1 所示的三维有限元锚杆模型，用于模拟锚杆和岩体在剪切作用下的行为。本章以此模型为例来说明如何对力学模型中的材料进行网格划分。岩体、注浆体和锚杆的网格划分如图 8.1 所示。图 8.2 和图 8.3 分别是锚杆杆体和注浆体的网格划分。为了提高模拟精度，岩石不连续面附近的三种材料的单元比其他位置的单元要划分得更小。锚杆的每个横截面上

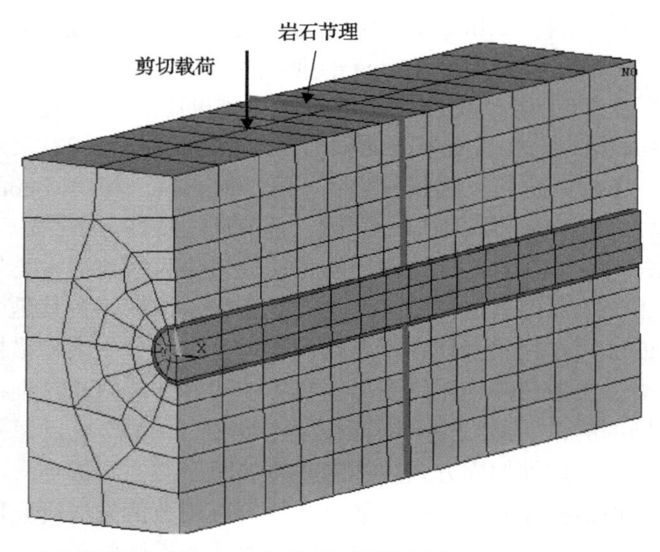

图 8.1 岩体-注浆体-锚杆的几何模型和网格划分(Jalalifar and Aziz，2012)

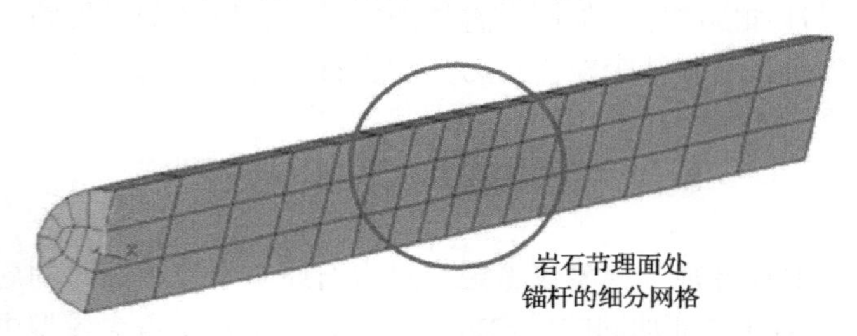

图 8.2 锚杆的有限元网格划分(Jalalifar and Aziz，2012)

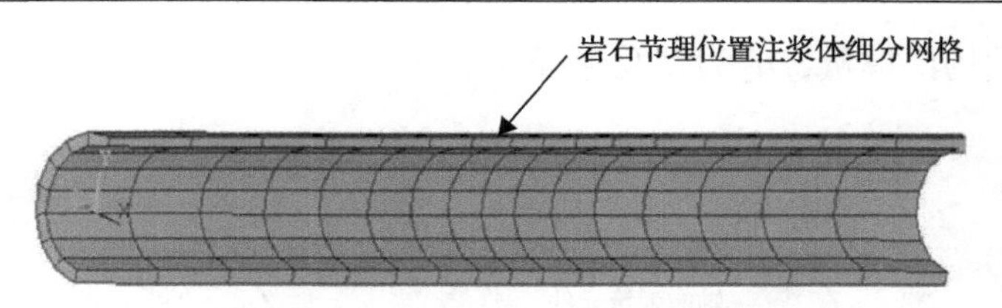

图 8.3　注浆体的有限元网格划分(Jalalifar and Aziz，2012)

划分为 20 个单元，杆体钢材的弹性性质由其杨氏模量和泊松比描述，钢材的应力-应变特性服从双线硬化模型。注浆体和岩体中的单元能够发生塑性变形、拉伸断裂、压碎、非线性蠕变和挠曲。

锚杆-注浆体界面和注浆体-岩石界面需要做特殊处理，以便真实地模拟界面的载荷传递、脱黏、分离和滑动。在 Jalalifar 和 Aziz(2012)的有限元模型中，锚杆-注浆体和注浆体-岩石界面使用三维面-面接触单元(Ansys 中的 174 号接触单元)划分。

利用这种力学模型，可以详细地描述锚杆、注浆体和岩体中的应力、应变和破坏状态。图 8.4 是沿岩石节理面施加 20MPa 剪切应力时锚杆中应力的模拟结果。

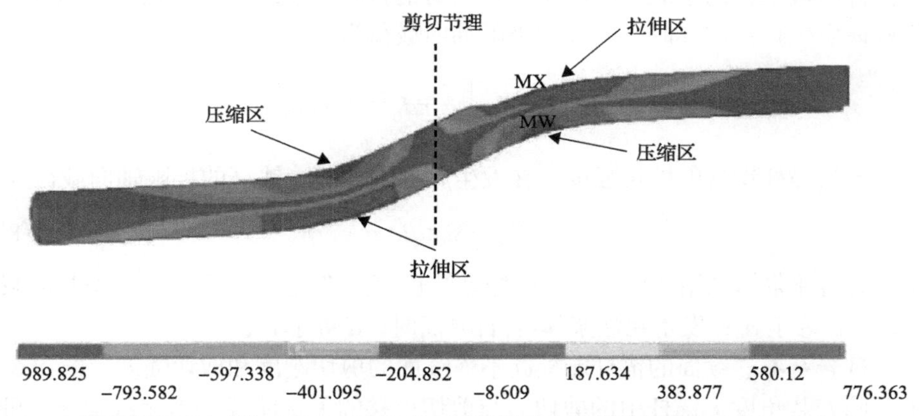

图 8.4　在岩石节理面上施加 20MPa 剪切应力时锚杆应力的模拟结果(Jalalifar and Aziz，2012)

8.2.2　概念模型

在锚杆的局部加固概念模型中，穿过原生岩石不连续面的锚杆轴向弹性变形和横向剪切变形分别用图 8.5 所示的轴向弹簧元件和横向弹簧元件来描述。这种模型适用于岩体材料变形可以被忽略的情况，轴向弹簧元件的刚度表达为

$$K_{\mathrm{a}} = \pi k d_{\mathrm{b}} \tag{8.1}$$

式中，$k = \left[\frac{1}{2} G_{\mathrm{g}} E_{\mathrm{b}} / (d_2 / d_{\mathrm{b}} - 1)\right]^{1/2}$，$d_{\mathrm{b}}$ 为锚杆直径，G_{g} 为注浆体剪切模量，E_{b}

为锚杆钢材的杨氏模量，d_2 为钻孔直径。

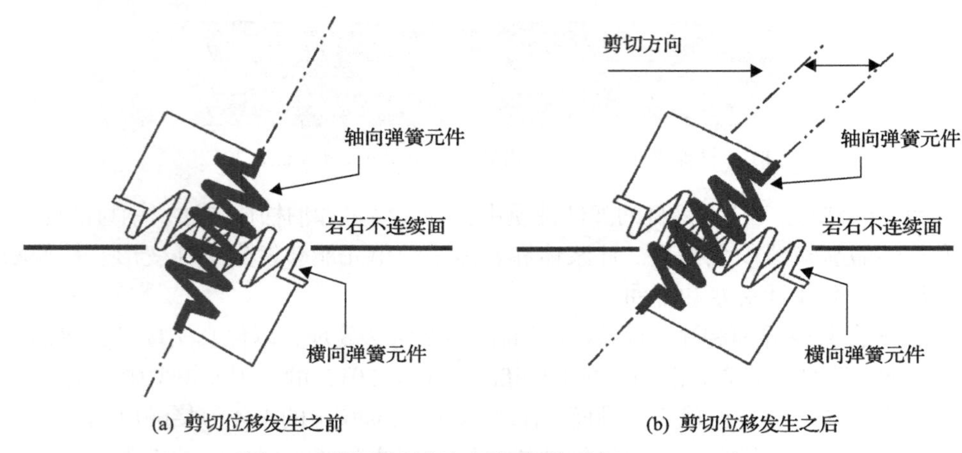

图 8.5 锚杆的局部加固概念模型(Itasca，2011)

锚杆的极限轴向承载力取决于锚杆钢材的抗拉强度或注浆体的黏结强度。当锚杆杆体发生拉伸破坏时，锚杆的极限轴向载荷为

$$P_{\text{ult}} = \frac{1}{4}\sigma_{\text{t}}\pi d_{\text{b}}^{2} \tag{8.2}$$

式中，σ_{t} 为锚杆钢材的抗拉强度。在发生脱黏破坏时，锚杆的极限轴向载荷为

$$P_{\text{ult}} = s_{\text{b}}\pi dL \tag{8.3}$$

式中，s_{b} 为注浆体黏结强度；L 为锚杆黏结长度。当脱黏破坏发生在锚杆-注浆体界面时，d 等于 d_{b}；发生在注浆体-岩石界面时，d 等于 d_2。

穿过岩石不连续面的锚杆能提高不连续面的剪切刚度和剪切强度，图 8.6 给出了不同安装角度下锚杆中的剪切力与剪切位移的关系曲线。当无试验结果可用时，可以用式(8.4)估算锚杆的剪切刚度(Gerdeen et al.，1977)

$$K_{\text{s}} = E_{\text{b}} I \beta^{3} \tag{8.4}$$

式中，$\beta = \left[K/(4E_{\text{b}}I)\right]^{1/4}$，$K = 2E_{\text{g}}/(d_2/d_{\text{b}} - 1)$，$I$ 为锚杆横截面二阶矩，E_{g} 为注浆体的杨氏模量。

根据剪切试验结果，Bjurström(1974)提出了以下经验公式来估算垂直穿过岩石不连续面全长注浆锚杆的极限剪切力 $F_{\text{s,b}}^{\max}$

$$F_{\text{s,b}}^{\max} = 0.67 d_{\text{b}}^{2} (\sigma_{\text{b}}\sigma_{\text{c}})^{1/2} \tag{8.5}$$

式中，σ_{b} 为锚杆钢材的屈服强度；σ_{c} 为岩石的单轴抗压强度。

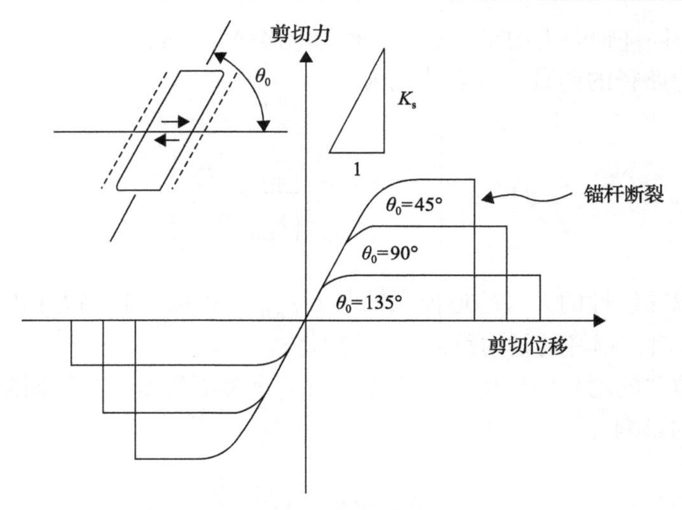

图 8.6 锚杆的剪切特性(Itasca，2011)

在某些程序的数值计算中，如离散元程序 UDEC(Itasca，2011)，假设岩石不连续面的剪切位移只对不连续面附近锚杆的一小段产生影响，该段受影响的杆段称为激活杆段，如图 8.7 所示。激活杆段的倾角θ随剪切位移增加而减小，但是锚杆的整体安装角θ_0保持不变。

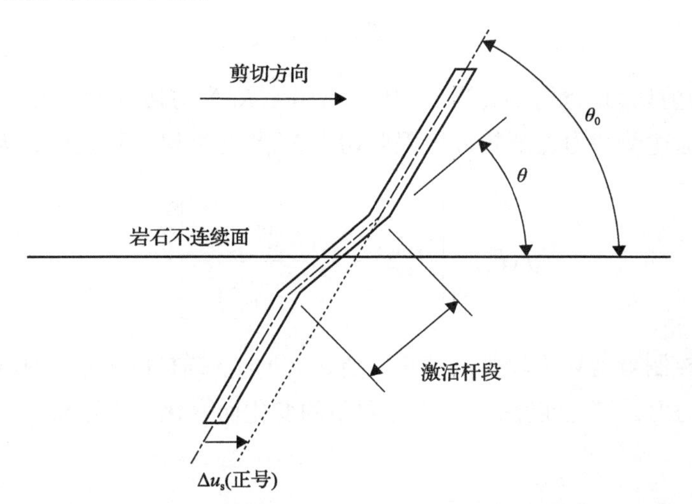

图 8.7 锚杆发生沿不连续面剪切位移后的结构示意图(Itasca，2011)

Δu_s为剪切位移增量

锚杆的轴向力与位移的关系表达为

$$\Delta F_a = K_a \left|\Delta u_a\right| f(F_a) \tag{8.6}$$

式中，ΔF_a 为锚杆轴向力增量；Δu_a 为轴向位移增量；K_a 为锚杆轴向刚度；$f(F_a)$ 为描述轴向力路径的函数，其表达式为

$$f(F_a)=\left[\left|F_{a,b}^{max}-F_a\right|\frac{F_{a,b}^{max}-F_a}{\left(F_{a,b}{}^{max}\right)^2}\right]^{e_a} \tag{8.7}$$

轴向力以非线性的方式趋近极限轴向力 $F_{a,b}^{max}$。指数 e_a 控制着轴向力的增加速率，当 $e_a=0$ 时，锚杆的轴向总刚度保持不变。

在轴向位移的增量中使用一个折减系数 r_f 来考虑岩石不连续面附近的注浆体和岩石破碎的影响

$$r_f=\left|u_{axial}\right|\left(u_s^2+u_n^2\right)^{-1/2} \tag{8.8}$$

式中，u_{axial} 为总轴向位移；u_s 为不连续面上的总剪切位移；u_n 为不连续面的总法向位移。

当锚杆的激活杆段的方向角不发生变化时，折减系数 $r_f=1$。

锚杆中的剪切力与剪切位移的关系表示为

$$\Delta F_s=K_s\left|\Delta u_s\right|f(F_s) \tag{8.9}$$

式中，ΔF_s 为剪切力增量；Δu_s 为剪切位移增量；K_s 为剪切刚度；$f(F_s)$ 是剪切力路径的函数，描述剪切力逐渐趋近极限剪切力 $F_{s,b}^{max}$ 的过程，其表达式为

$$f(F_s)=\left[\left|F_{s,b}^{max}-F_s\right|\frac{F_{s,b}^{max}-F_s}{\left(F_{s,b}^{max}\right)^2}\right]^{e_s} \tag{8.10}$$

指数 e_s 控制着剪切力增加的速率，当 $e_s=0$ 时，锚杆的剪切总刚度保持不变。

极限剪切力 $F_{s,b}^{max}$ 会随激活杆段方向角的变化而变化，用式(8.11)对 $F_{s,b}^{max}$ 进行调整

$$F_{s,b}^{max}=\frac{1}{2}F_s{}^{max}\left[1+\mathrm{sign}(\cos\theta_0,\Delta u_s)\cos\theta_0\right] \tag{8.11}$$

式中，$F_s{}^{max}=\pi d_b{}^2\sigma_b/4$；$\Delta u_s$ 为剪切位移增量。

函数 sign $(\cos\theta_0, \Delta u_s)$ 把 Δu_s 的符号赋给 $\cos\theta_0$。极限剪切力 $F_{s,b}^{max}$ 在 $\theta_0=0°$ 时最大，在 $\theta_0=90°$ 时降为最大值的 50%。

借助于以上所述的力与位移的关系式，通过激活杆段端点处的位移增量来确定弹簧单元内的力。将作用在激活杆段上的剪切力和轴向力分解为如图 8.8 所示的平行和垂直于岩石不连续面的分量，然后施加到相邻岩块上。

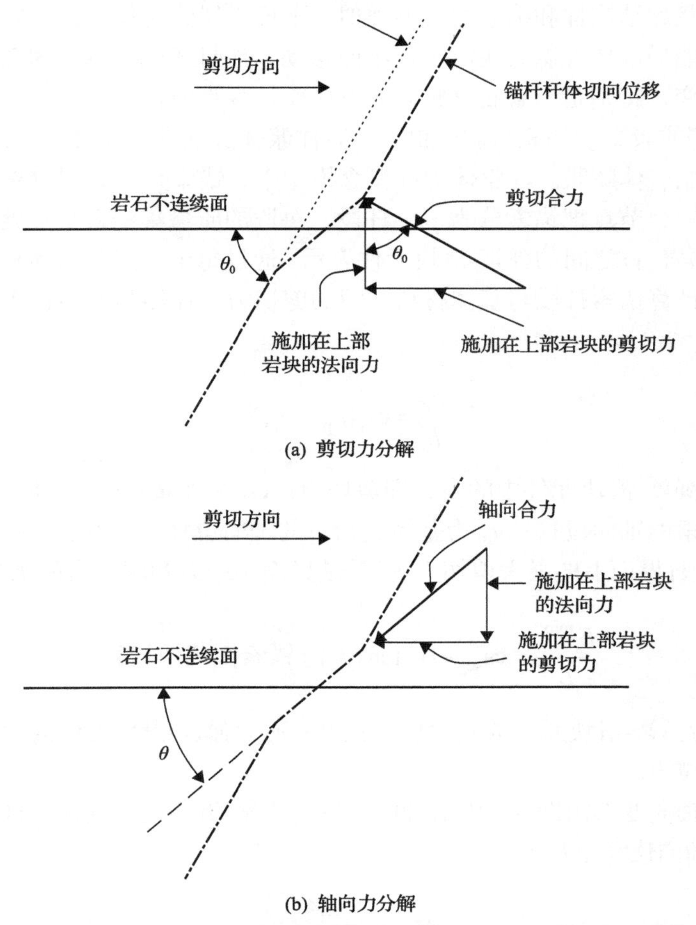

图 8.8 锚杆的剪切力和轴向力被分解成平行和垂直于岩石不连续面的分量(Itasca，2012)

激活杆段的长度一般在不连续面每一侧向外延伸一到两个锚杆直径。对于垂直于岩石不连续面安装的锚杆，其激活杆段的长度 l 近似估计为

$$l = \frac{3}{\beta} \tag{8.12}$$

数值模拟中所需的有关锚杆的输入参数为：轴向刚度、轴向刚度指数、极限轴向力、最大拉伸应变、剪切刚度、剪切刚度指数、极限剪切力、激活杆段长度、锚杆间距。

8.3 锚杆的整体加固模型

全孔注浆黏结锚杆和锚索的模型类似，下面以锚索为例阐述。安装在岩体内的锚索不仅能局部地抑制岩块沿不连续面移动，而且还能限制加固范围内岩石材料本身的形变，特别是当岩石材料破坏发生塑性变形时。全孔注浆黏结的加固构件(刚性锚杆或者柔性锚索)通过加固构件-注浆体界面和注浆体-岩石界面之间的剪切力来抑制岩体膨胀。在整体加固概念模型中，锚索是由如图 8.9 所示的带节点直线表示的，节点把锚索分为多个杆段，每段的质量集中在节点处。剪切力由节点和基体(岩石)之间的弹簧-滑块元件表示。通过每个节点与基体材料的网格单元的联系来计算锚索杆段与基体材料之间的剪切力。锚索-岩石界面上的剪切力表达为(Itasca，2011)

$$\frac{F_s}{L}=cs_s(u_p-u_m) \tag{8.13}$$

式中，F_s 为弹簧-滑块元件中的力，即剪切力；cs_s 为弹簧-滑块元件的刚度；u_p 为计算点处锚索的轴向位移；u_m 为基体(岩石)的轴向位移；L 为锚索杆段的长度。

锚索-岩石界面上的最大剪切力 F_s^{max} 是界面黏结力和摩擦力的函数

$$\frac{F_s^{max}}{L}=cs_{sc}+\sigma_n\tan(\phi_s)\times\text{锚索横截面周长} \tag{8.14}$$

式中，cs_{sc} 为弹簧-滑块元件的黏性剪切强度；ϕ_s 为弹簧-滑块元件的摩擦角；σ_n 为界面上的正应力。

锚索的轴向变形由图 8.9 中沿轴向布置的弹簧-滑块元件描述，杆中的轴向力增量ΔF^t 由轴向位移增量Δu^t 计算如下：

$$\Delta F^t=-\frac{EA}{L}\Delta u^t \tag{8.15}$$

式中，E 为锚索钢材的杨氏模量；A 为锚索的净横截面积；L 为分割杆段的长度。

锚索是一种柔性加固构件，其在岩体内的特性可以由模型中的剪切弹簧-滑块元件和轴向弹簧元件来描述。

锚杆是一种刚性加固构件，它不仅通过锚杆-注浆体/岩石之间界面上的剪切力和锚杆中的轴向力来抑制岩体变形，而且还具有抗弯能力。只要定义了弹性极限，就可以模拟锚杆的塑性弯曲。以 UDEC 程序为例，程序对锚杆单元节点处的轴向应变和塑性弯曲应变均进行计算，当总的塑性应变超过定义的极限值时，锚杆就在节点处断裂。

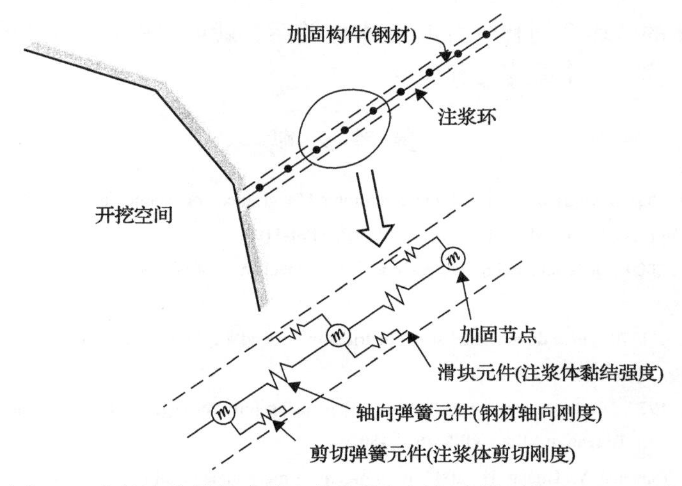

图 8.9　全长注浆锚杆或锚索的整体加固概念模型(Itasca，2011)

8.4　锚杆加固的岩体概念模型

锚杆加固后岩体的力学特性会发生变化。在一些数值模拟中，锚杆对岩体的加固效果是通过把锚杆的加固力均匀化到岩体中体现出来的，如图 8.10 所示(Guan et al.，2007；Carranza-Torres，2009)。把锚杆提供的轴向力 F_n 和剪应力 τ_b 均匀地分布在加固围岩中后，一个围岩体小单元的平衡方程表示为(Guan et al.，2007)

$$\frac{d\sigma_r}{dr}=\frac{\sigma_t-\sigma_r+N_0\tau_b}{r} \tag{8.16}$$

式中，σ_r 为围岩体单元上的径向正应力；σ_t 为单元体上的切向正应力；r 为单元体至隧道中心线的距离；N_0 为与锚固模式有关的常数，$N_0=\pi d_b/(\omega s_b)$，d_b 为锚杆直径，ω为两个相邻锚杆之间的夹角，s_b 为锚杆间距。

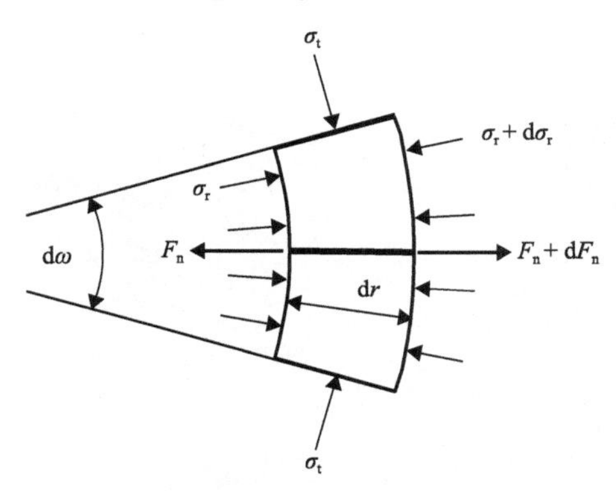

图 8.10　锚杆加固的岩体概念模型(Guan，2007)

给定岩体的破坏准则和应力-应变本构关系，就可以由式(8.16)求得圆形硐室周围塑性区和弹性区中的应力和应变。

参 考 文 献

Bjurström, S., 1974. Shear strength on hard rock joints reinforced by grouted untensioned bolts. In: Proceedings of the 3rd International Congress on Rock Mechanics, Vol. II, Part B, 1194-1199.

Carranza-Torres, C., 2009. Analytical and numerical study of the mechanics of rockbolt reinforcement. Rock Mech Rock Eng 42, 175-228.

Coates, D.F., Yu, Y.S., 1970. Three dimensional stress distribution around a cylindrical hole and anchor. In: Proceeding of 2nd Int. Cong. Rock Mechanics. 175-182.

Gerdeen, J.C. et al., 1977. Design criteria for roof bolting plans using fully resin-grouted nontensioned bolts to reinforce bedded mine roof. US Bureau of Mines, OFR 46(4)-80.

Guan, Z., Jiang, Y., Tanabasi, Y., Huang, H., 2007. Reinforcement mechanics of passive bolts in conventional tunneling. Int. J. Rock Mech. & Min. Sci. 44, 625-636.

Hollingshead, G.W. 1971. Stress distribution in rock anchors. Canadian Geotechnical Journal 8, 588-592.

Itasca, 2011. Structure elements. Special features, UDEC version 5.0(Chapter 1).

Jalalifar, H., Aziz, N., 2012. Numerical simulation of fully grouted rockbolts. In: Andriychuk, M.(Ed.), Numerical Simulation: From Theory to Industry. InTech, USA. 607-640.

John, C.M., Van Dillen, D.E., 1983. Rockbolts: A new numerical representation and its application in tunnel design. In: Proc.24th U.S. Symp. Rock Mech., Texas A&M University.13-25.

Marence, M., Swobodea, M., 1995. Numerical model for rockbolt with consideration of rock joint movements. Rock Mechanics & Rock Enginnering, 28.(3), 145-165.

Peng, S., Guo, S., 1992. An improved numerical model of grouted bolt-roof rock interaction in underground openings. In: Kaiser, P.K., McCreath, D.R.(Eds.), Rock support in mining and underground construction, Balkema, Rotterdam, Canada. 67-74.

第 9 章　锚杆加固案例

9.1　综　　述

本章介绍 14 个锚杆加固岩体的应用案例。这些案例大部分来自矿山，两例来自土木工程。矿山案例多于土木工程案例的原因有两个：第一个原因是，地下矿山矿房中使用的锚杆经常会暴露出来，易于观察，另外回采区岩体变形大，易于评价锚杆在极端条件下的加固效果；第二个原因是，土木工程中使用的锚杆经常被喷射混凝土层或衬砌层覆盖，难于观察，在无测量数据的情况下很难评价锚杆对岩体的加固效果。下面介绍的大多数例子是成功案例，但也有几个是不太成功或者失败的案例。无论成功还是失败，这些案例都对从事锚杆加固的工作人员具有参考价值。

9.2　案例 1：岩爆矿山的动载岩体加固

加拿大萨德伯里(Sudbury)地区一座金属矿山的巷道埋深 1523m，巷道宽 5m、高 5.3m。巷道围岩岩性为长英片麻岩、角砾岩和铜矿石岩脉。花岗基岩坚硬，其单轴抗压强度大于 200MPa。矿石岩脉比较松散、软弱，单轴抗压强度小于 100MPa。围岩岩体质量总体较好，RMR 为 70～80，Q 为 15。巷道水平面上的岩体原岩地应力为σ_1 =66MPa，σ_2 = 58MPa，σ_3 = 41MPa，最小主应力σ_3为垂向。

巷道中有加固和支护的地方很少发生岩石坍塌。该矿山巷道中的主要不稳定问题是偶发岩爆。巷道中的岩体加固系统由 150mm×150mm×6.4mm 方形拱顶托盘的屈服锚杆(D 锚杆)和网孔 100mm 的焊接式金属网(钢丝直径 5.7mm)组成。屈服锚杆托盘下再加垫一个 30cm×30cm 的钢筋网垫(钢筋直径 8.4mm)。金属网每片 1.8m×3.0m，安装时相临网片重叠 200mm，锚杆间距为 1m×1m。巷道附近的爆破引起最大振动和动载荷，而非爆破时间发生的动载荷是由回采区频繁的中强矿震引起的。

巷道中的岩体加固系统经历了多次中强矿震和一次 1.5 级的强矿震，它成功地控制住了破碎的围岩，如图 9.1 所示。在经历过那些爆破、矿震动载荷后，锚杆托盘的圆顶被压扁，有些甚至凹陷。同时使用钢筋网垫和拱顶托盘减少了金属网钢丝在托盘边缘被剪断的可能性。破碎岩体膨胀时金属网丝被拉伸，金属网有效地兜住了破碎岩石，防止其掉落。这是一个在岩爆岩体中使用动载支护的成功案例。

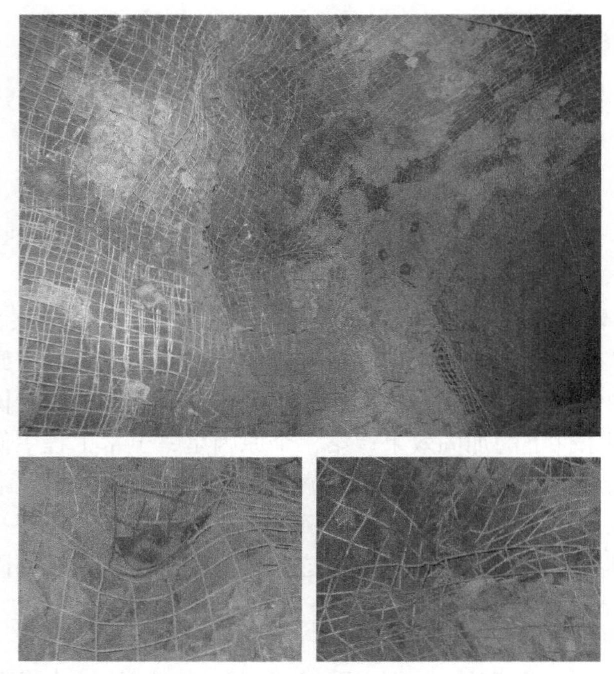

图 9.1 位于 1523m 埋深处的矿井巷道中由 D 锚杆、金属网和钢筋网垫托盘组成的动载岩体加固系统在经受由 1.5 级矿震触发的岩爆和多次中强矿震活动后的情况（B. Simser 供图）

9.3 案例 2：岩爆矿山的静载岩体加固

在加拿大萨德伯里地区一座地下金属矿山的联络平巷位于埋深 1492m 处，巷道宽 5m、高 5.3m。附近采场爆破后，该巷道曾经发生过高达 2 级的强矿震和多次小型矿震，如图 9.2 所示。强震发生前，附近有几个采场已经采空，巷道围岩处于高应力状态。

该区域的岩性为长英片麻岩和角砾辉绿碎屑岩。花岗基岩坚硬，单轴抗压强度大于 200MPa，其中尺寸各异（几米至几十米）的角砾辉绿碎屑岩的单轴抗压强度超过 300MPa。岩体质量总体较好，RMR 为 80，Q 为 22。岩体原岩地应力 σ_1 = 64MPa，σ_2 = 56MPa，σ_3 = 40MPa，最小主应力 σ_3 为垂向。

该处的岩层具有岩爆倾向，只要围岩进行加固处理就很少发生掉块。该区域的主要问题是偶发性岩爆。

由于该区域当时没有后续采矿计划，附近矿房回采完毕后没有对巷道内原来的静载岩体加固系统进行升级。静载加固系统由 50mm 厚聚合物纤维喷射混凝土层、钢筋锚杆和网带组成，锚杆间距为 1.2m×1.2m。钢筋锚杆直径为 22mm，长 2.4m，用树脂全长黏结。矿震发生时，该静载岩体加固系统的支护效果很差。某

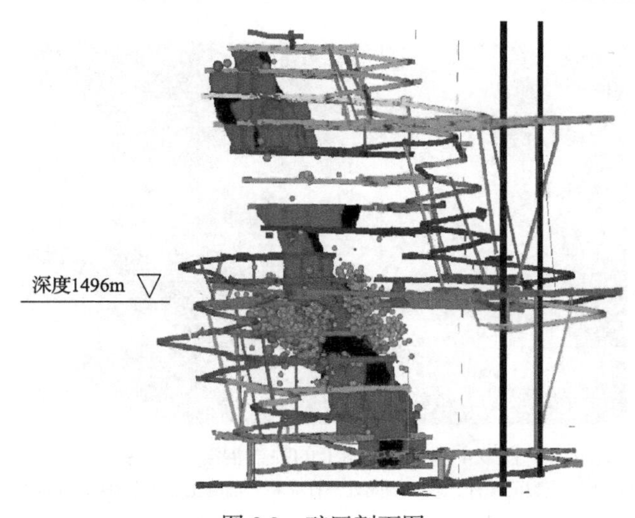

图 9.2　矿区剖面图

大面积阴影区块是已经采空的采场，小球表示两天内 2224 次矿震的震源(B. Simser 供图)

些区域的喷射混凝土严重开裂，并与岩石表面脱离。图 9.3 为矿震发生后一处巷道边墙喷射混凝土层的破坏情况。锚杆托盘冲压穿过混凝土层，在脱落的混凝土片上留下一个冲压孔(位于圆圈内混凝土碎块下)。图 9.4 是另一位置巷道边墙喷射混凝土层的破坏情况，该处发生了混凝土层冲孔破坏(图中小圆圈处)，以及锚杆螺杆和杆体断裂(较大圆圈处)。混凝土层冲孔破坏和锚杆断裂表明，使用的锚杆刚度太大，在动载荷作用下不能与围岩一起变形。

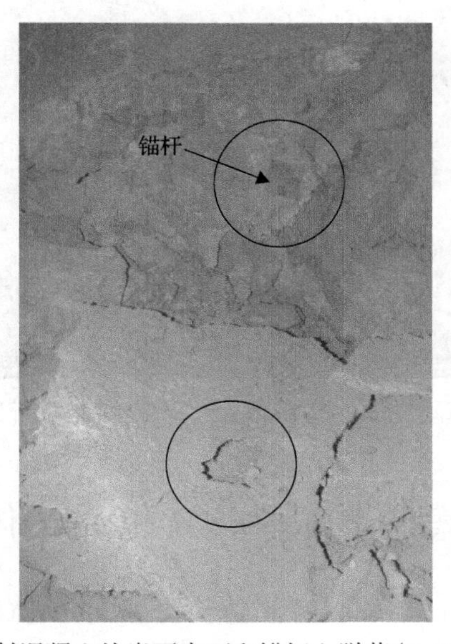

图 9.3　喷射混凝土从岩石表面和锚杆上脱落(B. Simser 供图)

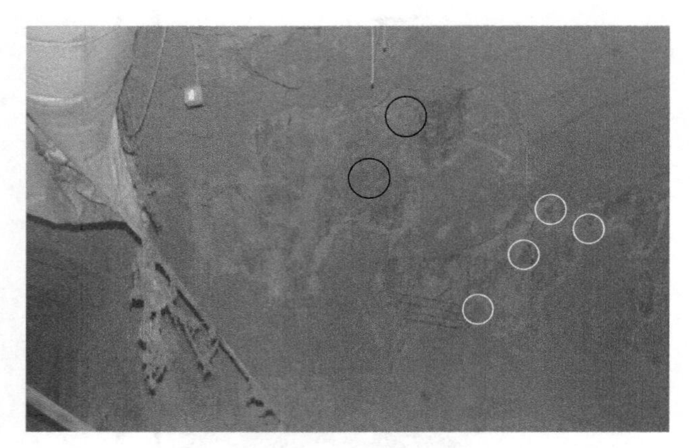

图 9.4　巷道边墙上的喷射混凝土剥落

大圆圈处是断裂的锚杆，较小圆圈处锚杆完整、混凝土层脱落(B. Simser 供图)

矿震发生后，巷道内多处的喷射混凝土层开裂，某些地方嵌在混凝土内网带的 8mm 钢筋在开裂处被拉断，如图 9.5 所示。这个例子说明，在动载条件下位于加固系统最外层的喷射混凝土不能提供理想的支护。钢筋在混凝土层内断裂的现象表明，用嵌入式网带加强喷射混凝土层的方法不适用于动载岩体加固。

矿震发生后，遭到破坏的巷道被封闭，禁止人员进入。

图 9.5　喷射混凝土开裂，嵌在混凝土中的钢筋被拉断(B. Simser 供图)

9.4　案例 3：基律纳矿山的岩体加固

基律纳地下铁矿位于瑞典北部，矿体长约 4000m，宽约 80m，接近南北走向，向东倾斜 55°～60°。该矿采用图 9.6 所示的大尺寸分段崩落法采矿。该矿的采矿自动化程度很高，2013 年的矿石年产量达到 2770 万 t(Malmgren et al.，2014)。目前，回采区位于标高 907m 水平上，相当于埋深 700m。

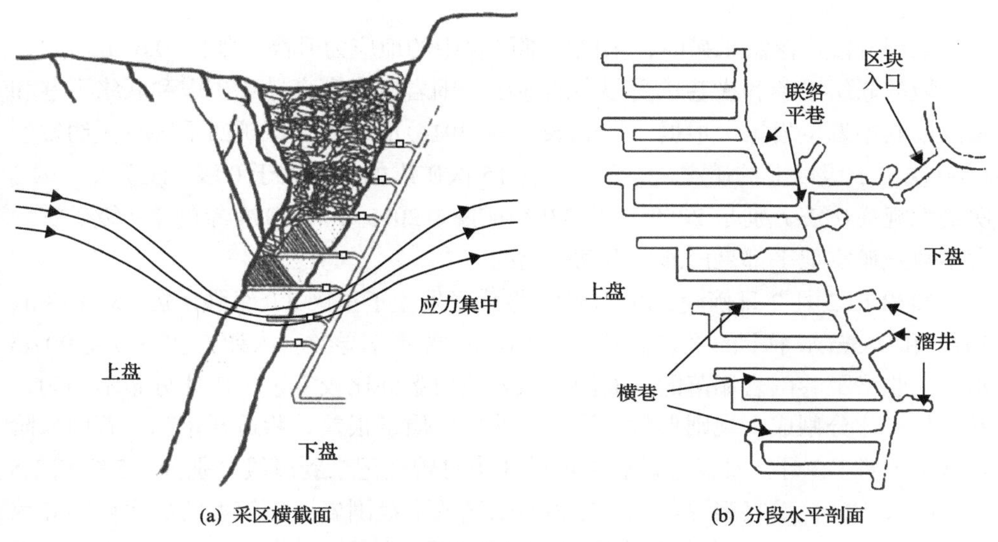

(a) 采区横截面　(b) 分段水平剖面

图 9.6　分段崩落法采矿示意图

9.4.1　地质及岩体条件

矿体呈板状，上盘岩性是石英斑岩(流纹岩)，下盘是正长斑岩(粗面安山岩/粗面岩)。

矿区地质构造以塑性剪切带和脆性断层为主。塑性剪切带呈南北走向，向东陡倾。矿震监测显示，矿区矿震震源位于剪切带中(Woldedemdhin and Mwagalanyi，2010)。脆性断层走向大致与矿体走向垂直，向南陡倾。

下盘正长斑岩的单轴抗压强度为 210～430MPa，杨氏模量为 70～80GPa，密度为 $2800\mathrm{kg/m^3}$。上盘石英斑岩的单轴抗压强度为 184MPa，杨氏模量为 37～81GPa，密度为 $2800\mathrm{kg/m^3}$。铁矿石的单轴抗压强度为 133MPa，杨氏模量为 60～100GPa，密度为 $4700\mathrm{kg/m^3}$(Woldemedehin and Mwagalanyi，2010)。

基律纳矿山岩体的原岩地应力情况是，最大水平主应力σ_H呈东西走向，垂直于矿体走向；最小水平主应力σ_h呈南北走向，平行于矿体走向；中间主应力σ_v为垂直方向。它们的大小表示为

$$
\begin{aligned}
\sigma_\mathrm{v} &= 0.029 \times Z \\
\sigma_\mathrm{H} &= 0.037 \times Z \\
\sigma_\mathrm{h} &= 0.028 \times Z
\end{aligned}
\tag{9.1}
$$

式中，Z 为深度，单位为 m；应力单位为 MPa。

9.4.2　矿震活动

采用分段崩落法采矿时，采区底部围岩中的地应力升高，如图 9.6(a)所示，该区域的联络平巷和横巷承受很高的地压。围岩应力升高导致矿震和联络平巷和采区横巷中发生岩爆。根据 Malmgren 等(2014)的调查，该矿回采区每天约发生 1500 次–1.5 级以上的矿震，每天至少有 15 次矿震的规模大于 0 级。该矿发生的 3 次最大规模矿震分别是 2008 年的 3.0 级矿震、2013 年和 2014 年的 2.9 级矿震。大多数强矿震似乎都是由断层滑动引起的。

2008 年 2 月 2 日傍晚，该矿的 19 号采区发生了里氏 3.0 级强矿震，对 878m、907m 和 945m 水平上的平巷造成了严重破坏，并不幸导致一人死亡。图 9.7 是 907m 水平上联络平巷围岩塌落的剖面图。该处地质条件比较复杂，矿体分布不均匀，基岩将矿体分割成不规则形状。该区域的岩体质量很差，巷道开拓和矿石回采阶段施工困难。2 月 2 日发生矿震之前的 3 个月曾经记录到震级分别为 0.5 级和 1.5 级的两次矿震，矿震震源都位于远离回采区的下盘围岩。比较大的那次矿震导致 878m、907m 和 935m 水平上的巷道发生大冒顶。总之，矿震对该矿的井下基础设施和回采区安全构成严重威胁。

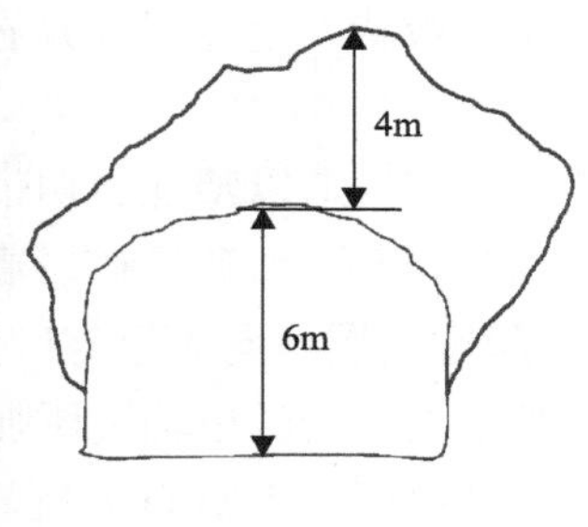

图 9.7　矿震发生后 907m 水平上某联络平巷围岩塌落(Sjöberg et al.，2011)

2009 年和 2010 年，19 号矿区 964m 水平的下盘巷道中发生许多次与矿震有关的岩石破坏。2010 年的一次大破坏导致巷道的岩体加固系统失效，大约 200m^3 岩石坍塌，如图 9.8 所示。坍塌区的岩体加固构件是 10cm 厚钢纤维喷射混凝土(SFRS)、混凝土层外挂金属网和 3m 长全长水泥注浆的基律纳锚杆，锚杆间距为 1m×1m，巷道的某些部位还安装了锚索，如图 9.9 所示。在巷道一段长 20m 的坍塌碎石堆中观察到有 15 根被拉断的基律纳锚杆。实践表明，在动载荷作用下该岩体加固系统对岩体的加固效果不佳。

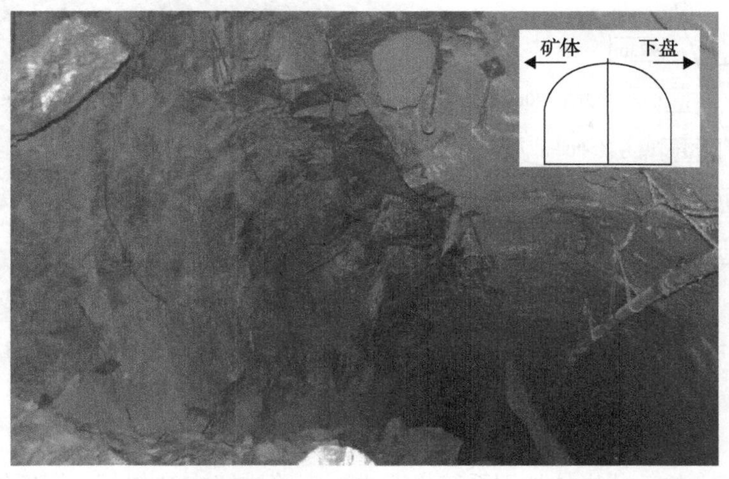

图 9.8　位于 964m 水平的下盘巷道中的岩爆破坏情况(Woldemedhin and Mwagalanyi，2010)

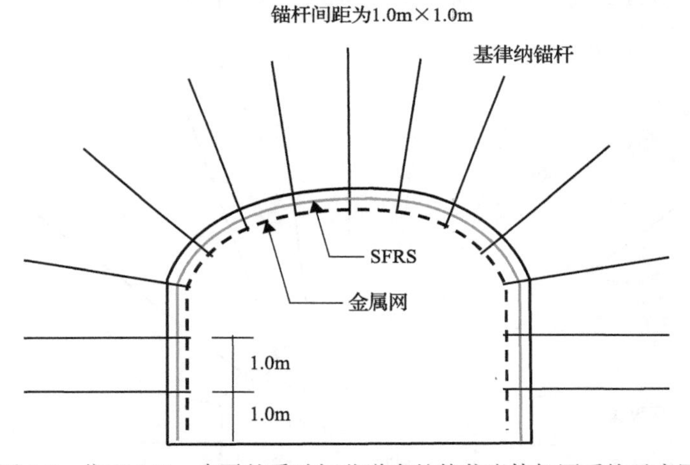

图 9.9　位于 964m 水平的受破坏巷道中的静载岩体加固系统示意图

9.4.3　动载岩体加固系统

矿山原来的动载岩体加固系统由长 3m、间距 1m 的水胀式锚杆，100mm 厚钢纤维喷射混凝土和金属网组成，金属网的钢丝直径 5.5mm，网格 75mm。2013 年井下发生 2.9 级矿震，1051m 水平上的一巷道塌方量超过 200m^3，上一层巷道(1022m 水平)的塌方量约 40m^3，如图 9.10(a)所示。图 9.10(b)是 1051m 水平上巷道中塌落的石堆，失效的水胀式锚杆暴露在石堆上。

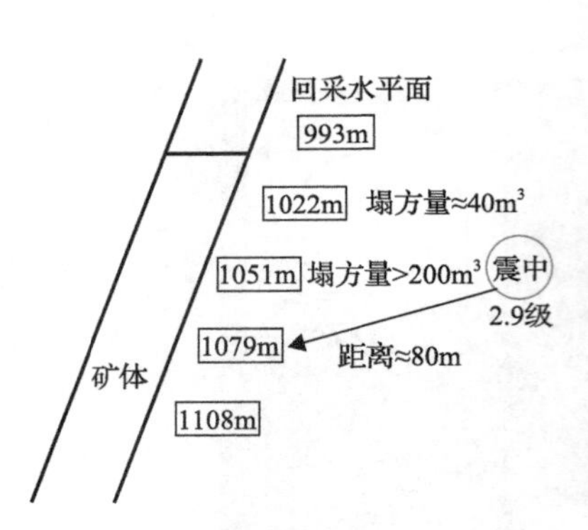

(a) 2013年7月2.9级矿震的震中位置

(b) 1051m水平上巷道中坍塌的岩石堆

图 9.10　2013 年 7 月 2.9 级矿震的震中位置及
1051m 水平上巷道中坍塌的岩石堆(Malmgren et al.，2014)

现在矿山的动载岩体加固系统由改进型钢筋锚杆或 D 锚杆、钢纤维喷射混凝土、金属网和锚索组成，如图 9.11 所示。各支护构件的技术规格如下(Malmgren et al.，2014)。

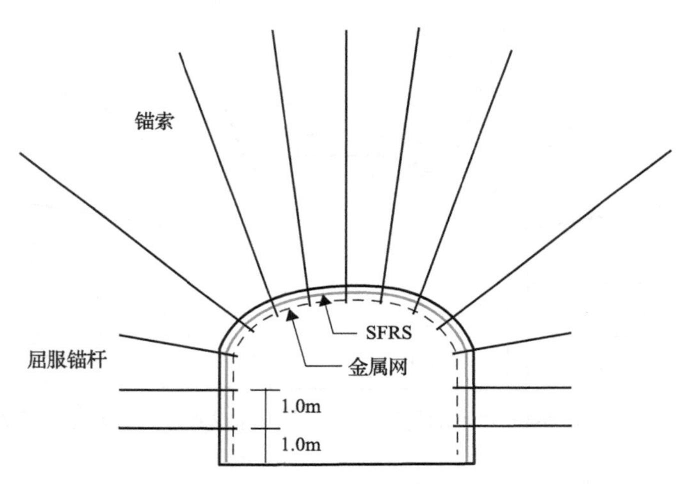

图 9.11　岩爆岩体的动载加固系统

锚杆类型：改进型钢筋锚杆或 D 锚杆，直径 20mm，长度 3m，间距 1m，直径 150mm 圆形托盘。

喷射混凝土：钢纤维，厚度 100mm。

金属网：钢丝直径 5.5mm，网格 75mm。

锚索：长 7m，安装间距 1m，方形托盘 200mm×200mm×9mm。

改进型钢筋锚杆就是在普通钢筋锚杆杆体中间部分包裹隔离套筒，以便该段杆体与注浆体脱黏。它与普通钢筋锚杆安装方式相同，通过全长注浆的方式锚固在钻孔中。

2014 年 5 月，又一次 2.9 级的矿震袭击了回采区，1108m 水平上的巷道垮落岩石仅约 $40m^3$，上一层巷道(1079m 水平)垮落约 $80m^3$。图 9.12(b)是 1108m 水平巷道中垮落的岩石。两处巷道均采用了新型吸能锚杆动载加固系统进行支护。

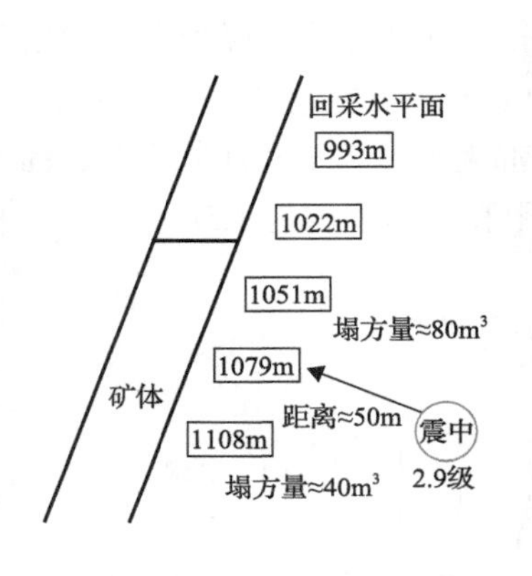

(a) 2014年5月2.9级矿震的震中位置

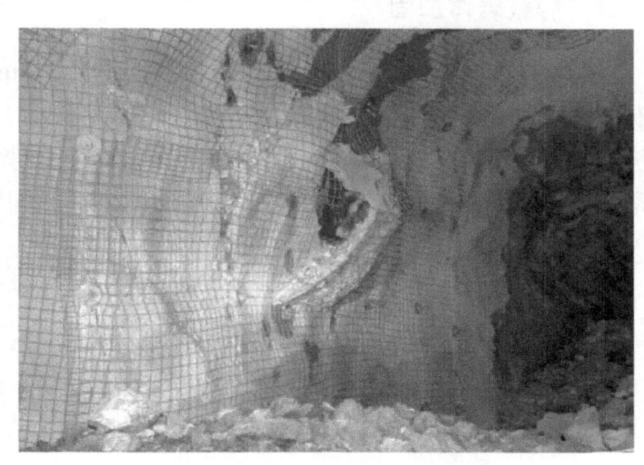

(b) 1108m水平上巷道中垮落的岩石碎块

图 9.12　2014 年 5 月 2.9 级矿震的震中位置及 1108m 水平上巷道中垮落的岩石碎块(Malmgren et al.，2014)

9.5　案例 4：某地下铁矿山的岩体加固

瑞典北方还有另一座地下铁矿山，该矿有 20 个矿体，其中 10 个正在开采的矿体分布在 5km×2.5km 的区域内。该矿山以磁铁矿为主，有的矿体也包含大量赤铁矿。矿石主要赋存在前寒武纪火山岩中，岩石大部分已变质为片麻岩和细粒长石石英岩。该矿也采用图 9.6 所示的分段崩落法开采。2013 年，该矿山的矿石产量为 1640 万 t(Malmgren et al.，2014)。

磁铁矿岩石的单轴抗压强度为(100±20)MPa，红色长粒岩为(190±20)MPa，灰色长粒岩为(100±30)MPa，花岗岩为(250±15)MPa。围岩的 RMR 约 84，矿体的 RMR 约 70。

矿区的岩体原岩地应力表示为：$\sigma_1 = 0.035Z$，水平方向，平行于矿体走向；$\sigma_2 = 0.0265Z$，垂直方向；$\sigma_3 = 0.0172Z$，水平方向，垂直于矿体走向。其中，Z 为埋深，单位为 m，应力单位为 MPa。

由于矿山有多个矿体，每个矿体的回采在不同水平上进行。大尺寸分段崩落法是该矿的主要开采方法，采矿深度已经超过 1000m。该矿山的岩石力学挑战是矿震活动和岩体的挤压大变形。

下面介绍的岩体加固设计用于埋深 1000m 上下的巷道中。巷道尺寸为 6m×5m(宽×高)，横截面呈马蹄形。岩体加固方式分静载和动载两类。静载加固用于比较稳定的岩体，动载加固用于易爆岩体和挤压变形岩体。

9.5.1　静载岩体加固

静载岩体加固是先在巷道边墙和拱顶喷射 70mm 厚钢纤维喷射混凝土，然后安装 3m 长的钢筋锚杆或者水胀式锚杆，如图 9.13(a)所示。在巷道交叉口用 7m 长的锚索替代锚杆，如图 9.13(b)所示。锚杆和锚索都用水泥浆全孔注浆安装，锚索在岩石表面用托盘锁紧。锚杆交错排列，行内间距和行间距均为 1.5m。

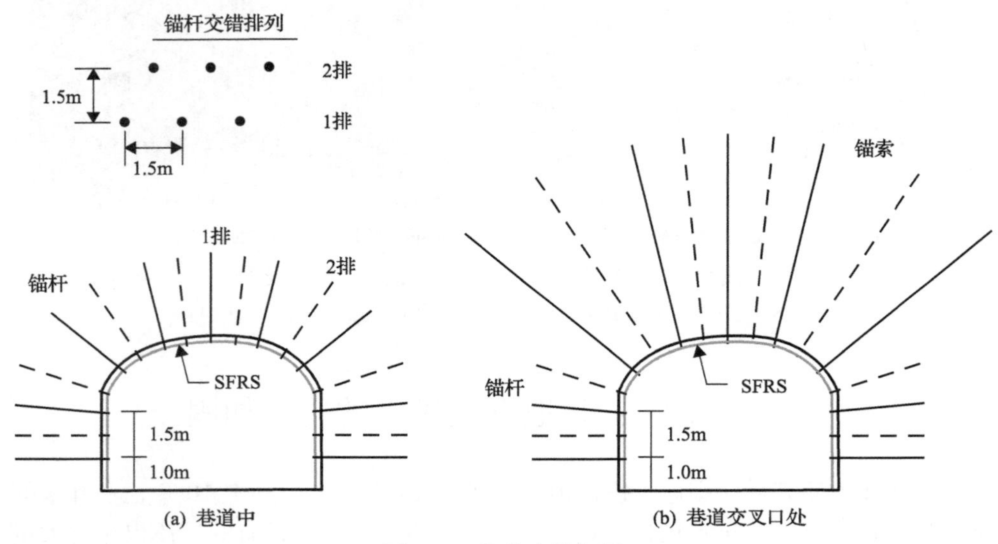

图 9.13　静载岩体加固

9.5.2　动载岩体加固

动载岩体加固是在巷道边墙和拱顶喷射 100mm 钢纤维喷射混凝土，挂金属网，然后安装 3m 长的吸能 D 锚杆，如图 9.14(a)所示。在巷道交叉口，用 7m 长的锚索代替锚杆，如图 9.14(b)所示。锚杆和锚索都用水泥浆全孔注浆安装，锚索在岩石表面用托盘锁紧。锚杆的行内和行间距为 1m×1m。金属网要铺设在钢纤维喷射混凝土层表面，并压紧在锚杆托盘下。金属网片连接处要有至少三个网格重叠，如图 9.15 所示。

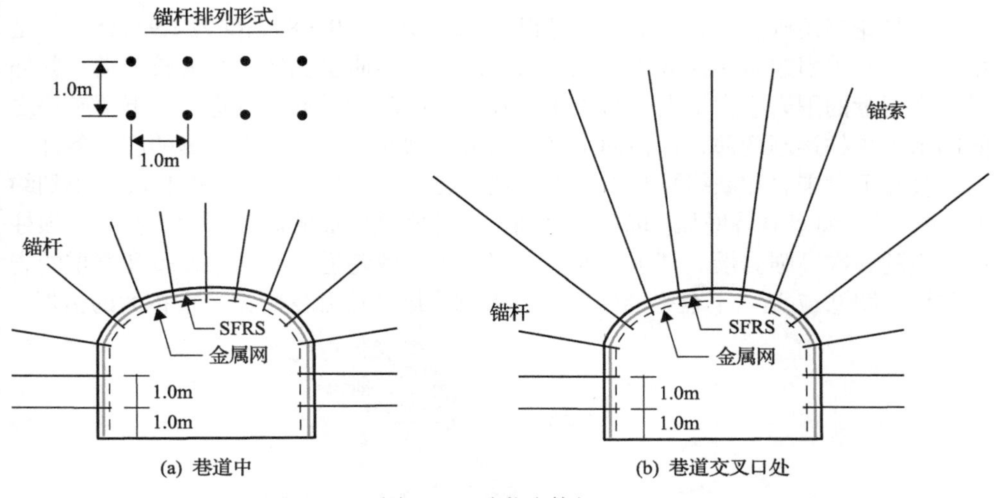

图 9.14　动载岩体加固

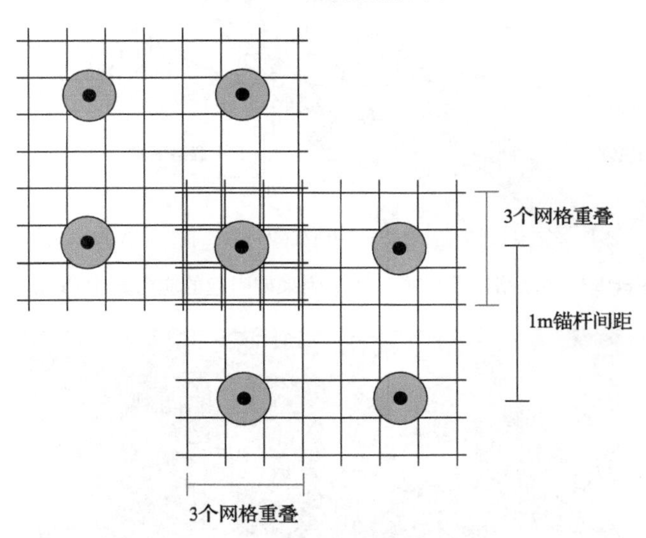

图 9.15　相临两金属网片的重叠

9.6　案例 5：科尔曼矿山的岩体加固

科尔曼(Coleman)矿位于加拿大安大略省的萨德伯里盆地。该矿的 153 号矿体目前主要采用上向充填采矿法开采，少量采用大矿房回采或者下向充填法。下面介绍的是位于矿体下盘 1500m 深处巷道的岩体加固，巷道宽 4.8m、高 4.8m(Yao et al., 2014)。该处的地应力大约是σ_1 = 70MPa(水平方向，与矿体走向大致垂直)，σ_2 = 56MPa(水平方向，与矿体走向近似平行)，σ_3 = 42MPa(垂向方向)。矿区主要岩性是花岗角砾岩。岩体本身质量很高，RMR 为 70～80，Q 为 1.9～15，但是由于周围开采引起该矿体处于高地应力状态，岩体质量仍然被归为较差类。紧邻采空区下盘的围岩应力很大，如图 9.16 所示。随着回采向上推进，上下两矿房之间的水平顶柱逐渐变薄，矿柱内水平应力显著增大，从而产生岩爆的应力条件，岩爆会在下盘围岩和联络平巷中产生强烈矿震。当水平顶柱厚度从 18m 减小到约 9m 时，岩爆频率显著增加。现场记录到了这种明显增加的矿震活动和在水平顶柱内发生的多次高强岩爆。高水平地应力同时也导致巷道收敛变形显著和严重的岩石破坏。图 9.17 是一下盘平巷因应力过大围岩破坏使开挖断面严重扩大的情形。

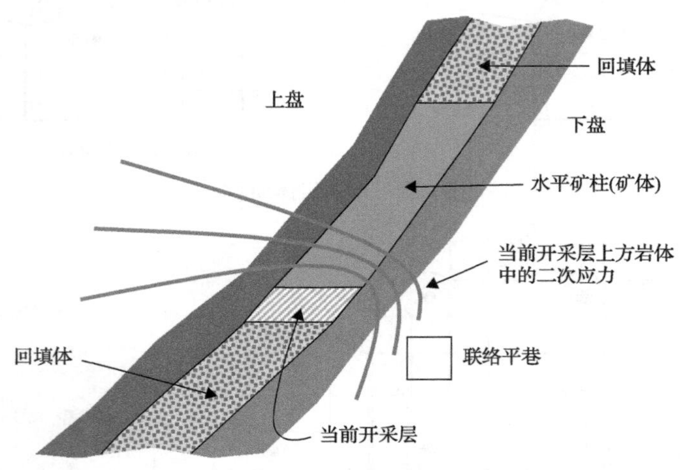

图 9.16　下盘围岩和联络平巷拱顶岩体中因采矿引起的应力集中(Yao et al.，2014)

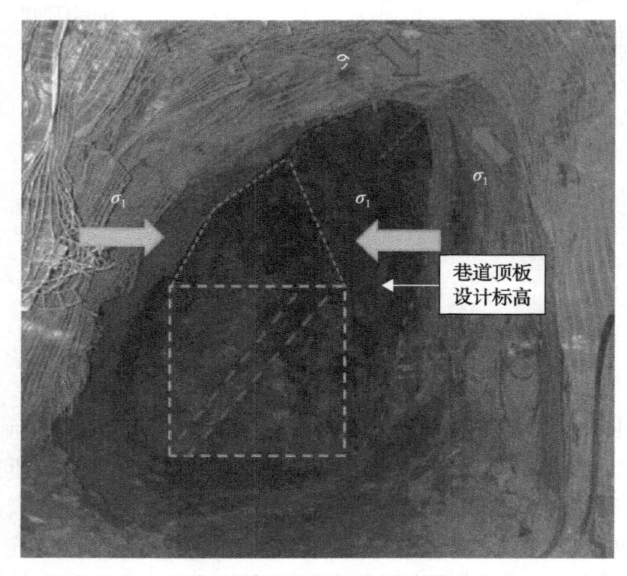

图 9.17　下盘平巷中的拱顶严重超高和边墙剥落破坏(Yao et al.，2014)

下盘巷道中的岩体加固分为一级常规加固和二级动载加固两类。一级常规加固包括在拱顶安装交错排列的全长树脂黏结钢筋锚杆，锚杆长 1.8～2.4m，安装间距 1.2m×1.5m，挂 6 号钢丝焊接式金属网(钢丝直径 4.9mm)，边墙上安装 1.8m 长 FS39 缝式锚杆和 6 号钢丝金属网。二级动载岩体加固安装在易发生岩爆的区域。二级动载加固由纤维喷射混凝土、网带和 D 锚杆组成。在安装一级常规加固之前，先喷一层至少 75mm 厚的纤维喷射混凝土作为初始支护，以便为工人提供在应变岩爆环境中工作的初级保护。如果岩体仍然完整，每条 0/0 号钢筋网带(钢筋直径 8.4mm)上安装 3 根 2.4m 长的 D 锚杆，网带长 3m，宽 0.3m，网带间距一般为 1.5m，如图 9.18 所示。如果岩体破碎，则使用 4 根 2.4m 长的水胀式 Swellex 锚杆代替 D 锚杆。实践证明，这种岩体加固系统能够承受高达 2.0～3.0 纳特利级(Nuttli)矿震。

图 9.18　下盘巷道中的动载岩体加固系统

加固构件是纤维喷射混凝土、金属网、直径 22mm 长度 2.4m 的 D 锚杆和 0/0 号钢筋网带(Yao et al.，2014)

现场观察到，在易发生岩爆的岩体中，纤维喷射混凝土仍然是岩体控制系统的一个组成部分，特别是对于重要的基础设施的加固，但随着开采深度的增加，纤维喷射混凝土受压屈曲引起的剥落和破裂已成为稳定高地应力岩体的一个棘手问题。纤维喷射混凝土层表面必须铺设表面防护构件，如焊接式金属网，以防止发生矿震时混凝土被震落。

把岩体加固分为常规和动载两类在实际执行中很不方便。该矿已经开始采用一步到位的岩体加固方法，100%使用屈服锚杆和岩石表面支护构件(喷射混凝土、金属网和钢筋网带)联合支护(Yao et al.，2014)。

9.7　案例6：克赖顿深部矿山的岩体加固

克赖顿(Creighton)矿是位于加拿大安大略省萨德伯里盆地的一个铜镍矿。下盘岩性是花岗辉长岩、块状硫化矿，上盘岩性是苏长岩(Malek et al.，2009)。岩石的物理力学性质平均值见表9.1。

表9.1　岩石的物理力学性质平均值

岩石	密度/(kg/m³)	单轴抗压强度/MPa	杨氏模量/GPa	泊松比
花岗辉长岩	2600	240	60	0.26
苏长岩	2850	190	78	0.28
块状硫化矿	3600	130	68	0.25

矿区岩体中的原岩主应力分别为近似水平和垂直(Snelling et al.，2013)。400号矿体中最大水平主应力σ_H大致平行于矿体走向，最小水平主应力σ_h垂直于矿体走向。埋深500m以下，原岩垂直和水平主应力由式(9.2)估算(Malek et al., 2009)：

$$\begin{aligned}\sigma_v &= 0.028Z + 3.31\\ \sigma_H &= 0.053Z + 2.27\\ \sigma_h &= 0.034Z + 5.87\end{aligned} \tag{9.2}$$

式中，Z为埋深，单位为m；应力单位为MPa。

矿震和岩爆最开始出现在大约700m深的矿井顶、底柱中(Malek et al., 2009)。随着开采深度的增加，矿震活动变得越来越频繁。1000m以下发生过多次纳特利2～4级的矿震。

9.7.1　常规加固方法

在克赖顿深部矿山5m×5m标准巷道中使用的常规岩体加固系统是在巷道拱顶和肩部安装长2.4m直径20mm的钢筋锚杆，锚杆间距为1.2m×1.5m，锚杆交错式排列；以及150mm×150mm方形拱顶托盘，托盘厚6.4mm，挂4号镀锌焊接式金属网(钢丝直径4.7mm)。巷道边墙安装2m长带圆顶托盘的FS46缝式锚杆和4号焊接式金属网。图9.19是一级加固系统支护的某巷道在一次强矿震后边墙凸起的情况。加固系统兜住了膨胀的边墙，但是边墙的变形很大(Yao et al., 2014)。

图 9.19　强矿震发生后用 4 号焊接式金属网和 FS46 缝式锚杆加固的巷道边墙变形和破坏情况(Yao et al.，2014)

9.7.2　易发生岩爆岩体的动载加固方法

过去对易发生岩爆岩体的加固分两步执行，第一步是静载支护，第二部才是动载支护。现在采用的是一次到位的动载加固方法。这种一次动载加固方法如下。

(1)巷道拱顶和肩部：挂 4 号焊接式金属网片(1.5m×3.4m)，隔排交替安装长 2.4m 直径 20mm 的钢筋锚杆和改进型锥形锚杆(MCB33)，锚杆间距 1.2m×1.5m。锚杆的拱顶托盘下增加一个 300mm 的方形 0/0 号钢筋网垫(钢筋直径 8.4mm)。

(2)巷道边墙：挂 4 号焊接式金属网片，隔排交替安装钢筋锚杆和长 2m 直径 46mm 缝式锚杆，锚杆间距 1.2m×1.5m，使用拱形托盘。在应力集中大的情况下，边墙上部可以用 2.4m 改进型锥形锚杆(MCB33)替换缝式锚杆。

这种一次动载加固方法对预防克赖顿矿的岩爆损害很有效。在 2470m 水平的下坡道巷道掘进过程中曾经发生过一次小范围断层滑动引起的矿震，矿震导致 20m 长的一段巷道边墙严重膨胀变形，一些钢筋锚杆和一根 MCB33 锚杆在 0.3～0.5m 深处发生断裂，但是该加固系统防止了顶板坍塌，经过修复后很快就恢复了巷道掘进(Yao et al.，2014)。

9.7.3　充填体下采场的加固

为了避免使用采场水平顶柱，克赖顿矿采用下向充填采矿法回采某些矿体，采用这种方法需要在尾砂充填体中开拓巷道。2250m 水平以下的下向充填开采矿房的最底部 3.1m 采用 15∶1 或 10∶1 的尾砂-水泥比混合浆液充填，下段矿房的矿体将在该充填体下方开采。这种尾砂-水泥混合充填体的 28 天抗压强度大约 1MPa。使用 Atlas Copco Boltec 锚杆机，在固结的尾砂-水泥混合充填体中开挖 5m×5m(高×宽)巷道，使用的巷道加固方法如下(参见 9.7.2 节)(图 9.20)。

(1)顶板铺设 4 号金属网片(1.5m×3.4m)，安装 2.4m 长 Mn 24 带防腐蚀涂层的 Swellex 锚杆。边墙挂 4 号金属网一直到墙根，安装 FS46 缝式锚杆，锚杆交错式排列，锚杆间距 1.2m×1.5m。使用 43mm 直径钻头在充填砂体中钻 Swellex 锚杆钻孔。

(2) 每循环进尺后至少喷射 75mm 厚的普通混凝土一直到巷道底板，将金属网覆盖。

(3) 至少要让添加速凝剂的喷射混凝土固化 4h 才能开始下一轮掘进。

(4) 在跨度超过 8.5m 的巷道交叉口，加装 3m 或 3.6m 长的 Mn 24 Swellex 锚杆作为二次支护。

在过去大约 10 年的时间里，该加固系统在保护 2300m 水平以下尾砂充填体的巷道方面发挥了很好的作用。

图 9.20　固结的尾砂-水泥混合充填体中的巷道开拓和加固 (Yao et al.，2014)

9.8　案例 7：伽彭贝格矿山的岩体加固

伽彭贝格 (Garpenberg) 矿山开采的矿石含锌、铅、银、铜、金多种有色金属，以及块状硫化矿体，围岩岩性是石英岩、片岩和石灰岩，岩体 RMR 为 60～70。充填矿房高度 100m，每层回采巷道宽 7～8m，高 5～6m。

本案例回采层深度是 730m，该水平面上的原岩垂直地应力为 20MPa，水平地应力 20MPa 和 40MPa，最大水平地应力与采场走向垂直，最小水平地应力与采场走向平行。矿房挖开后顶板 7～10m 内的二次应力差值 (σ_1–σ_3) 是 50～80MPa。

该采场的主要问题是高应力在质量较好的岩体中引起随时间变化的岩石破坏，测量表明 9 个月内顶板沉降达到约 250mm，如图 9.21 所示。巷道围岩的收敛首先导致图 9.21 中小图所示的喷射混凝土折断，然后剥落。岩石变形也在全长树脂黏结钢筋锚杆中诱发出很大的载荷，照片中圆圈标示的是拱顶上两个断裂的锚杆和落到底板上的锚杆托盘。

在采场采用的岩体加固系统由全长树脂黏结钢筋锚杆、钢纤维喷射混凝土和喷射混凝土拱组成，锚杆直径 25mm，长 2.7m。岩体加固分两步实施，第一步，喷射 30mm 钢纤维喷射混凝土层，钢纤维用量为 30kg/m^3；安装锚杆，间距 1×1m。第二步，沿边墙和顶板喷射厚度 100～200mm、宽约 1m 的混凝土拱，然后，以 0.7m 的间距在喷射混凝土拱中安装锚杆。沿采场走向每隔 7m 构建这样一个锚杆-喷射混凝土拱，离采场回采面最近的一个混凝土拱至回采面的距离要大于 20m。在图 9.21 中可以看到两个锚杆-喷射混凝土拱。实践表明，锚杆-喷射混凝土拱减小了围岩变形，消除了岩石掉块。开挖初期就应构建喷射混凝土拱，以便有效地控制后期出现的岩体变形。

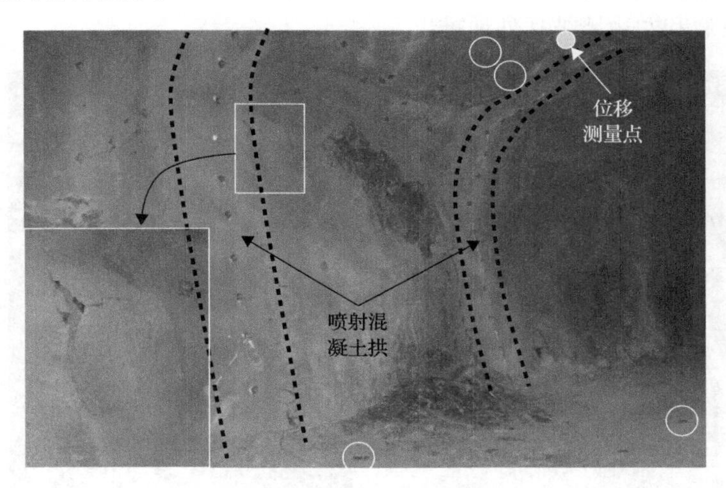

图 9.21　矿房边墙上的喷射混凝土拱

底板上散落的托盘垫圈来自顶板断裂的锚杆。墙壁上破损处已经过撬锚处理（Per-Ivar Marklund 供图）

9.9　案例 8：克雷格矿山的岩体加固

加拿大克雷格（Craig）镍矿一条巷道埋深约 1600m，宽 5m，高 6m。该巷道水平上的原岩垂直地应力大约为 42MPa，水平地应力为 75MPa 和 58MPa，最大水平地应力（75MPa）与巷道走向平行，最小水平地应力（58MPa）与巷道走向垂直。顶、底板岩石（矿石）的单轴抗压强度为 115～175MPa，边墙岩石（废石）为 200～250MPa。

由于附近有一条主断层和周围采矿活动引起应力集中，该区域被认为是岩爆高风险区。2006 年 6 月，在巷道里端进行了 6 次长孔爆破后巷道内发生了矿震，其中包括一次 2.0 级的强震，震中距离两天后发生的岩爆位置大约 20m。爆破 5h 后，矿震活动降至相对正常水平。岩爆发生后的几天内，该区域记录到每小时几起小型矿震。爆破后发生的矿震对巷道只造成轻微损伤，包括一些下垂的金属网碎石兜、边墙碎石脱落、透过金属网散落的细岩屑“雨”、一根断裂的钢筋锚杆和几个弯曲变形的锚杆托盘。整个采区都出现了这种类型的破坏。

长孔爆破两天后的早晨 08:00 左右矿震监测系统记录到爆破现场附近发生了一次 0.5 级的中等矿震。地压控制工程师到现场检查巷道，巷道内无明显变化，矿震监测系统也未显示当时有异常矿震活动。不久后，工程师听到巷道内三声尖锐的爆裂声，声音听上去似乎在同一条线上。15～20min 后，发生了 1.8 级的矿震，在巷道内引发了岩爆，巷道拱顶重约 176t 的岩石垮落，坍塌区断面呈三角形，尺寸大约 9m×4m×3.5m(长×宽×高)，如图 9.22 所示。矿震监测系统将最后一次矿震的震中定位在非常接近岩爆点的地方(距离为 5～10m)。从巷道入口处向里看去，巷道拱肩和左边墙被猛烈地推出。

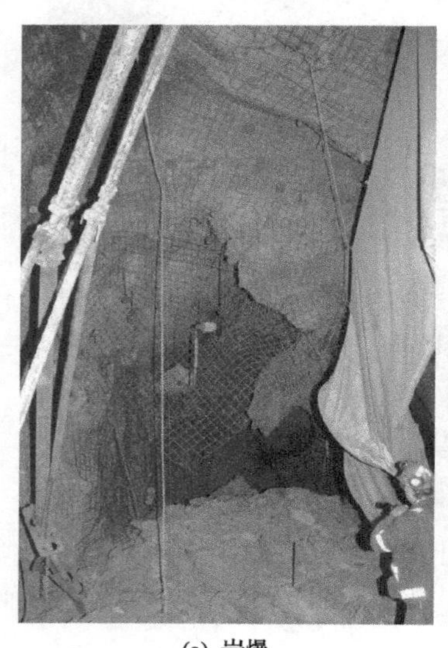

(a) 岩爆

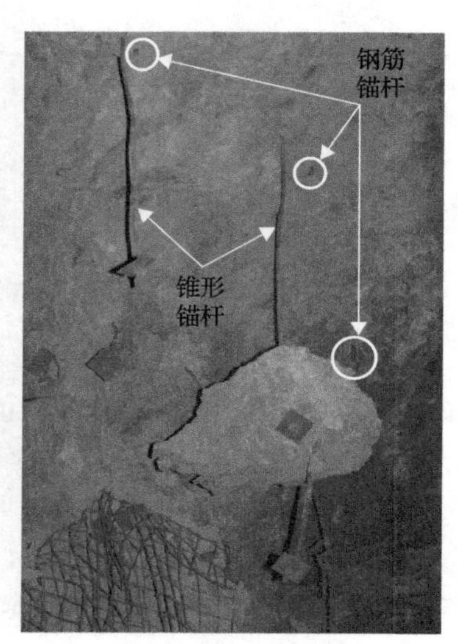

(b) 露出的锚杆

图 9.22 1.8 级矿震后发生的岩爆及顶板岩石震落后露出的锚杆

该区域被评估为岩爆高风险区，因此该区域的大部分巷道都采用了动载岩体加固，该加固系统由 100%全长树脂黏结钢筋锚杆(锚距 1m×1m)、7 号焊接式金属网(钢丝直径 4.5mm)、钢筋网带和改进型锥形锚杆组成，在某些地方也使用了锚索。

大约 3m 高的巷道顶板岩石在矿震中垮落，坍塌区中心高度大于锚杆长度，有两到三排锚杆被埋在岩石碎块堆下，部分钢筋锚杆断裂。坍塌边缘区域的大部分钢筋和锥形锚杆没有断裂，但是岩石表面支护构件(金属网/托盘/钢筋网带)被撕裂了。

图 9.22(b)是岩爆后坍塌的巷道拱顶和暴露出来的锚杆。钢筋锚杆被拉断，锥形锚杆完整未断裂。然而，由于金属网和网带与锚杆之间的连接不牢靠，加固系

统没能阻止顶板破碎岩石的坠落。由此得到的认识是，动载荷作用下钢筋锚杆对岩体加固系统的贡献不大，似乎锥形锚杆的性能更好些。在该事件中锥形锚杆没有断裂，但它们与金属网的连接效果并不理想。

9.10　案例9：幸运星期五矿山的岩体加固

幸运星期五(Lucky Friday)矿山是位于美国爱达荷州的一座铅锌矿。自2013年该矿重开以来，Gold Hunter成为主要采区，采区矿脉平均厚度3m。狭窄矿脉的回采采用下向充填采矿法，回采巷道平均宽度3m，如图9.23所示。

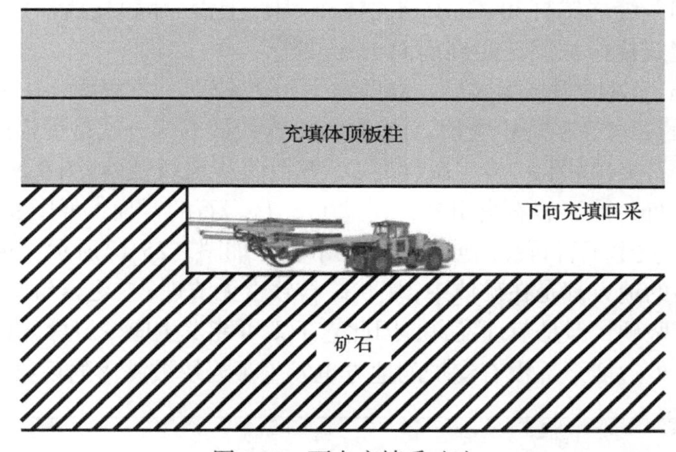

图9.23　下向充填采矿法

目前,采矿作业主要在两个采场中进行,一个是从5500水平开始(埋深1650m)，另一个是从5900水平开始(埋深1950m)。5500水平下面的底柱中也有采矿作业。

应变岩爆主要与因各种原因留在矿体中的底柱有关。矿震主要是由位于下盘的易滑断层移动引起的。当平行于薄层泥质基岩的结构面开采时，在动载作用下岩石层理屈曲膨胀造成巷道围岩大位移(Golden，2015)。

目前在狭窄回采巷道中使用D锚杆和链环金属网一起支护围岩。该矿山的经验是在动载大变形条件下链环金属网的支护效果比混凝土优越。在该矿的54号下坡道的开拓中也使用了D锚杆、普通喷射混凝土和链环金属网联合支护的方法。

9.11　案例10：澳大利亚某金属矿岩爆岩体加固系统的受损情况

这是澳洲西部的一个地下金属矿的案例。该矿的700S巷道埋深1000m。原岩地应力σ_1= 71MPa，水平南北方向，沿矿体走向；σ_2= 47MPa，向东倾斜 40°(矿体倾角)；σ_3= 27MPa，向西倾斜 50°(与矿体走向垂直)。巷道顶呈拱形，宽 4.5～7m，高 5～6m。

上盘岩性为超镁铁质岩，有一条约 5m 宽的滑石带，下盘是玄武岩，硫化镍矿体呈块状。上盘超镁铁质岩的 Q 为 2.4，下盘玄武岩的 Q 为 2.1，块状硫化镍矿体的 Q 为 16.9，该深度的应力折减系数(SRF)为 8。

该区域是正在向前推进的矿房回采面的压力拱拱座，位于上面的矿房回采面超前本矿房回采面大约 25m。矿体巷道中的主要问题是应变岩爆。

巷道中岩体加固系统由锚杆和金属网组成。下盘一侧的巷道边墙由焊接式金属网和密度加倍的缝式锚杆加固至距离底板地面 1.5m 处。顶板矿石采用焊接式金属网、正常间距缝式锚杆和 Garford 锚杆加固。上盘一侧的边墙由焊接式金属网和正常间距缝式锚杆加固至距离地面 1.5m 处。

上方 25m 远处的采场爆破后，立即发生(0.27s 后)一次里氏 1.0 级的矿震。巷道内 38m 长的一段在矿震中受损，图 9.24 中大线圈的部分就是受损段。*A*、*E*、*F* 处发生严重岩石突出(图 9.25)，*B*、*C*、*D*、*H* 处发生岩石震落(图 9.26)。最严重的损坏发生在 *E* 处，除了岩石突出外，还发生了 1t 岩石的冒顶，如图 9.25(a)所示。在 *A* 和 *F* 处，发生了岩石突出或者金属网下垂，如图 9.25(b)所示。现场观察到，发生岩石突出的地方都是在矿体中，块状矿石致密无节理，它更容易发生应变岩爆。下盘的玄武岩坚硬，但是节理发育，因此它不太可能发生应变岩爆。另外还观察到在 *B*、*C* 和 *D* 处边墙下部没有支护的地方也发生了岩块被震落的现象。

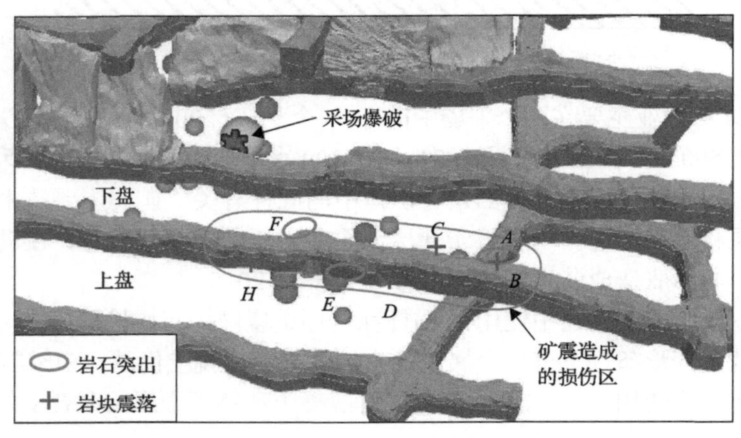

图 9.24　上方 25m 远处采场爆破在巷道内造成的破坏

小球表示矿震震源(P. Mikula 供图)

经过那次强震和其后多次余震后，巷道内有 8 根缝式锚杆的托盘脱落，金属网在锚杆孔口处被撕裂，或者断裂的缝式锚杆留在岩体内。有 1 个缝式锚杆竟然被推出岩体约 0.2m，如图 9.25(b)所示。

结论是，该巷道使用的加固系统不适合经受频繁动载的岩体加固。

(a) E处

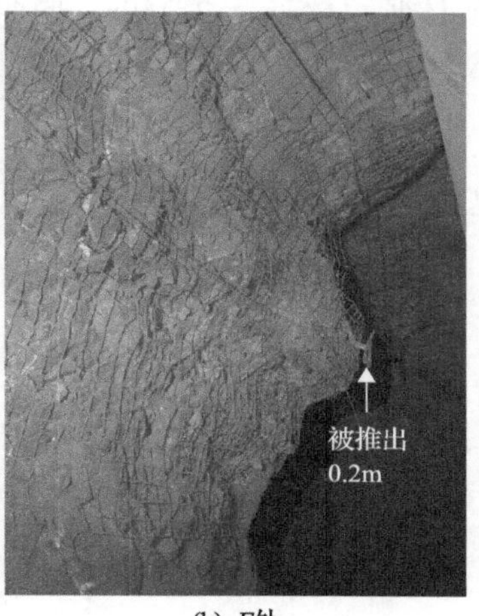

(b) F处

图 9.25　E 处和 F 处的岩石突出（P. Mikula 供图）

图 9.26　C 处被震落的岩石（P. Mikula 供图）

9.12　案例 11：澳大利亚某金属矿成功防范矿震破坏的岩体加固系统

本节所述 690 号联络平巷与案例 10 属同一个金属矿山。690 号巷道埋深 990m，其上是正交的 680 号回采巷道，两巷道相距 5.5m，如图 9.27 所示。该水平面上的原岩地应力是σ_1 = 71MPa，水平南北方向，与矿体走向一致；σ_2 = 47MPa，向东倾斜 40°(矿体倾角)；σ_3 = 27MPa，向西倾斜 50°(与矿体走向垂直)。巷道顶板呈拱形，宽高均为 4.5m。

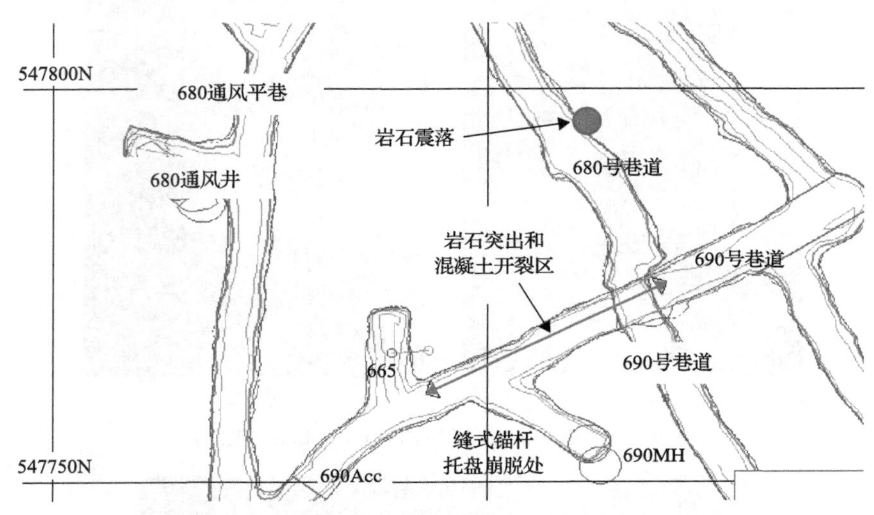

图 9.27　690 号联络平巷和 680 号回采巷道(P. Mikula 供图)

巷道受损处主要岩性是坚硬玄武岩，无大型地质构造面，岩体质量差，*Q* 平均值为 2.3，SRF 为 8。

该区域是应力集中区，上方横跨的 680 号巷道使得该处的应力集中更大。690 号巷道中的主要不稳定性问题是应变岩爆。

岩体加固系统由锚杆(缝式锚杆和 Garford 锚杆)和金属网组成。巷道的拱顶和拱肩由 50mm 厚纤维喷射混凝土、焊接式金属网、缝式锚杆和 Garford 锚杆来支护。边墙由 50mm 厚纤维喷射混凝土、焊接式金属网和正常间距缝式锚杆加固。在巷道交叉口的拱顶安装 4 根锚索。

2006 年 5 月发生了一次-0.1 级矿震。680 号巷道的边墙上震垮约 3t 重岩石，但是震垮的岩石全部被加固系统兜住。690 号巷道 35m 长一段的拱肩部位出现岩石突出和喷射混凝土受损，如图 9.28 所示。此次矿震中加固系统表现良好。在这 35m 的受损段，拱肩的纤维混凝土开裂，有些地方的岩石下垂、突出，4 根缝式锚杆托盘崩脱，但 Garford 锚杆仍保持完整。在巷道交叉口，1 根锚索的托盘陷入纤维混凝土中。巷道大部分地方的加固系统经受住了那次矿震冲击，只有轻微损伤。总的来说，纤维混凝土有开裂，但是整个加固系统保持完整。在两个地方发生了金属网片重叠处轻微分离，岩石碎块掉落到地面上。

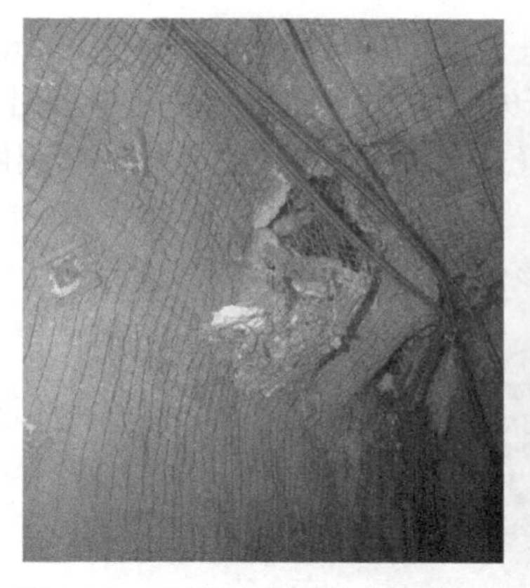
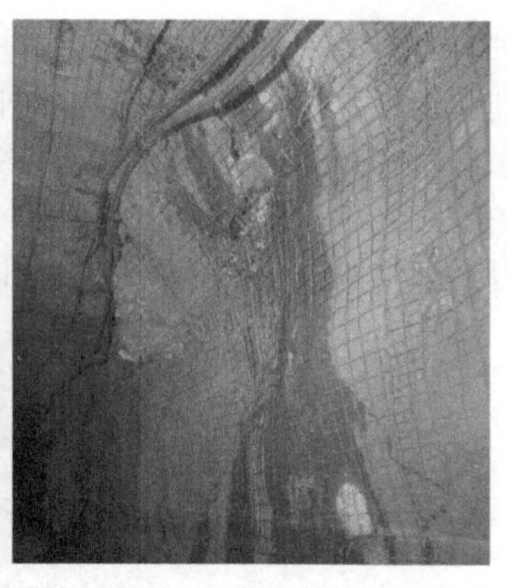

图 9.28 矿震后 690 号巷道中两处地方发生岩石突出（P. Mikula 供图）

9.13 案例 12：某易发岩爆岩体中加固系统的受损情况

这是澳洲西部另一个地下金属矿的案例。该矿矿体扁平，采用房柱法开采。开采时先用凿岩台车挖出 4.5m×4.5m 的主要联络巷道，然后用钻爆法进行第二次切割。本案例所述巷道埋深 848m。该处原岩地应力为σ_1 = 62MPa，水平南北方向，平行于矿体走向；σ_2 = 41MPa，向东倾斜 40°（矿体倾角）；σ_3 = 24MPa，向西倾斜 50°（与矿体走向垂直）。巷道顶板呈拱形，宽高均为 4.5m。

该区域的岩性主要是坚硬玄武岩，附近有两条断层，岩体质量好，Q 一般为 5.9，SRF 为 4.5。

巷道中的岩体加固由 50mm 厚纤维喷射混凝土、焊接式金属网和 2.4m 长缝式锚杆组成，拱顶增加 Garford 锚杆。

在靠近断层处的一次巷道扩帮爆破诱发了一场里氏 1.7 级的矿震。矿震导致底板隆起、岩块震落、矿柱中锚杆被挤扁，如图 9.29 所示。矿震发生后，一处边

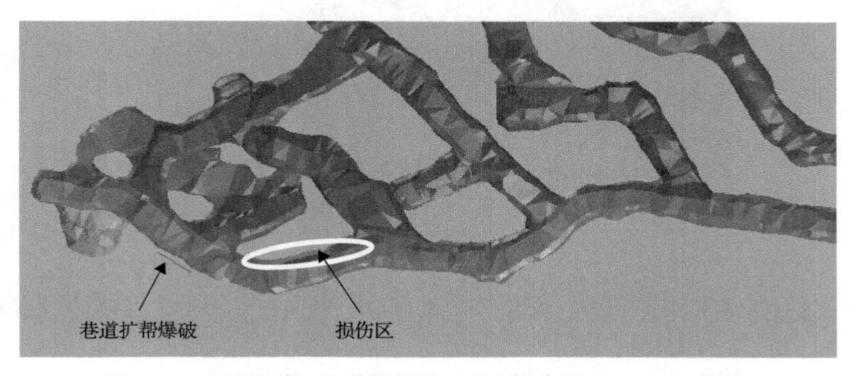

图 9.29 矿区巷道、巷道扩帮爆破点和损伤区（P. Mikula 供图）

墙上的支护完全失效，如图 9.30 所示。一段长 10m、高 3.5m、厚 0.4m 的岩壁被震落，推到巷道中。该处 20 根缝式锚杆失效，其中 2 根从钻孔中拔出，18 根断裂。图 9.31 是岩壁破坏后暴露出的几根缝式锚杆。坍塌区边缘处的金属网被撕裂。拱顶的支护工作良好，未发现损坏。

由此得到的经验是，巷道边墙也应该使用 Garford 锚杆加固。

图 9.30　埋深 848m 处发生里氏 1.7 级矿震后，破坏的岩壁和暴露在岩屑中断裂的缝式锚杆（P. Mikula 供图）

图 9.31　暴露在坍塌边墙上失效的缝式锚杆（P. Mikula 供图）

9.14　案例 13：挤压大变形岩体中水电站地下硐室的岩体加固

某大型水电站的地下发电机房建在喜马拉雅强震板块带上。地下电站位于平均深度 410m 的山体中，由一个 206m×20m×45m（长×宽×高）的机房硐室、一个 191m×16m×25m 的变压器硐室和 3 条 40m 长电缆隧洞组成，电缆隧洞位于机房硐室和变压器硐室之间的岩柱中，如图 9.32 所示。硐室采用传统钻爆法开挖，岩体加固由喷射混凝土和全长水泥注浆螺纹钢锚杆组成，在某些地方增加钢筋肋条加强支护。锚杆直径 26.5mm，长 12m 或 8m，最大承载力 470kN，安装在机房硐室和变压器硐室的边墙中。

硐室位于矿震活跃地区。矿震监测显示该地区每年平均发生 7 次里氏 3.7～8.7 级的地震。

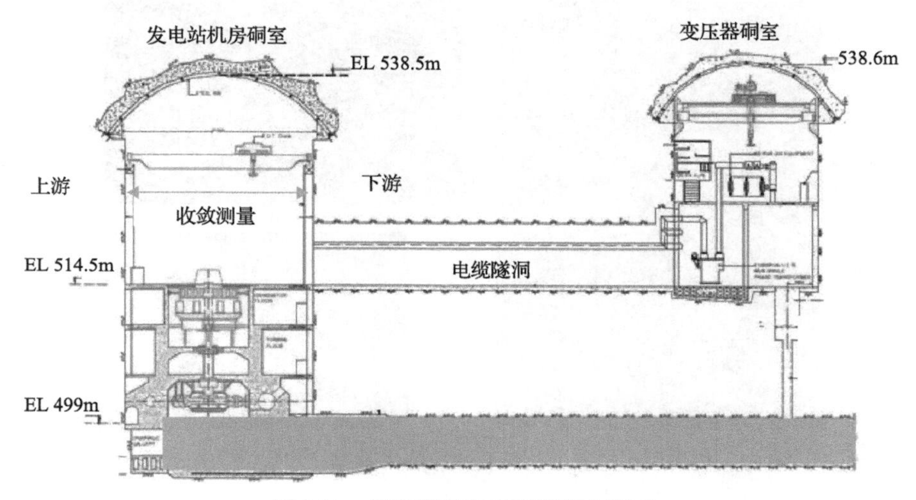

图 9.32　机房硐室和变压器硐室断面

该区域的岩性是高度变质的片麻岩、片岩、千枚岩和千枚状石英岩。岩体 RMR 从一级（非常好）到六级（极差）不等。地质调查表明，机房区的岩体由坚硬石英岩、千枚状石英岩和角闪片岩夹层组成，岩层交叉，岩体褶皱成紧密的向斜和背斜。

用水压致裂法在 410m 深处测量得到的水平地应力是σ_H = 14.2MPa，方向与硐室走向近似平行；σ_h = 9.5MPa，与硐室走向近似垂直；计算的垂直地应力为σ_v = 10.85MPa。相对于岩体强度，岩体中的地应力比较高。

在机房硐室上部（图 9.32 中所示的位置）进行了连续的边墙对边墙收敛测量。自开挖起的 9 年内，最大收敛量达到 374mm，其中大约 80%的收敛发生在挖掘开始后的前两年半。在随后水电站运行的 6 年半时间里，平均每年的收敛量为 2.5～6.2mm。

锚杆安装要求先用速凝树脂黏结锚杆根部 1m 长的杆段，然后向孔内注水泥浆黏结其余杆段，锚杆应该与岩体完全黏结。机房硐室采用从上向下的台阶法开挖。当硐室开挖完成 90%时，发现上游一侧边墙上有几根锚杆被拉断。水电站建设开工 4 年后机房硐室投入营运，期间不断有锚杆断裂，到第 9 年机房硐室内失效锚杆达到 190 根，变压器硐室内 5 根锚杆失效。两个硐室内失效锚杆数是安装锚杆总数的 4%，记录的都是那些断裂后从孔内弹射出来的失效锚杆。可以说还有更多的锚杆已经失效，但是只是没有被发现罢了。据估计，上游一侧硐室边墙中大约有 1/4 的锚杆失效。图 9.33 是机房硐室边墙中几根失效的锚杆。大多数弹射出的失效锚杆被抛离原位几十厘米到 1m，其中两段 5m 长的失效锚杆被完全弹射出孔外。变压器硐室中一根失效锚杆的抛射轨迹如图 9.34 所示，锚杆从钻孔里被弹射出来，击中了地板上 11m 远处的一个备件箱，箱子里的设备受到了撞击损伤。

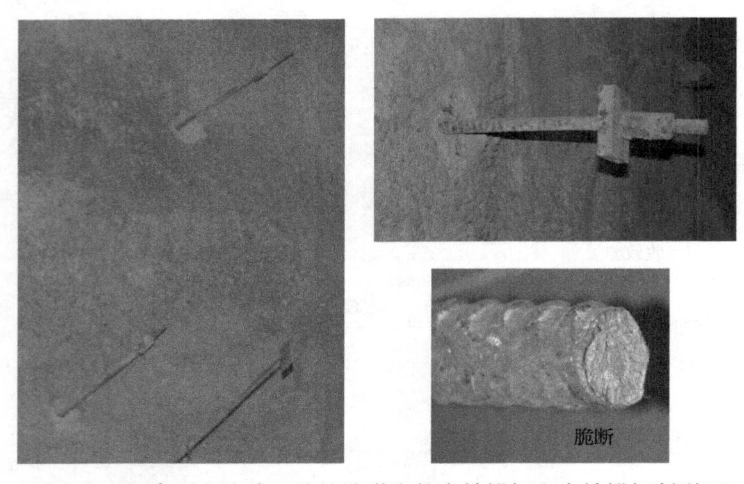

图 9.33　机房硐室边墙上从钻孔弹出的失效锚杆和失效锚杆断裂面

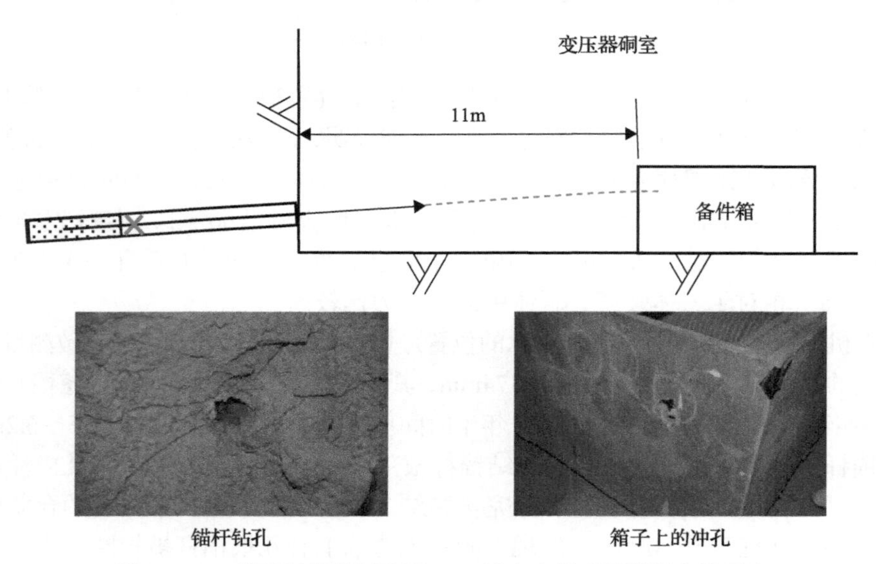

图 9.34　一根弹射的锚杆飞了 11m 后击中了变压器硐室地面上的一个备件箱，弹射速度大约 26m/s

现场观察到，那些弹出锚杆的钻孔中根本没有或只有少许水泥注浆，锚杆能被弹射出的直接原因是水泥注浆质量太差。当然，如果孔内注满浆的话，它们是不会被抛出空外的，但是，注浆质量好并不能防止锚杆断裂失效，因为锚杆断裂的“驱动力”是岩体的蠕变变形。硐室中使用的锚杆钢材的抗拉强度大约是 850MPa，比普通锚杆钢材的强度高很多(普通锚杆钢材只有 600MPa 左右)，但是它的变形能力很低。断裂锚杆的断裂面看起来非常脆，杆体根本没有缩颈现象，如图 9.33 所示。可以说，硐室岩体加固使用的锚杆刚度太大，无法承受岩体的蠕变变形。从这个案例得到的经验是，在蠕变岩体中锚杆必须能承受一定量的变形。

9.15　案例 14：大型地下体育馆的岩体加固

约维克(Gjovik)奥林匹克地下体育馆是为 1994 年的冬季奥运会修建的，它的跨度 61m，长度 95m，大厅中线高度为 25m。体育馆大厅的岩体覆盖厚度为 25～50m 不等，岩盖厚度小于大厅跨度。硐室是采用常规钻爆法开挖的。图 9.35 是钻爆掘进的顺序。

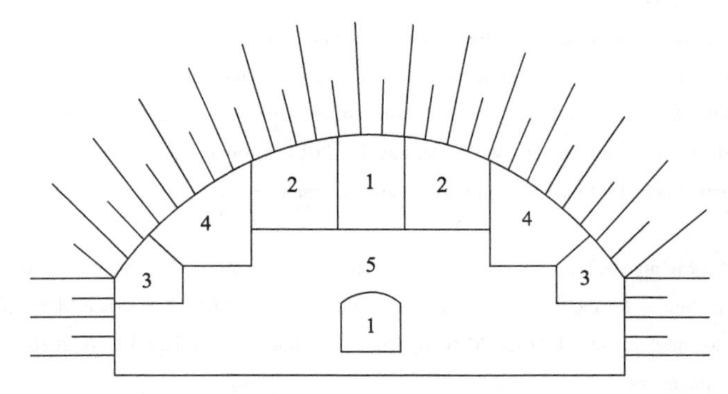

图 9.35　奥林匹克地下体育馆硐室开挖顺序(Broch et al.，1996)

硐室所处位置岩体的岩性为前寒武纪片麻岩，岩体 RQD 平均值大约 70，节理发育，但是延展性差、分布不规则、节理面粗糙、无黏土充填，节理间距通常为几米。岩体质量最好的部分 Q 为 30，最差的为 1，平均值为 12。用三维套钻取心法和水力压裂法进行地应力测量，得到的岩体中水平地应力在 3～5MPa(Broch et al.，1996)。

开挖期间的临时岩体加固是根据需要安装 4m 长机械胀壳式锚杆。永久支护采用全长水泥注浆黏结的钢筋锚杆和双股锚索，锚杆长 6m，锚索长 12m，锚杆间距为 2.5m×2.5m，如图 9.36 所示。钢筋锚杆直径 25mm，最大承载力 220kN；每股锚索直径 12.5mm，屈服载荷为 167kN。开挖上台阶过程中先安装 6m 长锚杆，然后安装 12m 长锚索。纤维喷射混凝土分两次喷射，每次 50mm 厚，最后形成厚度 100mm 的纤维喷射混凝土层。

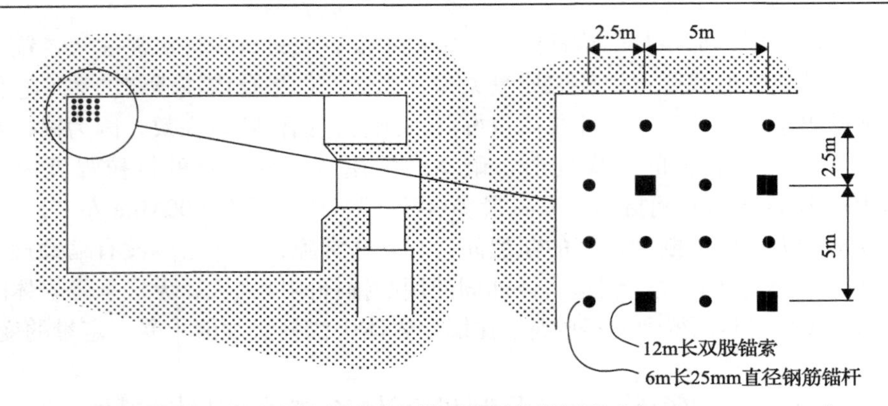

图 9.36　奥林匹克地下体育馆硐室拱顶岩石的锚固形式(Broch et al.，1996)

该体育馆已经供公众使用 20 多年，没有出现任何岩体不稳定问题。

参 考 文 献

Broch, E., Myrvang, A.M., Stjern, G., 1996. Support of large rock caverns in Norway. Tunnelling and Underground Space Technology, 11 (1), 11-19.

Golden, B., 2015. Rock mechanics research in the Lucky Friday mine. In: Presentation at CIM 2015, Montreal, Canada.

Malek, F., Suorineni, F. T., Vasak, P., 2009. Geomechanics strategies for rockburst management at Vale Inco Creighton Mine. In: Diederichs, M., Grasselli, G. (Eds.), Proceedings of the 3rd CANUS Rock Mechanics Symposium. 12p.

Malmgren, L., Swedberg, E., Krekula, H., Woldemedhin, B., 2014. Ground support at LKAB's underground mines subjected to dynamic loads. In: Presentation in Workshop on Ground Support Subjected to Dynamic Loading, Sudbury, Canada.

Sjöberg, J., Dahnér, C., Malmgren, L., Perman, F., 2011. Forensic analysis of a rock burst event at the Kiirunavaara Mine — results and implications for the future. In: Continuum and Distinct Element Numerical Modeling in Geomechanics — 2011. Proc. 2nd International FLAC/DEM Symposium (Melbourne, February 14–16, 2010). Itasca International Inc., Minneapolis, pp. 69-74.

Snelling, P.E., Godin, L., McKinnon, S.D., 2013. The role of geologic structure and stress in triggering remote seismicity in Creighton Mine, Sudbury, Canada. International Journal of Rock Mechanics & Mining Sciences 58 (2013), 166-179.

Woldemedhin, B.Y., Mwagalanyi, H., 2010. Investigation of Rock-fall and Support Damage Induced by Seismic Motion at Kiirunavaara Mine. (Master thesis), Luleå University of Technology. 81p.

Yao, M., Sampson-Forsythe, A., Punkkinen, A.R., 2014. Examples of ground support practice in challenging ground conditions at Vale's deep operations in Sudbury. In: Hudyma, M., Potvin, Y. (Eds.), Deep Mining 2014. Australian Centre for Geomechanics, Perth, Australia, pp. 291-304.

附　　录

附录 A　隧道质量指标 Q 中的参数

表 A.1　隧道质量指标 Q 中的参数和参数赋值(Barton et al.，1974)

参数与说明	赋值	备注
1. 岩石质量指数	RQD	
很差	0～25	
差	25～50	
一般	50～75	
好	75～90	
很好	90～100	
2. 节理组指数	J_n	
A. 完整的，没有或少量节理	0.5～1	1. 交叉口处用($3\times J_n$) 2. 巷道入口处用($2\times J_n$)
B. 一组节理	2	
C. 一组节理 + 随机节理	3	
D. 两组节理	4	
E. 两组节理 +随机节理	6	
F. 三组节理	9	
G. 三组节理 + 随机节理	12	
H. 四组或四组以上节理，随机节理，严重节理化，“方糖块”结构等	15	
I. 碎化，泥土状	20	
3. 节理粗糙度指数	J_r	
a. 节理面岩石接触 b. 10cm 剪切位移前节理面岩石接触		1. 如果相关节理组的平均间距大于 3m，则加 1 2. $J_r = 0.5$ 用于带磨痕的平面节理，磨痕线方向的剪切强度最小
A. 不连续节理面	4	
B. 节理面粗糙、不规则、起伏	3	
C. 光滑，起伏	2	
D. 表面磨痕，起伏	1.5	
E. 粗糙、不规则、平整	1.5	
F. 光滑、平整	1.0	
G. 表面磨痕、平整	0.5	

续表

参数与说明	赋值	备注	
c. 剪切时节理面无岩石接触			
H. 含黏土物质，其厚度足以防止节理面上有岩石接触	1		
I. 存在足够厚的砂质、砾石或破碎物使节理面岩石不能接触	1		
4. 节理面风化变质指数	J_a	ϕ_r/(°)（近似）	
a. 节理面岩石接触			
A. 愈合紧密，坚硬，无软弱、不透水填充物	0.75	—	ϕ_r 是残余摩擦角，它近似表示风化物（如果有的话）的矿物性质
B. 节理面无风化，表面只有蚀变点	1	25～35	
C. 节理面轻微蚀变，无软弱覆盖物、砂粒、不含黏土的碎石等	2	25～30	
D. 粉质或砂土覆盖物，少量黏土(没有软化)	3	20～25	
E. 软化或低摩擦角黏土覆盖物，即高岭土石、云母，还有绿泥石、滑石、石膏和石墨等，以及少量膨胀土(覆盖不连续，厚度小于1～2mm)	4	8～16	
b. 10cm 剪切位移前节理面岩石接触			
F. 砂粒、无黏土、崩解碎石	4	25～30	
G. 强固结、无软弱黏土，矿物充填物(连续，厚度＜5mm)	6	16～24	
H. 中、低度固结、软弱黏土充填物(连续，厚度＜5mm)	8	12～16	
I. 膨胀黏土充填物，即蒙脱石(连续，厚度＜5mm)。J_a取决于膨胀黏土颗粒百分比，以及是否跟水接触	8～12	6～12	
c. 剪切时节理面无岩石接触			
J. 崩解或粉碎石块和黏土层(黏土条件见G、H和I)	8～12	8～24	
K. 粉质或砂质黏土层、黏土成分少量(非软化)	5		
L. 厚的连续黏土层(黏土条件见G、H和I)	13～20	8～24	
5. 含水量指数	J_w	水压大约值/(kgf/cm^2)	
A. 干燥或少量水流，小于5L/m，局部	1	＜1	1. C和F为粗略估计；如果有排水，则增大J_w值 2. 不考虑冰引起的问题
B. 中等水流或水压，偶尔有裂隙充填物被冲出	0.66	1～2.5	
C. 大量涌水或高水压，岩体质量好，节理无充填物	0.5	2.5～10	
D. 大量涌水或高水压	0.33	2.5～10	
E. 爆破后极大量涌水或异常高水压，随时间递减	0.2～0.1	＞10	
F. 极大量涌水或异常高水压	0.1～0.05	＞10	
6. 应力折减系数	SRF		
a. 薄弱带穿过隧道，隧道开挖时可能引起岩体松动		1. 如果剪切带只影响但不与隧道相交，则将SRF降低25%～50%。 2. 对于强各向异性原岩地应力场(测量获得)：	
A. 出现多条软弱带，带内含有黏土或化学分解岩石、非常松散的围岩(任何深度)	10		
B. 单条软弱带，带内含黏土或化学崩解岩(隧道深度＜50m)	5		

续表

参数与说明			赋值	备注
C. 单条软弱带，带内含黏土或化学崩解岩(隧道深度＞50m)			2.5	当 $5<\sigma_1/\sigma_3<10$ 时，将 σ_c 减小到 $0.8\sigma_c$，σ_t 减小到 $0.8\sigma_t$。当 $\sigma_1/\sigma_3>10$ 时，将 σ_c 减小到 $0.6\sigma_c$，σ_t 减小到 $0.6\sigma_t$，其中：σ_c=单轴抗压强度，σ_t=拉伸强度，σ_1 和 σ_3 是最大和最小主应力
D. 高质量岩体中遇到多条剪切带(不含黏土)，围岩松散(任何深度)			7.5	
E. 高质量岩体中遇到单条剪切带(不含黏土)(隧道深度＜50m)			5	
F. 高质量岩体中遇到单条剪切带(不含黏土)(隧道深度＞50m)			2.5	
G. 松散张口节理，严重节理化或岩体呈“糖块”状(任何深度)			5	
b. 高质量岩体，地应力问题				1. 覆盖层厚度小于硐室跨度的可用案例很少。对于此类工程建议将 SRF 从 2.5 增大到 5(见 H.)
	σ_c/σ_1	σ_t/σ_1		
H. 低应力，近地表面	＞200	＞13	2.5	
I. 中等应力	200～10	13～0.66	1	
J. 高应力，结构紧密(通常有利于稳定，但是可能不利于边墙的稳定)	10～5	0.66～0.33	0.5～2	
K. 轻度岩爆(完整岩体)	5～2.5	0.33～0.16	5～10	
L. 强岩爆(完整岩体)	＜2.5	＜0.16	10～20	
c. 挤压大变形岩体，高压下产生塑性流动的软弱岩体				
M. 轻度挤压变形地压			5～10	
N. 重度挤压变形地压			10～20	
d. 膨胀岩石，与水压有关的化学膨胀				
O. 轻度膨胀地压			5～10	
P. 重度膨胀地压			10～15	

在估算 Q 时，除了表中列出的注释外，还应遵循以下指南。

1. 当无钻孔岩心可用时，可以根据每单位体积岩体中的节理数量估算 RQD，计算时每一节理组的每米节理数加在一起。对于不含黏土的岩体，可以用以下的简单关系式计算 RQD 值：RQD=115–3.3J_v，其中 J_v=每立方米岩体中的岩石节理总数(RQD 的范围是 0＜RQD＜100，J_v 的变化区间是 35＞J_v＞4.5)。

2. 代表节理组数的指数数 J_n 通常会受到岩石叶理、片理、板岩纹理或层理等因素的影响。如果这些平行的“节理”发育得很好，显然应将其视为完整的节理组。然而，如果可见的“节理”很少，或者岩心只偶尔在这些结构面处断裂，那么更适合把它们看作“随机”节理计算 J_n。

3. 参数 J_r 和 J_a(代表剪切强度)应该与区域内最薄弱的主要岩石节理组或者黏土充填的地质不连续结构面有关。但是，如果 J_r/J_a 最小的节理组或者不连续面是在有利于岩体稳定的方向，那么稍微不利于岩体稳定的那组节理或者不连续面有时可能更重要，在评估 Q 时应使用 J_r/J_a 比较大的那一个。事实上，J_r/J_a 应该在最容易发生滑动的岩石面上确定。

4. 当岩体含有黏土时，系数 SRF 的评估应该考虑到载荷松弛。在这种情况下，岩石的强度无关紧要。然而，当节理闭合度好，节理无黏土充填时，也许岩石强度会成为最薄弱环节，这时岩体的稳定性将取决于岩石应力与岩石强度的比值。强各向异性地应力场不利于岩体稳定性，这一点在 SRF 评估一栏的备注 2 中做了大致说明。

5. 如果当前和未来岩体都是饱和水的话，岩石的抗压强度和抗拉强度(σ_c 和 σ_t)也应该在饱和水条件下测量。对于那些暴露在潮湿或饱和水条件下力学性质恶化的岩石，应该非常保守地估算其强度。

表 A.2　岩体加固指数 ESR 的赋值(Barton et al.，1974)

	地下空间开挖类别	ESR
A	临时矿山隧洞	3～5
B	永久性矿山隧洞、水电输水隧洞(不包括压力隧洞)、大断面硐室的导洞、分布开挖隧洞和台阶隧洞	1.6
C	地下仓库、水处理厂、次要公路和铁路隧道、调压室、联络隧道	1.3
D	地下发电站、主要公路和铁路隧道、民防硐室、隧道入口	1.0
E	地下核电站、火车站、体育和公共设施、地下工厂	0.8

附录 B　岩体质量评级系统(RMR)

表 B.1　岩体质量评级系统(Bieniawski，1989)

A. 评分参数和岩体分级

<table>
<tr><th colspan="3">评分参数</th><th colspan="7">赋值范围</th></tr>
<tr><td rowspan="3">1</td><td rowspan="2">岩石强度</td><td>点载荷指数/MPa</td><td>＞10</td><td>4～10</td><td>2～4</td><td>1～2</td><td colspan="3">UCS 首选</td></tr>
<tr><td>单轴抗压强度/MPa</td><td>＞250</td><td>100～250</td><td>50～100</td><td>25～50</td><td>2～25</td><td>1～5</td><td>＜1</td></tr>
<tr><td colspan="2">分数</td><td>15</td><td>12</td><td>7</td><td>4</td><td>2</td><td>1</td><td>0</td></tr>
<tr><td rowspan="2">2</td><td colspan="2">岩石质量指数 RQD/%</td><td>90～100</td><td>75～90</td><td>50～75</td><td>25～50</td><td colspan="3">＜25</td></tr>
<tr><td colspan="2">分数</td><td>20</td><td>17</td><td>13</td><td>8</td><td colspan="3">3</td></tr>
<tr><td rowspan="2">3</td><td colspan="2">节理间距</td><td>＞2m</td><td>0.6～2m</td><td>0.2～0.6m</td><td>6～20cm</td><td colspan="3">＜6cm</td></tr>
<tr><td colspan="2">分数</td><td>20</td><td>15</td><td>10</td><td>8</td><td colspan="3">5</td></tr>
<tr><td rowspan="2">4</td><td colspan="2">节理面状况</td><td>表面非常粗糙，不连续，节理紧密闭合，表面岩石无风化</td><td>表面稍微粗糙，节理张开＜1mm，表面岩石轻微风化</td><td>表面稍微粗糙，节理张开＜1mm，表面岩石强烈风化</td><td>磨痕光滑表面或岩粉厚度小于 5mm 或节理张开 1～5mm，节理连续</td><td colspan="3">岩粉厚度大于 5mm 或节理张开大于 5mm，节理连续</td></tr>
<tr><td colspan="2">分数</td><td>30</td><td>25</td><td>20</td><td>10</td><td colspan="3">0</td></tr>
<tr><td rowspan="4">5</td><td rowspan="3">地下水</td><td>10m 长隧道水流量/(L/min)</td><td>无</td><td>＜10</td><td>10～25</td><td>25～125</td><td colspan="3">＞125</td></tr>
<tr><td>节理水压(σ_1)</td><td>0</td><td>＜0.1</td><td>0.1～0.2</td><td>0.2～0.5</td><td colspan="3">＞0.5</td></tr>
<tr><td>一般情况</td><td>完全干燥</td><td>潮</td><td>湿</td><td>滴水</td><td colspan="3">流水</td></tr>
<tr><td colspan="2">分数</td><td>15</td><td>10</td><td>7</td><td>4</td><td colspan="3">0</td></tr>
</table>

B. 关于不连续面方位的分数调整(见 F)

<table>
<tr><th colspan="2">走向和倾角</th><th>非常有利</th><th>有利</th><th>一般</th><th>不利</th><th>非常不利</th></tr>
<tr><td rowspan="3">分数</td><td>隧道和矿山</td><td>0</td><td>–2</td><td>–5</td><td>–10</td><td>–12</td></tr>
<tr><td>地基</td><td>0</td><td>–2</td><td>–7</td><td>–15</td><td>–25</td></tr>
<tr><td>边坡</td><td>0</td><td>–5</td><td>–25</td><td>–50</td><td></td></tr>
</table>

续表

C. 按总分数划分的岩体等级

RMR 指数(总分数)	100～81	80～61	60～41	40～21	<21
岩体等级	Ⅰ	Ⅱ	Ⅲ	Ⅳ	Ⅴ
岩体质量	很好	好	一般	差	很差

D. 岩石等级的定性说明

等级	Ⅰ	Ⅱ	Ⅲ	Ⅳ	Ⅴ
硐室跨度/m	跨度 15	跨度 10	跨度 5	跨度 2.5	跨度 1
平均稳定时间	20 年	1 年	1 周	10 小时	30 分钟
岩体内聚力 c/kPa	>400	400～300	300～200	200～100	<100
岩体内摩擦角 ϕ/(°)	>45	45～35	35～25	25～15	<15

E. 节理面状况评分指南

节理长度(持续性)/m		<1	1～3	3～10	10～20	>20
分数		6	4	2	1	0
节理张开度/mm		无	<0.1	0.1～1	1～5	>5
分数		6	5	4	1	0
节理粗糙度	非常粗糙	粗糙		轻微粗糙	光滑	镜面磨痕
分数	6	5		3	1	0
节理充填物(岩粉)/mm	无	硬填料 <5		硬填料 >5	软填料 <5	软填料 >5
分数	6	4		2	2	0
节理面风化度	未风化	轻微风化		中等风化	强风化	分解
分数	6	5		3	1	0

F. 隧道施工中岩石不连续面走向和倾角方向的影响

走向垂直于隧道轴线		走向平行于隧道轴线	
顺着倾角方向掘进 倾角 45°～90°	顺着倾角方向掘进 倾角 20°～45°	倾角 45°～90°	倾角 20°～45°
非常有利	有利	非常有利	一般
逆着倾角方向掘进 倾角 45°～90°	逆着倾角方向掘进 倾角 20°～45°	倾角 0°～20°，无论走向如何	
一般	不利	一般	

参 考 文 献

Barton, N., Lien, R., Lunde, J., 1974. Engineering classification of rock masses for the design of tunnel support. Rock Mech. 6(4), 189-239.

Bieniawski, Z.T. 1989. Engineering Rock Mass Classifications. Wiley, New York.

索　　引

注：页码后 f 表示图片，t 表示表格。

R

S

Z